装配式混凝土结构高层建筑 BIM 设计方法与应用

焦 柯 主编

U0376201

中国建筑工业出版社

图书在版编目（CIP）数据

装配式混凝土结构高层建筑 BIM 设计方法与应用/焦柯主编. —北京：中国建筑工业出版社，2018.5
ISBN 978-7-112-21839-4

Ⅰ.①装…　Ⅱ.①焦…　Ⅲ.①装配式混凝土结构-高层建筑-建筑设计-计算机辅助设计-应用软件　Ⅳ.①TU972-39

中国版本图书馆 CIP 数据核字（2018）第 032935 号

本书总结了作者近年在装配式建筑设计和 BIM 技术应用方面的实践成果，全书共 10 章，包括：概述、装配式高层建筑 Revit 样板、装配式高层建筑 BIM 建模方法、装配式建筑协同设计、建筑专业设计方法、结构专业设计方法、机电专业设计方法、装修专业设计方法、装配式建筑辅助设计软件、装配式高层保障房设计应用案例，并在附录给出了平面模块库。全书内容全面、翔实，具有较强的指导性和可操作性，可供从事装配式建筑设计的专业人员参考使用，也可供相关专业院校师生学习参考。

责任编辑：王砾瑶　范业庶
责任设计：李志立
责任校对：姜小莲

装配式混凝土结构高层建筑
BIM 设计方法与应用
焦　柯　主编

*

中国建筑工业出版社出版、发行（北京海淀三里河路 9 号）
各地新华书店、建筑书店经销
霸州市顺浩图文科技发展有限公司制版
大厂回族自治县正兴印务有限公司印刷

*

开本：787×1092 毫米　1/16　印张：23¾　字数：587 千字
2018 年 5 月第一版　　2018 年 5 月第一次印刷
定价：**66.00** 元
ISBN 978-7-112-21839-4
（31681）

本书编委会

主　编：焦　柯

编　委：赖鸿立　陈剑佳　罗远峰　杨　新　黄高松

　　　　蔡凤维　吴桂广　张伟锐　陈少伟　龚仕伟

　　　　李俊杰　许爱斌

前 言

　　装配式建筑技术和 BIM 技术是近年来建筑行业各方高度关注的两大热点技术，也是建筑业转型升级的重要标志。装配式建筑是指采用部件部品，在施工现场以可靠连接方式装配而成的建筑，具有设计标准化、生产工厂化、施工装配化、装修一体化、管理信息化等特征。在国家及各省市政策的鼓励下，我国装配式建筑市场的产值和建筑面积近 5 年来呈快速增长趋势。2016 年 7 月《中共中央国务院关于进一步加强城市规划建设管理工作的若干意见》提出"力争用 10 年左右时间，使装配式建筑占新建建筑的比例达到 30％"的要求，装配式建筑迎来快速发展的新机遇，将有力推动建筑产业的现代化。

　　装配式混凝土结构比现浇混凝土结构对构件精度要求更高，设计中不仅要考虑构件内部构造合理，而且要考虑构件之间碰撞干涉等问题，传统平面施工图设计方法面临着巨大的挑战。逐渐成熟的 BIM 技术为装配式建筑精细化的设计要求提供了一条可行的技术路径。BIM 技术具有三维可视化、参数化、标准化、信息化、同步协同等优势，可在三维平台上进行构件建模、碰撞检查、深化设计图纸生成等工作，实现数据的关联互动，避免各类图纸错漏，同时可辅助各参与方之间的协同工作，显著提高设计效率和设计质量。

　　本书介绍了基于 BIM 技术的装配式混凝土结构高层建筑设计方法。全书分为：概述、装配式高层建筑 Revit 样板、装配式高层建筑 BIM 建模方法、装配式建筑协同设计、建筑专业设计方法、结构专业设计方法、机电专业设计方法、装修专业设计方法、装配式建筑辅助设计软件、装配式高层保障房设计应用案例等章节。

　　本书总结了作者近年来在装配式建筑设计和 BIM 技术应用方面的实践成果，在设计方法和软件应用层面突出实用性，内容覆盖建筑、结构、机电、装修、BIM 等各个专业，可作为从事装配式建筑设计的专业人员操作指引和技术参考。

　　本书编写过程中得到了广东省建筑设计研究院罗赤宇总工的大力支持，曹志威、区伟江、黄智佳、王康昊、毛建喜、罗东豪、王珅、蔡婉婷、黄元隽、王文波、袁辉、谢泳聪、陈星艺等工程师也参与了部分工作，在此一并致以诚挚的谢意。

　　限于作者水平，本书论述难免有不妥之处，望读者批评指正。

目 录

第1章 概 述

1.1 装配式建筑概述

1.1.1 定义及分类

预制装配式建筑即集成房屋是将建筑的部分或全部构件在工厂预制完成，然后运输到施工现场将构件通过可靠的连接方式组装而建成的房屋。在欧美及日本被称做产业化住宅或工业化住宅。

装配式建筑有两个主要特征：第一个特征是构成建筑的主要构件特别是结构构件是预制的；第二个特征是预制构件的连接方式必须可靠。

装配式建筑可按如下方法分类：

装配式建筑按结构材料分类，可分为：装配式钢结构建筑、装配式钢筋混凝土建筑、装配式木结构建筑。

装配式建筑按高度分类，可分为：低层装配式建筑、多层装配式建筑、高层装配式建筑和超高层装配式建筑。

装配式建筑按预制率分类，有高预制率（70%以上）、普通预制率（30%~70%）、低预制率（20%~30%）和局部使用预制构件等。

1.1.2 国内发展情况

我国PC建筑的发展始于20世纪50年代，到80年代发展至高峰，建筑类型主要为预制钢筋混凝土单层厂房、无梁板结构的仓库以及钢结构工业厂房，一些砖混结构的住宅和办公楼也大量使用预制楼板、预制过梁、预制楼梯等。从建筑类型上看，这个年代的PC建筑主要是一些单层工业建筑以及砖混结构的民用建筑，建筑层数普遍不高。由于这些PC建筑存在着抗震、漏水、透寒等问题，后来逐渐被发展起来的现浇钢筋混凝土建筑所取代。

21世纪后，考虑到劳动力成本、节能减排、建筑质量等因素，我国重新开始了装配式建筑发展进程。2007年，万科"金色里程"项目是万科第一个采用装配式做法的剪力墙结构住宅，单体预制率为16%，主要预制构件为：叠合外墙板、阳台、凸窗、空调板和楼梯梯段；2008年，万科"金色城市"项目复制了"金色里程"项目；2012年，万科"海上传奇"项目成为上海第一个装配整体式剪力墙高层住宅小区，共22栋楼，单体预制率为25%~28%。2013~2015年间，各地陆续建造了许多装配式住宅建筑项目，部分典型项目见表1.1-1。

从2013年的绿色建筑行动方案开始，国家陆续出台政策推动装配式建筑的发展。到目前，我国装配式建筑市场已有一定规模。根据中投顾问产业研究中心所作《2017~2021

年中国装配式建筑行业深度调研及投资前景预测报告》，2011～2015 年，我国装配式建筑市场产值逐年提高，2015 年产值达到 1287 亿元，如图 1.1-1 所示。

我国典型装配式住宅项目   表 1.1-1

时间	项目名称	地点	结构形式	预制率
2007	万科金色里程	南京	剪力墙结构	16%
2008	万科金色城市	武汉	剪力墙结构	28%
2012	万科海上传奇二期	嘉兴	剪力墙结构	25%
2013	万科北宸之光	杭州	现浇外挂框架剪力墙结构	15%
2013	新城公馆四期	常州	现浇外挂剪力墙结构	—
2014	万科地杰 A 街坊	上海	装配整体式剪力墙结构	—
2014	保利浦东国际医学园	上海	现浇外挂剪力墙结构	15%
2014	新城帝景北区	常州	剪力墙全装配式体系	—
2014	阳光城浦东医学园	上海	现浇外挂剪力墙结构	15%
2014	方兴大宁金茂府	上海	装配整体式剪力墙结构	25%
2014	保利平凉 18 街坊	上海	装配整体式剪力墙结构	25%
2014	绿地杨浦 96 街坊	上海	装配整体式框架核心筒结构	40%
2014	旭辉嘉定汇源路项目	上海	装配整体式框架结构	15%
2015	旭辉车墩镇住宅	上海	装式整体式框架结构	15%
2015	绿地虹口综合体	上海	装配整体式框架核心筒结构	25%
2015	阳光城平凉 17 街坊	上海	装配整体式剪力墙结构	25%

根据北大方极城市规划设计（海南）有限公司所作《全球装配式建筑市场规模分析》，2011～2016 年，我国已完成的装配式建筑面积逐年快速增长，2016 年完成的装配式建筑面积约为 10000 万 m²，统计数据如图 1.1-2 所示。

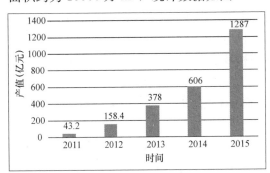

图 1.1-1　2011～2015 年我国装配式建筑市场产值　　图 1.1-2　2011～2016 年我国已完成装配式建筑面积

根据文献 [1] 研究，目前我国的装配式建筑仍存在不少问题，主要体现在：

（1）技术体系不完备。目前行业发展热点主要集中在装配式混凝土剪力墙住宅，框架结构及其他房屋类型的装配式结构发展并不均衡，无法支撑整个预制混凝土行业的健康发展。目前国内装配式剪力墙住宅大多采用底部竖向钢筋套筒灌浆或浆锚搭接连接、边缘构件现浇的技术处理，其他技术体系研究尚少，应进一步加强研究。

（2）基础性研究不足。国内装配式剪力墙，钢筋竖向连接、夹心墙板连接件两个核心应用技术仍不完善。作为主流的装配剪力墙竖向钢筋连接方式，套筒灌浆连接相当长一段时间内作为一种机械连接形式应用，但在接头受力机理与性能指标要求、施工控制、质量验收等方面对三种材料（钢筋、灌浆套筒、灌浆料）共同作用考虑不周全。夹心墙板连接件是保证"三明治"夹心保温墙板内外层共同受力的关键配件。连接件产品设计不仅要考虑单向抗拉力，还要承受夹心墙板在重力、风力、地震力、温度等作用下传来的复杂受力，且长期老化、热胀收缩等性能要求很高，还需进一步加强研究。

（3）标准规范支撑不够。标准规范在建筑预制装配化发展的初期阶段其重要性已被全行业所认同。但由于建筑预制装配化技术标准缺乏基础性研究与足够的工程实践，使得很多技术标准仍处于空白。

1.1.3　美欧日发展情况

1. 美国发展情况

美国在 20 世纪 70 年代能源危机期间开始实施配件化施工和机械化生产。美国城市发展部出台了一系列严格的行业标准规范，一直沿用至今，并与后来的美国建筑体系逐步融合。美国城市住宅结构基本上以工厂化、混凝土装配式和钢结构装配式为主，降低了建设成本，提高了工厂通用性，增加了施工的可操作性。总部位于美国的预制与预应力混凝土协会 PCI 编制的《PCI 设计手册》，其中就包括了装配式结构相关的部分。该手册不仅在美国，而且在整个国际上也是具有非常广泛的影响力的。从 1971 年的第一版开始，PCI 手册已经编制到了第 7 版，该版手册与 IBC2006、ACI318-05、ASCE7-05 等标准协调。除了 PCI 手册外，PCI 还编制了一系列的技术文件，包括设计方法、施工技术和施工质量控制等方面。

2. 欧洲发展情况

欧洲是预制建筑的发源地，早在 17 世纪就开始了建筑工业化道路。以法国为例，法国的装配式体系主要为预制混凝土装配式框架结构体系，装配率可达 80%，多采用焊接、螺栓连接等干作业法。结构构件与设备、装修工程分开，预埋少，生产和施工质量高。自 1980 年后形成体系，绝大部分为预制混凝土，基本实现尺寸模数化、构件标准化。

为了消除贸易技术障碍，协调各国的规范，欧洲共同体委员会采取一系列措施来建立一套协调土建工程设计的技术规范，以取代国家规范，从 1980~1992 年，委员会制作了各类欧洲规范，其中包括预制构件质量控制相关的标准。

法国的预制预应力混凝土装配整体式框架结构体系，其预制构件包含预制混凝土柱、预制预应力混凝土叠合梁、板，属于采用了整浇节点的一次受力叠合框架。该体系的应用只是限定在了抗震等级为三级的结构中。

除了等效现浇节点还有装配式节点，常用的装配式节点有焊接连接点和螺栓连接节点，欧洲实验室进行的预制混凝土框架结构动力试验研究，梁柱节点采用螺栓连接节点，在柱顶预埋螺栓，梁端留孔，螺栓插入梁孔后用螺母固定而成节点，并在部分梁柱间加入橡胶垫。这种节点的特点是转动刚度较弱，但具有很大的变形能力。试验表明这些预制框架结构具有与现浇结构相当的抗震能力，未加橡胶垫的节点会因为梁柱混凝土直接接触出现部分混凝土压碎，加橡胶垫的节点由于橡胶垫的大变形能力，节点在试验后基本保持完好。

在欧洲，98% 的建筑都是用预制板，最常用的是蜂窝板、带肋板和带梁支撑楼盖（主要用于翻新工程）。预制楼板分为两种，全预制楼板和部分预制楼板，全预制楼板在工厂施工，通过安装后，架立在承重构件上，接缝处用细混凝土浇筑或者螺栓连接。部分预制楼板，则部分在工厂加工，部分在现场浇筑。图 1.1-3 为常用蜂窝板类型，图 1.1-4 为 TT 楼板的常用样式。

图 1.1-3　预制蜂窝板

图 1.1-4　TT 楼板

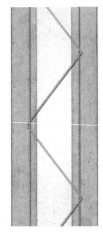

图 1.1-5　三角形
连接桁架

预制墙方面，在欧洲，有两种主要类型的墙体，按照制作类型，分为全预制墙体和半预制墙体，其中全预制墙体最常见的是夹心保温外墙板，欧洲称之为三明治墙板，它集合围护和保温、防水和防火为一体，它由预制混凝土层、隔热保温层、内外钢筋网、钢筋桁架组成（图 1.1-5），宽度一般为 800mm，长度一般为 10m。另外一种是半预制墙体，同国内的叠合墙板。

预制墙连接方法有：紧固连接法、墙体竖缝连接环连接法、键槽连接法等。

紧固连接法主要用于预制楼梯、电梯井或其他墙体结构的拉应力区的刚性拼接，如：核心墙和电梯井等；在墙底连接座、锚固螺栓和墙体钢筋的帮助下，荷载由墙体传递到基础或其他承重结构，并通过在锚固螺栓上拧紧螺母和特殊 AL 垫片的方式来实现固定。预制墙连接件如图 1.1-6 所示，锚固件大样如图 1.1-7 所示。

图 1.1-6　预制墙之间的竖向连接

图 1.1-7　锚固件大样

预制梁方面，在装配式结构中常见的梁类型是带翼缘的 L 形和反 T 形。这些梁一般都用预应力混凝土浇筑而成。

常用尺寸规格为：长度 4.8～14.4m；高度（h）350～380mm；宽度（b）200～500mm；翼缘宽度（b_1）100～150mm；翼缘高度（h_1）150～200mm。

如果相邻板的厚度不同，可以通过改变 T 形板的翼缘高来让楼板平齐，或者并列两个 L 形梁。带跟的梁的上部分可以和柱有同样的宽度，翼缘部突出柱子（图 1.1-8a），或者翼缘部和柱子平齐（图 1.1-8b），建议使用图 1.1-8（a）的方法，不但可以避免了切割楼板，而且用这种方式板的模数是独立的，它不用根据柱支座而改变。

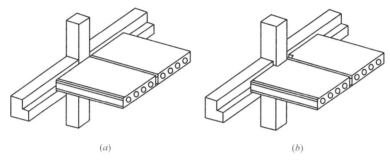

(a)　　　　　　　　　　　　　　(b)

图 1.1-8　蜂窝板和 L 形梁的搭接

梁端连接座用于配套的构件牛腿，方便预应力和非预应力预制梁和柱子的连接。有两种不同型号：矮的类型适用于梁的翼缘高度＜60mm，高的型号适用于＞60mm。其材料大样如图 1.1-9 所示，梁端构造如图 1.1-10 所示。

图 1.1-9　材料大样　　　　　　　　　图 1.1-10　梁端构造

模数在装配式建筑中是一个很重要的指标，模数化不可以被认为限制设计自由度，它是一种手段，可以系统地经济化并且简化节点组件和细节。在装配式结构中，常常遇到的模数是 0.6m、0.9m 或者是它们的倍数和组合数据，比如 1.2m、1.5m、1.8m、2.4m 等。

3. 日本发展情况

日本 1968 年提出装配式住宅的概念。在 1990 年的时候，他们采用部件化、工厂化生产方式，提高生产效率，住宅内部结构可变，适应多样化的需求。而且日本有一个非常鲜明的特点，从一开始就追求中高层住宅的配件化生产体系。这种生产体系能满足日本的人口比较密集的住宅市场的需求，更重要的是，日本通过立法来保证混凝土构件的质量，在装配式住宅方面制定了一系列的方针政策和标准，同时也形成了统一的模数标准，解决了标准化、大批量生产和多样化需求这三者之间的矛盾。日本的标准包括建筑标准法、建筑标准法实施令、国土交通省告示及通令、协会（学会）标准、企业标准等，涵盖了设计、施工等内容，其中由日本建筑学会AIJ制定装配式结构相关技术标准和指南。1963年成立的日本预制建筑协会在推进日本预制技术的发展方面作出了巨大贡献，该协会先后建立PC工法焊接技术资格认证制度、预制装配住宅装潢设计师资格认证制度、PC构件质量认证制度、PC结构审查制度等，编写了《预制建筑技术集成》丛书，包括剪力墙预制混凝土（W-PC）、剪力墙式框架预制钢筋混凝土（WR-PC）及现浇同等型框架预制钢筋混凝土（R-PC）等。

1.1.4　国家及各省市指导意见及政策

装配式建筑方面，国家和各省市出台了一系列指导意见及政策，截至2017年11月，各地指导意见的要点和指标汇总到表1.1-2中。

国家及各省市指导政策　　　　　　　　　　　表 1.1-2

地区	文件名称	要点和指标
国家	《国务院办公厅关于大力发展装配式建筑的指导意见》	以京津冀、长三角、珠三角三大城市群为重点推进地区,力争用10年左右的时间,使装配式建筑占新建筑面积的比例达到30%
	《中共中央国务院关于进一步加强城市规划建设管理工作的若干意见》	加大政策支持力度,力争用10年左右时间,使装配式建筑占新建筑的比例达到30%
广东省	《广东省人民政府办公厅关于大力发展装配式建筑的实施意见》	装配式建筑重点推进地区到2020年,装配式建筑占新建建筑面积比例达15%以上
	《广州市人民政府办公厅关于大力发展装配式建筑加快推进建筑产业现代化的实施意见》	到2020年,实现装配式建筑占新建建筑的面积比例不低于30%;到2025年,实现装配式建筑占新建建筑的面积比例不低于50%。新立项的人才住房、保障性住房等政府投资的大中型建筑工程全面实施装配式建筑
北京市	《关于在保障性住房建设中推进住宅产业化工作任务的通知》	对总建筑面积达到3万m²以上,且预制装配率达到45%及以上的装配式住宅项目,每平方米补贴100元,单个项目最高补贴1000万元;对自愿实施装配式建筑的项目给予不超过3%的容积率奖励;装配式建筑外墙采用预制夹心保温墙体的,给予不超过3%的容积率奖励
江苏省	苏政发[2014]111号	到2025年年末,建筑产业现代化建造方式成为主要建造方式。全省建筑产业现代化施工的建筑面积占同期新开工建筑面积的比例、新建建筑装配化率达到50%以上,装饰装修装配化率达到60%以上,新建成品住房比例达到50%以上,科技进步贡献率达到60%以上
河北省	《关于加快推进我(石家庄)市建筑产业化的实施意见》	要求2016年全市试点建筑产业化,主城区四区和省级试点县平山县分别启动一个产业化示范项目,预制装配率达到30%以上。2017年起,主城区四区和省级试点县平山县政府投资项目50%以上采用产业化方式建设,非政府投资开发项目10%以上采用产业化方式建设。到2020年底,全市政府投资项目100%采用产业化方式建设,主城区四区和省级试点县平山县新建项目采用产业化方式建设的比例达到40%以上,其他县(市)、区新建项目采用产业化方式建设的比例达到20%以上

续表

地区	文件名称	要点和指标
安徽省	《合肥市人民政府关于加快推进建筑产业化发展的指导意见》	采用装配式建筑技术的建设项目,2017年新开工面积达到400万m²以上,预制装配率达到60%以上;到2020年,装配式建筑技术在我市得到大规模应用,预制装配率达到65%以上
辽宁省	《全面推进建筑产业现代化发展的实施意见》(沈阳市)	行政区域内的房地产开发项目中推行产业化方式建设,由三环范围内逐步扩大到除新民市、辽中县、康平县、法库县以外的全域,预制装配化率按计划达到30%以上
湖北省	《关于推进建筑产业现代化发展的意见》	计划到2025年全省混凝土结构建筑项目预制率达到40%以上,钢结构、木结构建筑主体结构装配率达到80%以上
海南省	《关于印发海南省促进建筑产业现代化发展指导意见的通知》	到2020年,海南全省采用建筑产业现代化方式建造的新建建筑面积占同期新开工建筑面积的比例达到10%,全省新开工单体建筑预制率不低于20%,全省新建住宅项目中成品住房供应比例应达到25%以上
四川省	《关于推进建筑产业现代化发展的指导意见》	2016~2017年,成都、乐山、广安、西昌四个建筑产业现代化试点城市,形成较大规模的产业化基地;到2025年,建筑产业现代化建造方式成为主要建造方式之一,装配率达到40%以上的建筑,占新建建筑的比例达到50%;桥梁、水利、铁路建设装配率达到90%;新建住宅全装修达到70%
福建省	《福建省建筑产业现代化十三五专项规划》	到2020年,泉州、厦门的装配式建筑要占全市新建建筑的比例达到30%以上;泉州、厦门保障性安居工程采用装配式建造的比例达到40%以上;泉州、厦门要根据自身情况,划出特定区域,将建筑产业现代化生产方式作为土地出让的前置条件,新建民用建筑原则上全部采用装配式建筑
	《泉州市推进建筑产业现代化试点实施方案》	明确提出了15条非常有针对性的扶持政策,至2020年,全市装配式建筑占新建建筑的比例达到25%以上

1.1.5　装配式建筑相关规范

目前,装配式建筑相关国家标准如下:
工程建设国家标准《建筑模数协调标准》(GB/T 50002—2013);
工程建设国家标准《木结构设计规范》(GB 50005—2003)及局部修订;
工程建设国家标准《胶合木结构技术规范》(GB/T 50708—2012);
工程建设国家标准《木结构工程施工质量验收规范》(GB 50206—2012);
工程建设国家标准《木结构工程施工规范》(GB/T 50772—2012);
工程建设国家标准《木结构试验方法标准》(GB/T 50329—2012);
国家产品标准《建筑墙板试验方法》(GB/T 30100—2013);
国家产品标准《建筑门窗洞口尺寸协调要求》(GB/T 30591—2014);
国家产品标准《住宅卫生间功能及尺寸系列》(GB/T 11977—2008);
国家产品标准《住宅厨房及相关设备基本参数》(GB/T 11228—2008);
国家产品标准《住宅部品术语》(GB/T 22633—2008);
国家产品标准《灰渣混凝土空心隔墙板》(GB/T 23449—2009);
国家产品标准《建筑隔墙用保温条板》(GB/T 23450—2009);

国家产品标准《建筑用轻质隔墙条板》(GB/T 23451—2009);

国家产品标准《建筑用金属面绝热夹芯板》(GB/T 23932—2009);

国家产品标准《建筑物的性能标准　预制混凝土楼板的性能试验在集中荷载下的工况》(GB/T 24497—2009);

国家产品标准《预应力混凝土肋形屋面板》(GB/T 16728—2007);

国家产品标准《叠合板用预应力混凝土底板》(GB/T 16727—2007);

国家产品标准《预应力混凝土空心板》(GB/T 14040—2007);

国家产品标准《乡村建设用混凝土圆孔板和配套构件》(GB 12987—2008);

国家产品标准《钢筋混凝土大板间有连接筋并用混凝土浇灌的键槽式竖向接缝　实验室力学试验　平面内切向荷载的影响》(GB/T 24496—2009);

国家产品标准《承重墙与混凝土楼板间的水平接缝　实验室力学试验　由楼板传来的垂直荷载和弯矩的影响》(GB/T 24495—2009)。

目前,装配式建筑相关行业标准如下:

工程建设行业标准《住宅厨房模数协调标准》(JGJ/T 262—2012);

工程建设行业标准《住宅卫生间模数协调标准》(JGJ/T 263—2012);

工程建设行业标准《装配式混凝土结构技术规程》(JGJ 1—2014);

工程建设行业标准《预制带肋底板混凝土叠合楼板技术规程》(JGJ/T 258—2011);

工程建设行业标准《低层冷弯薄壁型钢房屋建筑技术规程》(JGJ 227—2011);

工程建设行业标准《预制预应力混凝土装配整体式框架结构技术规程》(JGJ 224—2010);

工程建设行业标准《混凝土预制拼装塔机基础技术规程》(JGJ/T 197—2010);

工程建设行业标准《轻型钢结构住宅技术规程》(JGJ 209—2010);

行业产品标准《住宅轻钢装配式构件》(JG/T 182—2008);

行业产品标准《住宅内用成品楼梯》(JG/T 405—2013);

行业产品标准《住宅整体卫浴间》(JG/T 183—2011);

行业产品标准《住宅整体厨房》(JG/T 184—2011)。

1.2　BIM 设计概述

1.2.1　BIM 的概念

BIM(建筑信息模型)技术是当前建筑设计数字化的革命性技术,在全球的建筑设计领域正掀起一场从二维设计转向三维设计的变革。由于 BIM 概念的内涵丰富,外延广阔,因此不同国家、不同组织对 BIM 尚未有统一的定义。

在国家标准《建筑工程设计信息模型交付标准》(征求意见稿)中,将 BIM 分为两个层次:

(1) 个体名词"Building Information Model",包含建筑全生命期或部分阶段的几何信息及非几何信息的数字化模型,建筑信息模型以数据对象的形式组织和表现建筑及其组成部分,并具备数据共享、传递和协同的功能。

（2）集合名词"Building Information Modeling"，在项目全生命期或各阶段创建、维护及应用建筑信息模型进行项目计划、决策、设计、建造、运营等的过程。

从上述定义中可以看出 BIM 的要素是信息化数字技术在建筑行业的应用，并强调信息在各阶段的共享与传递，使建筑工程在其整个进程中显著提高质量、效率和大量减少风险。

1.2.2　BIM 的优势

BIM 具有可视化、协调性、模拟性、优化性和可出图性五大优势。

1. 可视化

BIM 本身具有几何可视化的属性，同时模型中的信息也可以通过可视化的方式表现出来。比方说不同构件通过不同的颜色进行区分，同种构件参数不同时，也可以通过颜色进行区分。因此具有信息可视化的特性（图 1.2-1、图 1.2-2）。

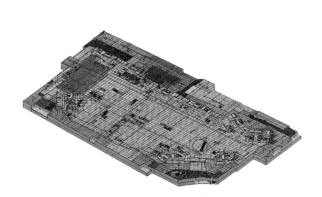

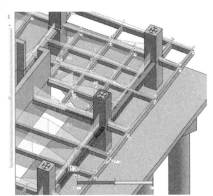

图 1.2-1　楼板厚度可视化　　　　　　　图 1.2-2　配筋面积可视化

2. 协调性

BIM 将不同专业、不同参与方的模型与信息集成在一个虚拟数字模型中，进行整合与协调，发现并消除冲突。BIM 提出中心模型的概念，中心模型存放于网络服务器中，不同参与方在本地修改模型后，与中心模型进行同步，因此保证了项目所有参与方均基于同一个模型进行操作（图 1.2-3）。

3. 模拟性

BIM 除了包含与几何图形及数据有关的数据模型外，还包含与管理有关的行为模型，两者相结合为数据赋予意义，因而可用于模拟施工过程，实现虚拟建筑的行为（图 1.2-4）。

4. 优化性

BIM 与信息能有效协调建筑设计、施工和管理的全过程，促使加快决策进度、提高决策质量，从而使项目质量提高，收益增加。

5. 可出图性

BIM 与专业表达是相兼容的，基于 BIM 模型可以进行符合专业习惯的表达。由于传统的表达习惯并非基于三维，且目前各种 BIM 软件的本地化程度有限，因此从 BIM 模型直接出图目前仍未完全实现，各专业的实现程度不一。一方面需要软件本身或本地化二次开发进行改进；另一方面，也需要对传统的表达习惯作出变革，以适应信息化时代与新技术的需求（图 1.2-5、图 1.2-6）。

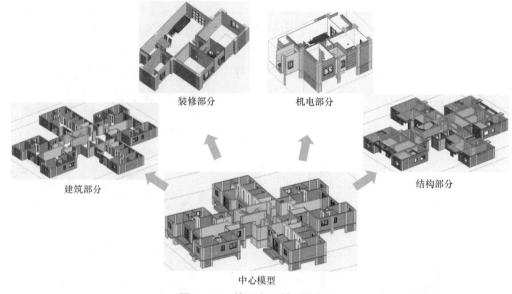

图 1.2-3　基于中心模型的协同

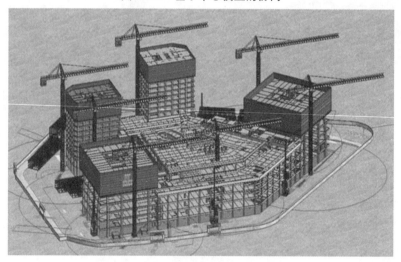

图 1.2-4　基于 BIM 的模拟施工（图片来源于网络）

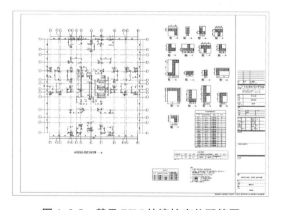

图 1.2-5　基于 BIM 的墙柱定位配筋图

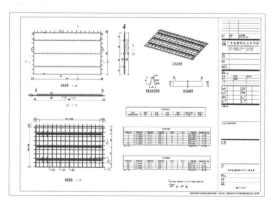

图 1.2-6　基于 BIM 的部品图

1.2.3 BIM 在 PC 建筑中的应用

文献［2］总结了 BIM 在 PC 建筑中最迫切的应用，包括以下几个方面：

（1）通过 BIM 技术进行建筑、结构、装饰、水暖电设备各专业间的信息检测，实现设计协同，避免"打架"和疏漏，避免专业间的信息孤岛。

（2）通过 BIM 技术进行设计、构件制作、构件运输、构件安装的信息监测，实现各环节的衔接与互动，避免无法制作、运输和安装的现象，实现整个系统的优化。

（3）通过 BIM 技术进行优化拆分设计，使得 PC 构件在满足建筑结构要求的同时，便于制作、运输与安装；各个专业连续性（包括埋设物）的中断的连接节点被充分考虑和精心设计。

（4）通过 BIM 技术进行复杂连接部位和节点的三维可视的技术交底。图 1.2-7、图 1.2-8 为复杂节点的 BIM 三维模型和现场实物拍照的对比。

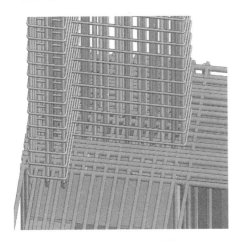
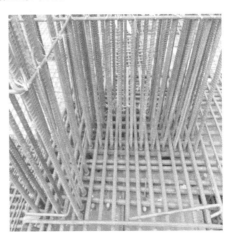

图 1.2-7 BIM 三维模型　　　　　　　　图 1.2-8 现场实物拍照

（5）通过 BIM 技术进行模具设计，使模具能保证构件形状准确和尺寸精度；保证出筋、预埋件、预留孔没有遗漏，定位准确；便于组模、拆模；成本优化。

（6）通过 BIM 技术进行 PC 工程组织，使构件制作、运输与施工各个环节无缝衔接，动态调整。

（7）通过 BIM 技术进行施工方案设计，包括起重机布置、吊装方案、后浇筑混凝土施工、各个施工环节的衔接。图 1.2-9、图 1.2-10 为基于 BIM 的施工场地布置和塔吊布置。

图 1.2-9 基于 BIM 的场地布置　　　　　图 1.2-10 基于 BIM 的塔吊布置

（8）通过BIM技术进行整个PC工程的优化等。

1.3 装配式建筑的三个一体化

在装配式建筑设计施工的各阶段，高度集成化的预制构件、环环紧密相扣的构件设计生产装配过程，以及建筑作为一个多工种整合运行的整体，决定了在设计、生产、装配、运维等各个阶段，一体化的重要性。在推动装配式建筑普及的过程中，很重要的一项工作就是如何落实如图1.3-1所示的三个一体化。

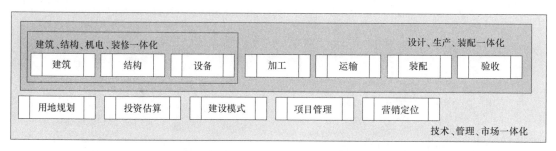

图1.3-1 三个一体化关系图

第一个一体化，是建筑、结构、机电、装修一体化。这决定了在设计阶段不同专业之间，信息充分交流和整合的需要。在传统CAD进行现浇钢筋混凝土建筑的设计过程中，采用的是CAD参照叠图进行专业间的会审。通过各阶段标准化的提资流程及表格的规范化、专业图纸图层标准化等方式以适应多专业信息的交互。对于装配式建筑，通过三维BIM模型的碰撞检查、仿真施工等，则更进一步提升了一体化的过程。因此，BIM的应用是实践装配式建筑设计一体化的重要一环。

第二个一体化，是设计、生产、装配一体化。从前反馈的思维，设计应充分了解生产装配的需求，在设计阶段充分评估生产装配阶段的实操性，权衡不同设计方式对生产、运维等阶段不同程度的影响；而从后反馈的思维，则是预制构件的加工信息数字化，生产信息与设计信息相对接，达到智能化加工的目的。在此后的仓储、运输、现场拼装等环节，也应结合既有流程中纸质送货单、验收单等流程内容，进行信息化的整合。在整个流程中，构件的信息，就如物联网一样，一环紧扣一环，每个构件从设计完毕、加工图审定、下料加工、加工完毕、运输、现场堆放、吊装、质量验收等各个环节，都应该能持续追踪到该构件的信息和状态。而在目前BIM应用过程中，采用的模式仍旧是设计单位建模推敲后，以平面蓝图方式进行招标和下发。此时信息已经形成了第一个断层。而在后续各阶段，在模型与图纸交接、图纸与装修深化设计之间、图纸与构件加工深化设计之间、现场施工与构件加工之间等，各个环节都不同程度地存在信息断层的情况，如图1.3-2所示，这也是阻碍建筑信息化的几道大坎。

第三个一体化，是技术、管理、市场一体化。在目前装配式建筑推进过程中，政府发挥了很重要的作用。在地块招拍挂阶段，即对地块的装配率有所要求。而在后续地产开发阶段，需评估装配式建筑的技术方案和市场定位，在项目推进过程中，实施相应的管理策略以满足装配式建筑的建造流程。

要实现装配式建筑三个一体化，就必须更加深入地运用当前的信息化技术、云计算和

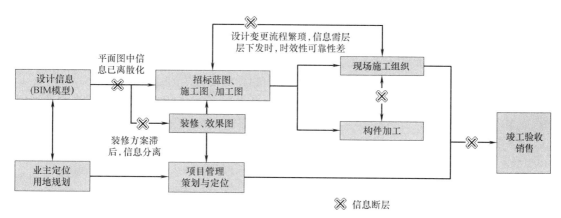

图 1.3-2 项目流程的信息断层

互联网,推动管理层面的革新,满足在装配式建筑一体化过程中信息的沟通与传递、信息的处理与归档、信息的挖掘与运用,如图 1.3-3 所示。

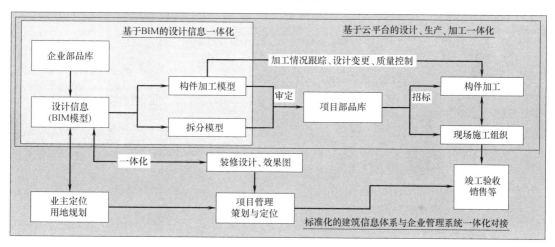

图 1.3-3 项目的一体化

1.4 装配式 PC 建筑设计要解决的问题

目前,装配式 PC 建筑正处于发展阶段,设计行业对于装配式 PC 建筑的设计方法也正处于积极探索与实践阶段,还有许多实际问题需要解决。

1. 全专业设计方法

装配式建筑设计应综合考虑建筑、结构、机电、装修四个专业协同设计的要求,要在同一个平台上进行这四个专业的设计工作,包括建立模型、模型注释、出施工图等。此外,还应协调各专业间构件归属问题、构件命名问题,在充分协同的基础上尽量减少各专业间的交叉工作,提高工作效率。

2. BIM 综合设计样板

Revit 自带的设计样板难以满足装配式建筑的设计要求,设计单位应根据工程实践经验创建适合本单位技术标准的综合设计样板。对于装配式建筑设计,至少需要两个综合样板，一个是用于装配式建筑全专业设计的综合设计样板，另一个是用于装配式部品设计的综合设计样板。

3. 标准化建模方法

为实现各专业的标准化表达，提高设计效率和图面质量，需要对预制构件命名规则、项目文件管理方法、各专业构件建模方法、部品库建模及应用方法、各专业数据维护管理方法、BIM 模型多软件信息共享等进行标准化。

4. 全过程协同方法

装配式建筑对于各专业协同设计的要求很高，协同不充分造成现场返工带来的损失，比现浇建筑大得多。同时，不仅要考虑设计单位内部的协同设计，还要考虑设计与业主、施工方、构件厂、监理单位之间的协同。

5. 建筑平面模块库

创建装配式建筑平面模块库，将各功能空间进行模块化归类，如卫生间模块、厨房模块、卧室模块、书房模块等，通过这些模块进行组合，形成各种户型模块，通过户型模块的组合，形成多种建筑组合平面（图 1.4-1、图 1.4-2）。

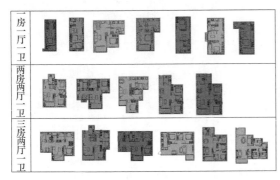

图 1.4-1　建筑平面模块库　　　　　　　图 1.4-2　建筑组合平面

6. 预制构件部品库

创建装配式建筑预制构件部品库（图 1.4-3）。使用部品库的优势是：（1）精确性，可建立精确的部品模型，深度达 LOD400。（2）轻量化，链接进来的模型不增加项目文件的大小，并且钢筋分存在各个部品中，中心模型负担小。（3）统一性，构件详图集成到部

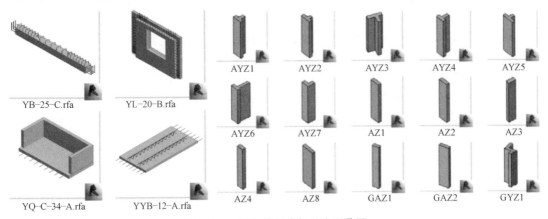

图 1.4-3　预制装配式部品库预览图

品库中，二维图纸与三维模型一致，并且每个部品文件都具备构件完整信息。（4）可重复，相同的部品可在多个项目中重复使用。（5）可积累，部品库与具体工程项目相独立，可随工程实践不断积累。

7. 一体化装修设计方法

装配式建筑的装修设计应以一体化装修概念为指导，实现住宅空间和部品的模块化设计。

8. 综合效益评估方法

装配式建筑的综合效益评估较为复杂，需要综合考虑生产、加工、运输、装配等因素，不能像传统现浇建筑主要以模板量、混凝土量和钢筋用量进行评估。通过综合考虑质量、成本、工期及"五节一环保"等各项要素进行综合效益评估，使项目整体达到经济效益最大化。

9. 信息技术应用

装配式建筑设计目前最迫切需要的是轻量化的协同管理系统和装配式建筑辅助设计软件。

Revit平台可通过中心模型实现多方协同，但带来的问题是模型过于庞大以至于无法顺畅运行，因此，装配式建筑协同设计需要一个轻量化的协同管理系统。

目前用于BIM设计的辅助软件不多，主要有橄榄山、向日葵等插件，但大多是针对现浇建筑，缺乏针对装配式建筑的辅助软件。装配式建筑设计需要的软件主要包括：预制率和装配率计算软件、构件拆分软件、深化设计辅助软件、施工图绘制辅助软件、节点验算软件等。

第 2 章　装配式高层建筑 Revit 样板

Revit 样板是新建 Revit 文件的基础。Revit 自带有各个专业的基本样板文件，尚不能满足装配式建筑 BIM 项目的需求，需结合制图标准进行完善。Revit 样板是 BIM 标准的重要组成部分，样板设置不但影响设计成果的标准化表达，而且对设计的效率与图面表达的质量也有极大影响，因此，应制作装配式 BIM 项目基本样板文件，并且持续积累完善。

对于装配式建筑 BIM 项目来说，除了需要设置项目样板，还需要设置装配式部品的 Revit 样板，两者之间相比有共通之处，也有许多特殊的地方。本章将介绍如何通过 Revit 的通用设置、装配式构件族和参数以及相关的视图设置等内容，设置 Revit 样板文件，以满足装配式项目在 Revit 文件下的基本操作。后期，各专业在此基础上进行本专业的相关设置。

2.1　Revit 样板通用设置

2.1.1　基本设置

在设置 Revit 样板文件之前，需要完成对 Revit 样板文件基本内容的设置，基本内容主要包括：项目信息、项目单位、文字样式、尺寸标注等，如图 2.1-1 所示。

图 2.1-1　项目信息和项目单位

项目信息位于"管理"面板，根据实际项目信息填写输入即可。

项目单位的设置位于"管理"面板，分为"公共"、"结构"等专门类别的各种单位设

16

置，按制图标准及表达习惯设置即可。对于影响标注的图面表达，如长度的单位符号设为"无"，在格式栏即显示"［mm］"，中括号表示该单位不显示。其他如面积（"m²"）则会显示单位。

文字样式的设置位于"注释"面板，修改系统族类型的参数进行设置，按标准模板预设常用类型即可。

标注文字样式的调整内容包含：字体大小、字体类型、宽度系数、单位格式、引线箭头、线宽、背景等，根据平面图和剖面图的布置需求进行相应的调整，如图 2.1-2 所示。

图 2.1-2　字体和尺寸标注样式

注意钢筋符号的输入，需要加载 Autodesk 发布的一款名字就叫"Revit"的 TrueType 字体。安装该字体后，Revit 可添加一个名为"钢筋字体"的文字类型，字体设为"Revit"字体，输入时分别用 ＄、％、＆、♯ 四个字符代表四种钢筋符号。该字体其余的英文及数字字符为 Arial 字体，中文字符则为宋体。

尺寸样式的设置位于"修改"面板，修改系统族类型的参数进行设置，按标准模板预设常用类型即可。

尺寸标注样式的调整内容包含：字体大小、字体类型、宽度系数、单位格式文本引线、记号、线宽、尺寸标注线延长、尺寸界线长度和尺寸界线延伸等，根据平面图和剖面图的布置需求进行相应的调整，如图 2.1-2 所示。

尺寸标注样式同样通过修改系统族类型的参数进行设置，按标准模板预设常用类型即可。一般尽量将标注样式设为与天正的样式接近的类型。

2.1.2　标高轴网设置

标高轴网的设置位于"建筑"面板。对于标高的设置内容按传统表达习惯即可，主要设置以下参数：符号、线型图案、标高两端的勾选。预制构件可以只设置一个标高，如图 2.1-3 所示。

轴网的设定比较简单，按传统表达习惯及标准模板设置，主要设置以下参数：轴网标

图 2.1-3　标高轴网样式

头符号；轴线线型；轴号两端的勾选；非平面视图符号按习惯设为"底"。另外还需考虑多种宽度系数的轴号，以应对有些轴号字符较多的情形。其中，"GD 轴线线型"为参照天正的轴线样式定制。预制构件可以不设置轴网。

2.1.3　材质设置

文字样式的设置位于"管理"面板，通过修改系统族类型的参数进行设置，按标准模板预设常用类型即可。

各个专业均应将本专业常用材质设入模板。对于装配式项目来说，需要明确区分预制混凝土和现浇混凝土的显示方式，根据日常规范习惯对混凝土材质作出修改。

图元的材质效果主要是结合各专业的实际效果需要和图面对表达情况两个方面的内容，进而对"表面填充图案"和"截面填充图案"两个内容进行设定。根据表达习惯对预制混凝土和现浇混凝土的表面及截面填充图案分别作出规定。图 2.1-4 表达了钢筋混凝土的图纸设置内容。

2.1.4　图名

图名、图框是标准模板的基本设置，需在 Revit 里制作相应的族，并载入模板文件中。图名常用的有标准图名、详图图名等样式，需分别制作视图标题族。

对于标准图名，常见的设置为"图名＋比例"或"图名"，其中图名下方加粗横线或一粗一细两根横线。横线的做法需注意，Revit 没有办法让横线的长度锁定图名字符的长度，因此当图名的字符数改变时，横线的长度不会自动适应，因此要制作非常多的标题类型，对应不同的图名字符数设定横线长度。图 2.1-5 为 GDADRI 综合样板中的常用视图类型。

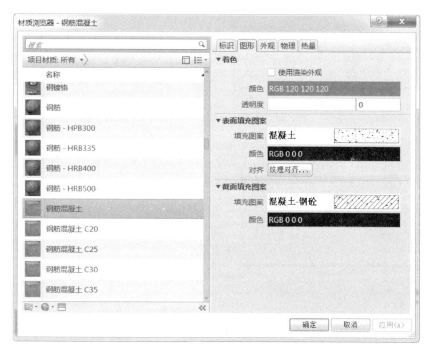

图 2.1-4　材质浏览器

图 2.1-5　图名类型

2.1.5　图框与封面

图框与封面按设计院样式制作即可，一般可以在族里导入 dwg 格式的图框与封面，分解后再加工完成。由于在图签里存在需要填写的地方，在 Revit 里尽量用字段来读取参数自动填写。这里涉及的因素比较复杂，图 2.1-6 中的信息参数，其中一部分信息来自于

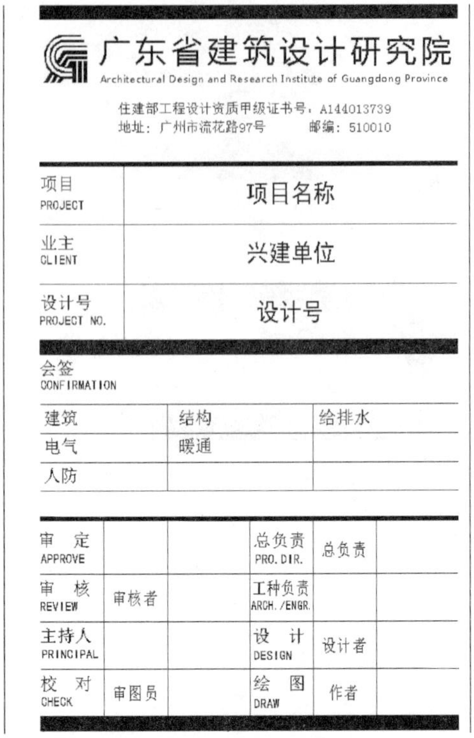
广东省建筑设计研究院
Architectural Design and Research Institute of Guangdong Province
住建部工程设计资质甲级证书号：A144013739
地址：广州市流花路97号 邮编：510010

项目 PROJECT	项目名称
业主 CLIENT	兴建单位
设计号 PROJECT NO.	设计号

会签 CONFIRMATION

建筑	结构	给排水
电气	暖通	
人防		

审 定 APPROVE			总负责 PRO. DIR.	总负责	
审 核 REVIEW	审核者		工种负责 ARCH. /ENGR.		
主持人 PRINCIPAL			设 计 DESIGN	设计者	
校 对 CHECK	审图员		绘 图 DRAW	作者	

图 2.1-6 GDADRI 图签栏

图纸参数，一部分信息来自于项目信息参数，Revit 没有对应的参数的信息，需自己添加共享参数（而非项目参数）。

注意项目参数与共享参数的区别：项目参数仅在当前文件中，可以列表统计，不能标注出来；共享参数可以加载到不同的族与项目文件中实现“共享”，不但可以列表统计，如果构件族、标注族、项目文件三者均加载同一共享参数，还可以将参数值标注出来。共享参数在项目中也是通过“管理→项目参数”命令添加的，可以看做是一种特殊的项目参数[3]。

比如图框目录中提到的“项目”、“业主”、“总负责”、“工种负责”等内容，实际填写内容会结合实际项目的不同而有所调整。为多次重复利用图框族，实现图框族与项目文件之间的参数传递，需要通过共享参数来实现。

2.2 Revit 样板视图设置

2.2.1 视图类型与浏览器组织

对于视图的基本设置，在 Revit 中需要对视图类型和浏览器进行优先考虑。

视图浏览器的排列布置可以从两方面需要考虑：一是各专业工作视图；二是各专业图纸布置的需要。展示和排列的方式有多种。装配式综合样板和部品样板建议采用图 2.2-1 所表达的内容设置。主要包括了专业的图纸视图和模型工作视图，以及预制构件的配筋图、模板图、预埋图和安装图。

在浏览器的设置中，成组条件按视图的“族”与“类型”属性成组，避免树状结构分级太多难以查找，同时有利于按照专业习惯的视图分类进行归类，如结构专业的“梁平面”、“墙柱定位平面”等。为了实现这个目的，要先对各专业的各类视图建立相应的类型。

对于平面视图、立面视图、剖面视图、详图索引，在完成对浏览器架构设置的同时，根据各个专业的需求配置相对应的视图。

2.2.2 视图设置

视图样板是视图属性，设置的内容主要有：视图比例、规程、详细程度、可见性，以及过滤器等相关内容，这些属性对于视图类型是公共的，预制构件样板涉及的视图样板如图 2.2-2 所示。

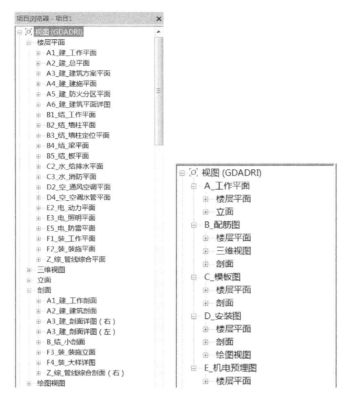

图 2.2-1　构件浏览器组织

1. 视图比例

视图比例位于"视图属性"控制面板。

装配式预制构件作为细部节点出图，主要是应用于工厂的生产加工，精细度要求比较高，无论是钢筋平面图、模板平面图还是机电预埋图，视图比例都要比 1∶50 大，且采用的是 A3 图框。

2. 详细程度

详细程度位于"视图属性"控制面板的"图形显示选项"。由于每个视图的出图效果不一致，对应的视图详细程度设置也不一致。

对于所有的钢筋视图，建议采用"中等"的样式；模板视图，建议采用"精细"的样式；

图 2.2-2　预制构件视图样板类型

细"的样式；机电预埋视图，建议采用"中等"样式；安装视图，建议采用"精细"及"线框"的样式；三维视图则采用"精细"的样式，通过此方法控制构件的显隐关系以满足构件图面表达要求。

3. 规程

规程位于"视图属性"控制面板。

预制构件由于是全专业的设计配合，所有平面视图统一采用"协调"规程控制。

4. 模型显示样式

模型显示样式位于"视图属性"控制面板的"图形显示选项"。由于每个视图的出图效果不一致，对应的视图显示样式设置也不一致。

对于所有的钢筋视图，建议采用"隐藏线"的样式；模板视图，建议采用"线框"的样式；机电预埋视图，建议采用"线框"样式；安装视图，建议采用"隐藏线"样式；三维视图则采用"精细"的样式，通过此方法控制构件的显隐关系以满足构件图面表达要求。

5. 实体钢筋可见性

实体钢筋可见性位于"钢筋属性"控制面板的"视图可见性"。

只有在钢筋视图和主要部位的配筋剖面图、三维视图中，才对钢筋进行可见性控制。图 2.2-3 显示了钢筋在各个操作视图的控制类型。主要包括"清晰视图"和"作为实体查看"两个设置功能，除了构件三维视图两个功能都要勾选外，其他钢筋视图只勾选"清晰视图"。最终的应用成果参照图 2.2-4。

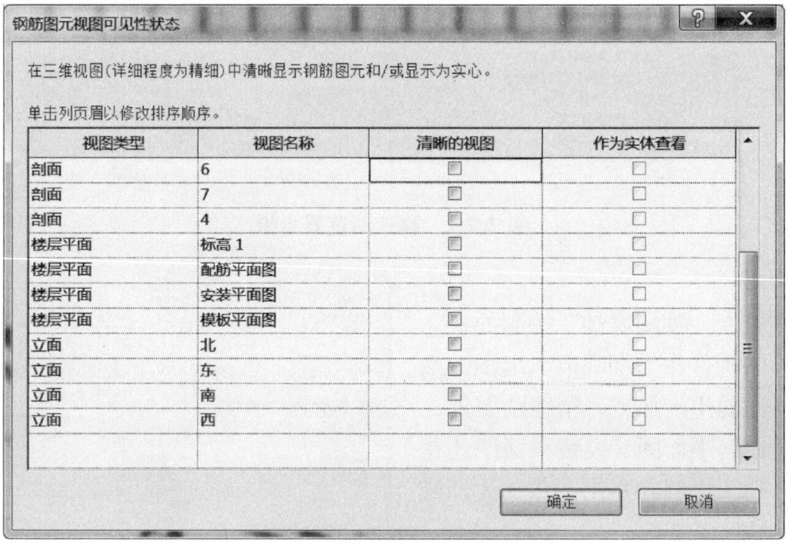

图 2.2-3 钢筋视图可见性

通过对以上细部的视图设置，直接形成"视图样板"，通过视图样板对出图视图进行控制。

绘制好预制构件模型后，各图纸均以模型为基础生成，主要包括构件的配筋平面布置、主要部位的配筋剖面图、模板平面图、主要部位的模板剖面图、个别预制构件所需要的安装平剖面图、机电预埋主视图和主要部位的机电预埋剖面图。

2.2.3 线样式、对象样式设置

CAD 中通过图层进行图元分类管理、显示控制和样式设定，而 Revit 中采用对象类别和子类别进行控制，主要通过"对象样式"和"可见性/图形替换"工具来实现，图 2.2-5 为对象样式控制窗口。对象样式工具可以全局查看和控制当前项目中的线型、线宽、颜色。

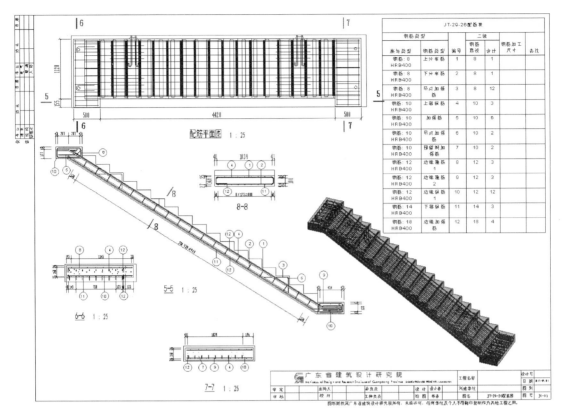

图 2.2-4　楼梯配筋图

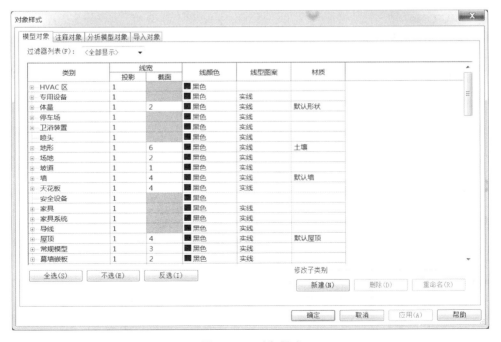

图 2.2-5　对象样式

线样式和对象样式在项目文件和族文件中建议统一命名。采用 Revit 进行施工图出图时，不会有太多种类的线宽，在制作族时可直接根据需要选择细线、中粗线等。线宽设置见表 2.2-1，对象样式见表 2.2-2。

线宽设定 表 2.2-1

线号	《房屋建筑制图统一标准》		建议工程样板		主要用途
	名称	线宽组	1：100	1：50	
1	细线	0.25b	0.100	0.130	填充斜线
2	中线	0.5b	0.180	0.200	轮廓线、各类注释线、其他细线
3	中粗线	0.7b	0.250	0.300	
4	—	—	0.350	0.450	截面线
5	粗线	b	0.400	0.600	主要截面线、钢筋线
6	—	—	0.600	0.900	实心钢筋点
7	—	—	1.000	1.200	
8	—	—	1.500	2.000	红线

线样式设定 表 2.2-2

	类别	线宽	1：100 下线宽	颜色	线型	对应制图规范	备注
线样式	细线	1		黑	实线	填充线	
	线	2		黑	实线	实线_细	设定 3~4 种直接选用。其他需单独控制颜色的可另外命名
	中线	3		黑	实线	实线_中	
	中粗线	4		黑	实线	实线_中粗	
	粗线	5		黑	实线	实线_粗	
	虚线	2		黑	划线	—	
	隐藏线	2		黑	划线	—	
	钢筋线	5		黑或梅红	实线	—	CAD 导入的钢筋；采用插件绘制的钢筋详图线
	钢筋点(实心)	6		黑或梅红	实线		
	钢筋点(空心)	2		黑或梅红	实线		
	红线	8					

2.2.4 明细表设置

1. 钢筋明细表

在装配式项目中，预制构件需要对钢筋和预埋件进行统计汇总。钢筋明细表中需要调用参数类型主要包括：族与类型、钢筋类型、钢筋编号、钢筋直径、合计、长度和备注，见表 2.2-3。

2. 预埋配件明细表

预埋件明细表中需要调用参数类型主要包括：编号、名称、图例、数量、备注，见表 2.2-4。

钢筋明细表 表 2.2-3

JT-29-26 配筋表

钢筋类型		编号	二级		钢筋加工尺寸	备注
族与类型	钢筋类型		钢筋直径	合计		
钢筋:8 HRB400	上分布筋	1	8	1		
钢筋:8 HRB400	下分布筋	2	8	1		
钢筋:8 HRB400	吊点加强筋	3	8	12		
钢筋:10 HRB400	上部纵筋	4	10	3		
钢筋:10 HRB400	加强筋	5	10	6		
钢筋:10 HRB400	吊点加强筋	6	10	2		
钢筋:10 HRB400	预留洞加强筋	7	10	2		
钢筋:12 HRB400	边缘箍筋 1	8	12	3		
钢筋:12 HRB400	边缘箍筋 2	9	12	3		
钢筋:12 HRB400	边缘纵筋 1	10	12	12		
钢筋:14 HRB400	下部纵筋	11	14	3		
钢筋:18 HRB400	边缘加强筋	12	18	4		

预埋构件明细表 表 2.2-4

预埋构件明细表

编号	名称	图例	数量	备注
MJ1	吊件	✛	2	用于外墙板起吊(规格:$D=14mm$;$L=170mm$)
MJ2	临时支撑预埋螺母	✛	4	用于斜支撑固定(型号:P 型螺母 M12×80)
MS1	纤维拉结筋	◉	90	用于外墙板内外叶连接(正面预埋/型号:MC70)

2.3 预制构件族与参数

 装配式预制构件涉及的构件类型主要包括梁、柱、板(叠合板、阳台板、空调板)、墙(剪力墙、外墙板、内墙板、女儿墙)、楼梯、梁柱节点等。对于装配式构件,无论是全受力体系还是内浇外挂体系,都可以通过下面的构件族样式,进行基于 BIM 的预制构件深化设计。预制构件的种类和样式,可以后期不断积累。

 由于结构专业施工图表达的要求,大量的构件信息是非几何信息(如钢筋信息、混凝土强度等级信息、梁编号、梁跨号等),需通过外加参数进行记录,再用配套的标注族进行标注,这些参数需要在构件族、标注族、项目文件三者中进行统一和传递,因此需通过

Revit 的"共享参数"机制进行设置。

2.3.1 基于系统族的预制构件

1. 基本结构构件——结构柱

在装配式项目中，对于预制结构柱，整体分为两部分：预制段和现浇段，在 Revit 中利用系统提供的结构柱族进行建模。为保证单根柱的完整性，预制柱需要绘制两部分的模型，即预制段和现浇段，通过可见性设置，控制预制柱在项目中的显示方式。

预制结构柱可以通过参数化建模，实现一个族构件多种类型，因此在标准模板中，仅将常用的柱族及其基本的类型载入，如图 2.3-1 所示为预制柱的 Revit 模型。如需用到其他尺寸的类型可自行新建；如需用到其他特殊的柱族需另行加载或自己新建族。

2. 组合结构构件——结构梁

在装配式项目中，对于预制结构梁，整体分为两部分：预制段和现浇段，在 Revit 中利用系统提供的结构框架族进行建模。为保证单根梁的完整性，预制梁需要绘制两部分的模型，即预制段和现浇段，通过可见性设置，控制预制梁在项目中的显示方式。

预制结构梁可以通过参数化建模，实现一个族构件多种类型，因此在标准模板中，仅将常用的梁族及其基本的类型载入，如需用到其他尺寸的类型可自行新建；如需用到其他特殊的梁族需另行加载或自己新建族，如图 2.3-2 所示。

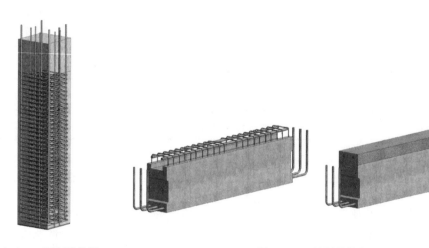

图 2.3-1 预制结构柱   图 2.3-2 预制结构梁

2.3.2 基于常规模型的预制构件

1. 基本结构构件——结构墙

对于不存在异形轮廓的墙体，在 Revit 中提供的系统墙族可满足剪力墙预制构件主体的建模需求，同时也可以采用常规模型族的方法。为了与其他构件族（剪力墙、外墙板、内墙板、女儿墙）的类型保持一致性，建议统一采用常规模型族的建模方法。预制墙体类型如图 2.3-3～图 2.3-5 所示。必须勾选"可将钢筋附着到主体"，在项目中才能绘制钢筋。由于墙体类型较多，无法像梁柱那样实现参数化建模，预制墙的种类只能通过后期的不断积累，丰富装配式样板的构件样式。

2. 组合结构构件——结构板

在装配式项目中，对于预制楼板，构件类型包含叠合板、阳台板、空调板。三种构件楼板的建模方法各有不同。

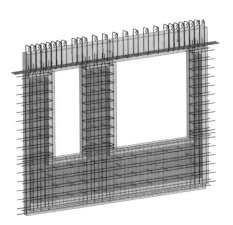

图 2.3-3　内浇夹心外墙板

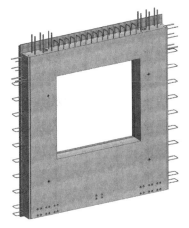

图 2.3-4　预制剪力墙外墙板

在 Revit 中无法采用系统提供的楼板族进行建模，而是通过创建族的形式，族类型为常规模型，绘制叠合板、阳台板、空调板主体模型。

对于叠合板和空调板，整体分为两部分：预制段和现浇段，需要绘制两部分的模型，即预制层和现浇层，通过可见性设置，控制叠合板和空调板在项目中的显示方式。

预制叠合板和空调板可以通过参数化建模，实现一个族构件多种类型，因此在标准模板中，仅将常用的叠合板和空调板族及其基本的类型

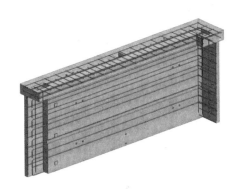

图 2.3-5　女儿墙

载入，如需用到其他尺寸的类型可自行新建；如需用到其他特殊的族需另行加载或自己新建族，如图 2.3-6 所示。

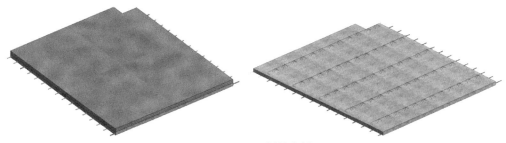

图 2.3-6　预制叠合板

由于阳台板无法像梁柱那样实现参数化建模，阳台板的种类只能通过后期的不断积累，丰富装配式样板的构件样式，如图 2.3-7 所示。

3. 组合结构构件——楼梯

在装配式项目中，每一梯段都作为单独的构件，在 Revit 中无法采用系统提供的楼梯

族进行建模，而是通过创建族的形式，族类型为常规模型，绘制楼梯主体模型。必须勾选"可将钢筋附着到主体"，在项目中才能绘制钢筋，如 2.3-8 所示。

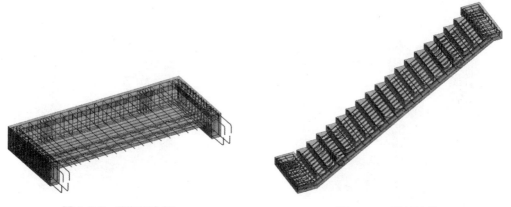

图 2.3-7　预制阳台板　　　　　　　　　图 2.3-8　预制楼梯

2.3.3　基本注释类构件

在 Revit 中，除了完成梁、板和墙等实体构件设计图纸，另外还需要补充注释类的构件，如尺寸标注、文字标注、详图符号等内容。注释类构件分为两类：一类是与实体构件之间有关联关系的"标记"类构件；一类是没有关联关系的独立详图构件（包括线条、填充、文字、详图符号等）。装配式部品设计图纸标记主要包括钢筋标记和预埋配件标记。

钢筋标记族：装配式预制构件中的钢筋标记主要是对钢筋编号的表达，通过系统提供的钢筋标记族进行文字注释，标记样式可以根据项目的实际需要进行修改，如图 2.3-9 所示。

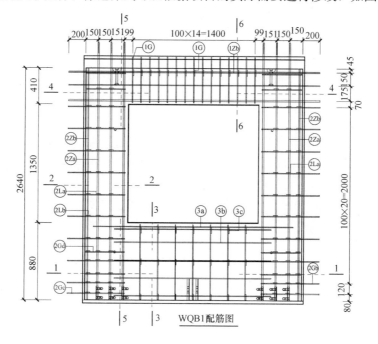

图 2.3-9　外墙板钢筋注释标记

预埋配件标记族：装配式预制构件中，使用到的预埋配件种类数目比较多，如临时支撑预埋螺母、吊件、吊环和灌浆套筒等。统一所有的预埋配件都采用常规模型绘制，预埋配件标记族也是采用常规模型标记族，通过识别 Revit 中的"标记"属性，关联标记族进行文字注释。标记样式可以根据项目的实际需要进行修改，如图 2.3-10 所示。

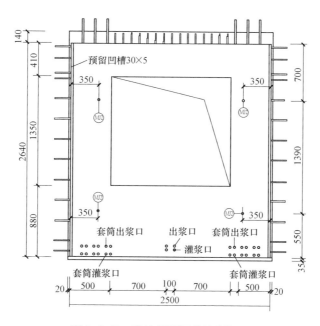

图 2.3-10　外墙板预埋件注释标记

对于与构件不存在关联的注释构件，如线条、尺寸标记样式、文字等，可参考上文提及的基本设置。

2.3.4　共享参数

共享参数是 Revit 特有的一个概念，它通过一个与族文件或 Revit 项目文件不相关的 txt 文件进行定义，然后可以挂接到不同的族文件与项目文件中，使该参数在不同族、不同文档之间的互通互认，从而实现参数值的统计、标注功能，是为"共享"。其参数值跟 Revit 构件本身的几何属性没有关联，一般需手动输入或通过插件输入。

对于需要添加到构件的共享参数，需在模板中事先作出定义。后期可以根据实际项目的需要进行补充。

如图 2.3-11 所示钢筋明细表中提到的"钢筋类型"参数。Revit 本身提供的钢筋族就不包括钢筋类型这一参数，

图 2.3-11　编辑共享参数

29

可通过 Revit 提供的"共享参数"添加参数。

通过图 2.3-12 提供的"项目参数",为添加的共享参数选择对应的族类型。

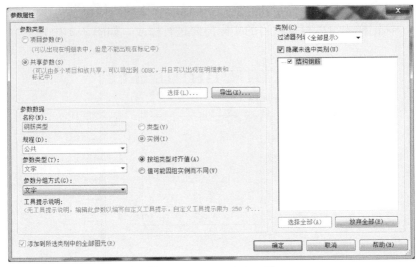

图 2.3-12　添加参数属性

2.4　装配式建筑 Revit 标准样板

本节主要介绍了形成装配式建筑 Revit 样板文件的设置内容,包括通用设置、视图样板设置和构件族与参数等。最终完成的装配式建筑 Revit 标准样板文件有两个:一是满足各专业协同设计需要的 Revit 样板,即 GDADRI—综合样板—2016,该文件主要涵盖初设阶段、施工图阶段和深化阶段;另一个是满足预制构件深化设计需要的 Revit 样板,即 GDADRI—装配式部品样板—2016,部品样板仅适用在深化阶段(图 2.4-1)。

图 2.4-1　GDADRI 综合样板

2.4.1　GDADRI 综合样板

本节所设置的 Revit 样板适用于各个设计阶段，各专业和各阶段的三维设计深度取决于现阶段图纸所需要表达的深度。

1. 初步设计阶段

初设阶段建筑专业主要确定整体的设计方案和户型设计方案，将确定的三维设计方案模型提供给其他专业单位。成果要求完成设计说明、建筑平面体、立面图和剖面图。

初设阶段结构专业主要根据建筑专业提供达到一定深度的方案模型，以便各项指标的确定，进行结构布置、方案比选、确定截面、计算及调整。并根据详勘结果进行基础选型和布置。成果要求完成各层结构平面图（模板图）、基础布置平面图。

初设阶段装修专业链接建筑专业提供的方案模型和结构专业提供的结构模型，确定整体的装修设计方案，形成单独的模型文件，将确定的三维设计方案模型提资到机电单位。成果要求完成设计说明、装修平面图、立面图和剖面图。

初设阶段机电专业链接建筑、结构和装修专业提资的设计模型，确定整体的机电管线设计方案，形成独立的模型文件。成果要求完成设计说明、给水排水、暖通和电气平面图、系统图。

初设阶段各专业运用样板文件形成的主要成果包括建筑、结构、装修和机电各专业的 Revit 模型。在这套模型的基础上完成施工图阶段的设计模型。表 2.4-1 描述了各专业初设图的使用和成果内容。

初设样板使用

表 2.4-1

专业	样板使用	成果文件
建筑专业	与结构同一 Revit 文件	初步设计建筑模型、各类建施图纸
结构专业	与建筑同一 Revit 文件	初步设计结构模型、各类结施图纸
机电专业	独立 Revit 文件	初步设计机电模型、各类设备图纸
装修专业	独立 Revit 文件	初步设计装修模型、各类装施图纸

2. 施工图阶段

施工图阶段建筑专业在初设模型的基础上完成施工图设计，将确定的三维设计模型提资给其他专业单位。成果要求完成设计说明、建筑平面体、立面图和剖面图。

施工图阶段结构专业主要根据初设阶段结构模型和建筑专业提资的设计模型，完成施工图设计和预制构件的初步设计。成果要求完成各层结构平面图（模板图）、预制构件拆分平面图。

施工图阶段装修专业根据初设阶段装修模型和建筑结构专业提资的设计模型，完成施工图设计，将确定的三维设计模型提资到机电单位。成果要求完成设计说明、装修平面图、立面图和剖面图。

施工图阶段机电专业根据初设阶段机电模型和建筑、结构及装修专业提资的设计模型，完成施工图设计。成果要求完成设计说明、给水排水、暖通和电气平面图、系统图。

施工图阶段各专业运用样板文件形成的主要成果包括建筑、结构、装修和机电各专业的 Revit 模型。在这套模型的基础上完成深化阶段的设计模型。深化阶段的模型需要结合装配式部品样板绘制的预制构件模型。表 2.4-2 描述了各专业施工图的使用和成果内容。

施工图样板使用 表 2.4-2

专业	样板使用	成果文件
建筑专业	与结构同一 Revit 文件	施工图建筑模型、各类建施图纸
结构专业	与建筑同一 Revit 文件	施工图结构模型、各类结施图纸
机电专业	独立 Revit 文件	施工图机电模型、各类设备图纸
装修专业	独立 Revit 文件	施工图装修模型、各类装施图纸

3. 深化阶段

深化阶段结构专业主要利用施工图阶段的模型和预制构件模型，链接整体模型，并进行碰撞检查，优化钢筋和节点的布置。成果要求完成各层结构平面图（模板图）、基础布置平面图。

深化阶段装修专业根据结构专业深化模型和碰撞报告，深化调整局部设计，将重新调整的三维设计模型提资到相关的设计单位。成果要求完成设计说明、装修平面图、立面图和剖面图。

深化阶段机电专业根据结构专业深化模型、碰撞报告和装修专业深化调整设计模型，深化调整局部管线设计。成果要求完成设计说明、给排水、暖通和电气平面图、系统图。

表 2.4-3 描述了各专业深化图的使用和成果内容

深化图样板使用 表 2.4-3

专业	样板使用	成果文件
建筑专业	与结构同一 Revit 文件	深化图建筑模型、各类建施图纸
结构专业	与建筑同一 Revit 文件	深化图结构模型、各类结施图
机电专业	独立 Revit 文件	深化图机电模型、各类设备图纸
装修专业	独立 Revit 文件	深化图装修模型、各类装施图纸

样板主要内容如下：

1. 协同专业类型

该 Revit 样板主要应用的专业类型包括：建筑、结构、装修和机电（给水排水、暖通、电气）。其中除了装修专业不存在单独的命令控制面板，其余专业都有单独的面板，即"建筑"、"结构"和"系统"，装修专业的命令控制可通过"建筑"面板中的类似工具调用，如图 2.4-2 所示。

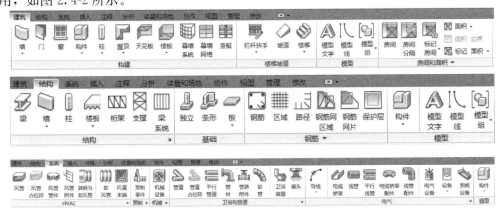

图 2.4-2 各专业控制面板

2. 建模（族）

针对各专业建模的需要，样板中载入了各专业的通用构件族。各构件族的样式，材质都作为常规设置。表 2.4-4 描述了各专业的族配置情况。

各专业构件族　　　　　　　　　　　　　　　　　　　　　表 2.4-4

专业	族　类　型
建筑专业	砌体墙、门、窗、楼板
结构专业	承台、桩、条形基础、矩形柱、T 形柱、十字形柱、圆形柱、T 形梁、L 形梁、矩形梁、混凝土墙
机电专业	管道、管件、风管、管件、配电箱、插座、开关、阀门
装修专业	梳妆台、浴室隔断、地砖、装饰面墙、厨房水槽、厨房炉灶、坐便器、入墙式淋浴柱

3. 工作视图

样板中配置了各个专业的主要工作视图，工作视图的类型可根据实际应用项目和设计阶段的不同进行添加。表 2.4-5 描述了各专业的工作视图配置情况。

Revit 专业视图　　　　　　　　　　　　　　　　　　　　表 2.4-5

专业	视　图　类　型
建筑专业	建筑方案平面、建筑总平面、建施平面、防火分区平面、建筑平面详图、工作平面
结构专业	基础平面、结施平面、墙柱定位平面、钢筋平面、结构平面详图、钢筋节点展示平面、工作平面
机电专业	给水排水平面、消防平面、通风空调平面、防排烟平面、空调水管平面、动力平面、照明平面、火灾报警平面、弱电平面、防雷平面、工作平面
装修专业	平面布置图、天花布置图、地花布置图、天花尺寸图、隔墙尺寸图、装施立面、大样详图、工作平面

根据各个专业高效率工作的需要，样板中配置了各个专业主要工作视图的视图样板，应用于不同的设计项目。表 2.4-6 描述了各专业的视图样板配置情况。

Revit 视图样板　　　　　　　　　　　　　　　　　　　　表 2.4-6

专业	视图样板类型
建筑专业	填色平面、建施剖面、建施平面、建施立面、详图剖面
结构专业	基础平面、墙柱平面、钢筋大样剖面、绘图视图、梁配筋平面、板配筋平面
机电专业	给水排水平面、消防平面、通风空调平面、防排烟平面、空调水管平面、动力平面、照明平面、火灾报警平面、弱电平面、防雷平面、管综平面
装修专业	平面布置图、天花布置图、地花布置图、天花尺寸图、隔墙尺寸图、装施立面、大样详图

4. 图纸布局

该样板文件已经设置了出图的图例、说明和图框等文件，可以根据各阶段出图的的需要直接调用。表 2.4-7 描述了各专业的出图图纸配置情况。

5. 明细表

样板中就设计过程中需要使用到的构件统计清单，优先进行统计。在各个专业建模过程中，明细表会根据模型中存在的具体构件进行统计，只需要调用查看即可。表 2.4-8 描述了各专业的可添加的明细表类型。

专业图纸设置 表 2.4-7

专业	图 纸 类 型
建筑专业	建筑方案平面、建筑总平面、建施平面、防火分区平面、建筑平面详图
结构专业	基础平面、结施平面、墙柱定位平面钢筋平面、结构平面详图
机电专业	给水排水平面、消防平面、通风空调平面、防排烟平面、空调水管平面、动力平面、照明平面、火灾报警平面、弱电平面、防雷平面
装修专业	平面布置图、天花布置图、地花布置图、天花尺寸图、隔墙尺寸图、装施立面、大样详图

明细表类型 表 2.4-8

专业	明细表类型
建筑专业	总建筑面积、使用面积、内墙明细表、外墙明细表、预制内墙明细表、门明细表、窗明细表
结构专业	结构基础明细表、剪力墙分布钢筋和拉结筋通用表、剪力墙明细表、预制外墙明细表
机电专业	风管明细表、电缆桥架明细表、管道明细表、风管管件明细表、电缆桥架配件明细表、管件明细表
装修专业	楼板明细表、常规模型明细表、墙明细表、天花明细表、专用设备明细表、门明细表、窗明细表

2.4.2 GDADRI 装配式部品样板

本节所设置的装配式部品样板（图 2.4-3）适用于深化设计阶段，结构专业主要用预制构件模型进行深化设计。

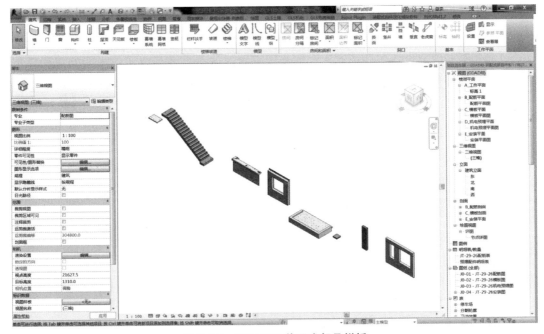

图 2.4-3 GDADRI 装配式部品样板

部品深化阶段结构专业根据提供的样板文件布置预制构件钢筋和预埋件，成果要求完成单个构件的配筋图、模板图、安装图和机电预埋图。

部品深化阶段机电专业根据施工图阶段机电设计模型，完成预制构件机电管线预埋布置。将预制构件模型文件提资给结构深化单位，完成钢筋的配置。成果要求完成单个构件的机电预埋模型，见表 2.4-9。

部品深化图样板使用 表 2.4-9

专业	样板使用	成果文件
结构专业	独立预制构件 Revit 文件	预制构件深化模型、各类深化图纸
机电专业	与结构同一 Revit 文件	预制构件深化模型、各类深化图纸

样板主要内容如下：

1. 协同专业类型

该 Revit 样板主要是对预制构件深化设计，只保存在单专业的深化模型中。预制构件族和族类型名称已参照第 3 章的构件命名规则设置，且除了叠合梁的主体模型采用的是"结构框架"族外，其他类预制构件族都是采用"常规模型"族。

2. 建模（族）

预制构件深化包括预制构件主体模型的绘制、钢筋的设置和机电预埋件的设置，样板中已配置常用的钢筋样式和预埋件样式，构件深化建模时，只需要将预制构件族主体载入到样板中即可，随即进行钢筋和预埋件的设置，见表 2.4-10。

各专业构件族 表 2.4-10

专业	族 类 型
建筑专业	无
结构专业	内隔条板、内墙墙板、叠合板、叠合式阳台、外挂墙板、非保温式女儿墙、预制楼梯、预制空调板、吊杆、吊环、临时支撑、普通套管、纤维拉结筋
机电专业	按钮、插座、开关、线管
装修专业	无

3. 工作视图

预制构件根据实际出图的需要配置了各类工作视图，工作视图的类型可根据实际应用项目和设计阶段的不同进行添加，见表 2.4-11。

构件深化视图 表 2.4-11

深化图	视 图 类 型
配筋图	配筋平面图、立面图、剖面图、三维图
模板图	模板平面图、立面图、剖面图、三维图
机电预埋图	机电预埋正视图、三维图
安装图	模板立面图、剖面图、三维图

样板中配置了各个工作视图的视图样板，可应用于不同的设计项目，见表 2.4-12。

4. 图纸布局

样板文件已经设置了出图的图例、说明和图框等，可以根据各阶段出图的需要直接调用，见表 2.4-13。

5. 明细表

样板中就设计过程中需要使用到的钢筋和预埋件数量进行统计。在各类构件深化建模过程中，明细表会根据模型中存在的具体构件进行统计，只需要调用查看即可，见表 2.4-14。

Revit 视图样板 表 2.4-12

深化图	视 图 类 型
配筋图	配筋平面图、立面图、剖面图
模板图	模板平面图、立面图、剖面图
机电预埋图	机电预埋正视图
安装图	安装正视图、剖面图

专业图纸设置 表 2.4-13

深化图	图 纸 类 型
配筋图	配筋图（模板平面图、立面图、剖面图、三维图）
模板图	模板图（模板平面图、立面图、剖面图）
机电预埋图	机电预埋图（机电预埋正视图）
安装图	安装图（安装正视图、剖面图）

明细表类型 表 2.4-14

深化图	视 图 类 型
配筋图	钢筋明细表
模板图	预埋件明细表
机电预埋图	机电埋件明细表
安装图	无

第 3 章 装配式高层建筑 BIM 建模方法

在装配式建筑 BIM 设计中，模型建模主要有几方面需求：（1）建筑、结构、机电和装修等专业均要在同一个平台下建立三维模型，方便各专业之间的协同设计。（2）装配式建筑要求对构件进行拆分，Revit 平台本身未考虑构件拆分功能，需要提供一套实用的预制构件建模方法。（3）建立的模型要携带足够的信息，满足构件信息统计的要求。（4）模型中采用的标准构件，最好能在后续其他项目中继续使用。（5）有一套标准的数据维护方法，保证各专业提供的数据准确、唯一。

本章主要围绕 BIM 建模的需求，介绍在 Revit 中进行装配式建筑建模的方法。本章所介绍的建模方法是通过实际工程总结所得的，兼顾了建模的质量和效率。

3.1 构件信息与命名规则

3.1.1 构件信息

装配式建筑预制构件信息包含内容见表 3.1-1。

装配式建筑预制构件信息表

表 3.1-1

信息名称	常 用 参 数
专业	结构 S、水 W、电 E、空调 A、装修 ZX
构件施工方式	预制 Y、现浇 X
构件类别	梁：梁 L、叠合梁 DL 柱：Z 梁柱节点：J 板：板 B、叠合板 DB、悬挑板 XB、阳台板 YTB、空调板 KTB 墙：剪力墙 Q、外墙板 WQ、内墙板 NQ、女儿墙 NEQ 楼梯：双跑楼梯 ST、剪刀楼梯 JT 整体卫浴：AWC 整体阳台：AYT
坐标定位	层号、坐标
构件组成部分尺寸、位置、个数	混凝土标志尺寸（长、宽、高、厚等轮廓尺寸），键槽尺寸及位置，洞口大小及位置，预埋件尺寸及位置，钢筋位置、直径、长度、根数、间距、排数等
材料	混凝土强度等级、钢筋牌号（包括预埋件）、钢材牌号（包括预埋件）
连接信息	构件周边连接的其他构件类别、构件周边连接的节点构造类别、钢筋采用的连接形式（机械连接、套筒灌浆连接、浆锚搭接连接、焊接连接、绑扎搭接连接）、钢筋锚固形式（直锚、弯锚、机械锚固）

3.1.2 命名规则

装配式建筑构件命名规则基本式："构件施工方式＋构件类别（型式）＋尺寸＋区别编

37

号"。其中，区别编号可包含如下信息：专业、材料、连接信息、坐标定位等，命名符号参见表3.1-1。区别编号为扩展内容，可包含水、电、空调、装修等专业的设计信息，如预制构件含有给水排水专业信息，可编号W-××(1)-××(2)-××(3)…，电器专业可编号E-××(1)-××(2)-××(3)…，××的具体信息由各专业制定相关规则。

以下详细列举基本式中"构件类别（型式）+尺寸"命名规则。

1. 外墙板

《预制混凝土剪力墙外墙板》15G365-1图集中外墙板为非组合型预制混凝土剪力墙夹心保温外墙板，由外叶墙板、保温层、内叶承重墙板组成，主要包括无洞口、带一个窗洞（高窗台和矮窗台）、带两个窗洞、带一个门洞墙板五大类。15G365-1不适用于高层剪力墙结构的地下室、底部加强部位及相邻上一层、顶层剪力墙。其表达方法如下：

WQ××—××××(1)—××××(2)—××××(3)

其中：

WQ××——预制外墙板类型（WQ、WQC1、WQCA、WQM）；

××××(1)——预制外墙板标志高度、建筑层高（dm）；

××××(2)——预制外墙板门窗洞口宽度和高度（dm）；

××××(3)——第二个门窗洞口宽度和高度（dm）（表3.1-2）。

外墙板编号示例表（dm）　　　　　　　　表3.1-2

墙板类型	示意图	墙板编号	标志宽度	层高	门/窗洞口宽	门/窗洞口高	门/窗洞口宽	门/窗洞口高
无洞口外墙		WQ-2428	2400	2800	—	—	—	—
一个窗洞外墙（高窗台）		WQC1-3328-1514	3300	2800	1500	1400	—	—
一个窗洞外墙（矮窗台）		WQCA-3329-1517	3300	2900	1500	1700	—	—
两个窗洞外墙		WQC2-4830-0615-1515	4800	3000	600	1500	1500	1500
一个门洞外墙		WQM-3628-1823	3600	2800	1800	2300	—	—

注：1. 本表尺寸均为标志尺寸，详细尺寸见15G365-1。

2. 预制外墙板类型及编号见图集第A-9～A-10页构件索引图。

2. 内墙板

《预制混凝土剪力墙内墙板》15G365-2图集中内墙板为装配整体式剪力墙住宅预制内墙板，主要分为无洞口、固定门垛、中间门洞和刀把内墙板四大类。15G365-2不适用于高层剪力墙结构的地下室、底部加强部位及相邻上一层、顶层剪力墙。其表达方法如下：

NQ××—××××(1)—××××(2)

其中：

NQ××——预制内墙板类型（NQ、NQM1、NQM2、NQM3）；

××××（1）——预制内墙板标志高度、建筑层高（dm）；

××××（2）——预制内墙板洞口宽度和高度（dm）（表 3.1-3）。

内墙板编号示例表（dm）　　　　　　　　　表 3.1-3

墙板类型	示意图	墙板编号	标志宽度	层高	门宽	门高
无洞口内墙		NQ-2128	2100	2800	—	—
固定门垛内墙		NQM1-3028-0921	3000	2800	900	2100
中间门洞内墙		NQM2-3029-1022	3000	2900	1000	2200
刀把内墙		NQM3-3330-1022	3300	3000	100	2200

注：1. 门洞的高度为建筑面层至洞口顶部的高度。

　　2. 预制内墙板类型及编号见图集 15G365-2 第 B-3～B-4 页构件索引图。

3. 桁架钢筋混凝土叠合板

（1）双向受力叠合板用底板

DBSx（1）—×（2）×（3）—××（4）××（5）—××（6）—δ

其中：

DBS——桁架钢筋混凝土叠合板用底板（双向板）；

×（1）——叠合板类别（1 为边板，2 为中板）；

×（2）——预制底板厚度（cm）（15G366-1 中为 6）；

×（3）——后浇叠合层厚度（cm）（15G366-1 中为 7/8/9）；

××（4）——标志跨度（dm）（可为 30～60，以 3dm 进制）；

××（5）——标志宽度（dm）（可为 12/15/18/20/24）；

××（6）——板底跨度及宽度方向钢筋代号（表 3.1-4）；

δ——调整宽度。

桁架钢筋混凝土叠合板底板钢筋代号表　　　　　　　表 3.1-4

跨度方向钢筋 宽度方向钢筋	Φ8@200	Φ8@150	Φ10@200	Φ10@150
Φ8@200	11	21	31	41
Φ8@150		22	32	42
Φ8@100				43

（2）单向受力叠合板用底板

DBD×（1）×（2）—××（3）××（4）—××（5）

39

其中：

DBD——桁架钢筋混凝土叠合板用底板（单向板）；

×（1）——预制底板厚度（cm）（15G366-1 中为 6）；

×（2）——后浇叠合层厚度（cm）（15G366-1 中为 7/8/9）；

××（3）——标志跨度（dm）（可为 27～42，以 3dm 进制）；

××（4）——标志宽度（dm）（可为 12/15/18/20/24）；

××（5）——板底跨度方向钢筋代号（表 3.1-5）。

单向叠合板用底板钢筋代号表

表 3.1-5

代号	1	2	3	4
受力钢筋规格及间距	Φ8@200	Φ8@150	Φ10@200	Φ10@150
分布钢筋规格及间距	Φ6@200	Φ6@200	Φ6@200	Φ6@200

4. 预制钢筋混凝土楼梯

（1）双跑楼梯

ST—××（1）—××（2）

其中：

ST——楼梯类型；

××（1）——层高；

××（2）——楼梯间净宽。

（2）剪刀楼梯

JT—××（1）—××（2）

其中：

JT——楼梯类型；

××（1）——层高；

××（2）——楼梯间净宽。

5. 预制钢筋混凝土阳台板

（1）预制阳台

YTB—×（1）—××（2）××（3）—××（4）

其中：

YTB——预制阳台；

×（1）——类型 D、B、L 型，D 型代表叠合板式阳台；B 型代表全预制板式阳台；L 型代表全预制梁式阳台；

××（2）——阳台板悬挑长度（结构尺寸 dm），相对剪力墙外墙外表面挑出长度；

××（3）——阳台板宽度对应房间开间的轴线尺寸（dm）；

××（4）——封边高度。04 代表阳台封边 400mm 高；08 代表阳台封边 800mm 高；12 代表阳台封边 1200mm 高。

（2）预制梁式阳台

YTB—L—×（1）—××（2）××（3）

其中：

YTB——预制阳台；

L——梁式阳台；

×（1）——类型 D、B、L 型，D 型代表叠合板式阳台；B 型代表全预制板式阳台；L
型代表全预制梁式阳台；

××（2）——阳台板悬挑长度（结构尺寸 dm），相对剪力墙外墙外表面挑出长度；

××（3）——阳台板宽度对应房间开间的轴线尺寸（dm）。

6. 预制钢筋混凝土空调板

KTB—××（1）—×××（2）

其中：

KTB——预制钢筋混凝土空调板；

××（1）——预制钢筋混凝土空调板构件长度（cm）；

×××（2）——预制混凝土空调板宽度（cm）。

7. 预制钢筋混凝土女儿墙

NEQ—××（1）—××（2）××（3）

其中：

NEQ——预制女儿墙；

××（1）——预制女儿墙类型分为 J1、J2、Q1、Q2 型。J1 型代表夹心保温式女儿墙
（直板）；J2 型代表夹心保温式女儿墙（转角板）；Q1 型代表非保温式
女儿墙（直板）；Q2 型代表非保温式女儿墙（转角板）；

××（2）——预制女儿墙长度（dm）；

××（3）——预制女儿墙高度（dm）。预制女儿墙高度从屋顶结构层标高算起
600mm 高表示为 06，1400mm 高表示为 14。

8. 钢筋混凝土叠合梁

DLx（1）—×（2）×（3）—××（4）××（5）—××（6）—××（7）××（8）

其中：

DL——钢筋混凝土叠合梁用底梁；

×（1）——叠合梁类别（1 为边梁，2 为中梁）；

×（2）——预制底梁厚度（cm）；

×（3）——后浇叠合层厚度（cm）；

××（4）——标志跨度（dm）；

××（5）——标志宽度（cm）；

××（6）——梁底跨度钢筋及箍筋标识记号（按具体项目进行标记，如 1、2、3…）；

××（7）——梁挑耳宽度（cm）；

××（8）——梁挑耳高度（cm）。

3.2　项目文件的命名

在 BIM 项目数据管理、Revit 项目文件管理等一系列重要 BIM 设计工作中的文件命
名，都将涉及专业代码。根据项目的实施情况从浅到深地过渡，不同阶段的模型针对不同

的用途需有所区分。

设计单位常用的专业代码命名规则见表3.2-1。

专业代码命名规则   表3.2-1

专业	建筑	结构	给水排水	暖通	电气	室内	景观	其他
代码	A&S		MEP			LI		X

工作集协同设计模式Revit项目文件命名规则:

中心文件命名规则:公司简称_项目简称_设计阶段代码_专业代码_中心文件_日期.rvt。在设计过程中,当遇到文件损坏等特殊情况,需要重新设置中心文件时,在原有的中心文件后面增加V1、V2等后缀进行识别,并定期管理、删除。新的中心文件和原中心文件保持同名,以确保各专业、系统模型之间的链接关系不变。

公司简称:比如广东省建筑设计研究院,简称GDADRI。

项目简称:项目名称拼音首个字母大写。

设计阶段代码:(PD)初步设计、CD(施工图设计)、PCD(构件深化)。

专业代码:详见表3.2-1。

中心文件:中心文件。

日期:备份文件的重要识别标记,也是重要的版本管理识别符号。

特别注意"日期":直接拷贝、备份各专业中心文件后,文件中链接的文件依然是原来的设计文件,因此当需要使用备份文件时,必须以"日期"为标记,重新链接相关的文件,确保链接的文件为同期备份文件。

文件命名示例:

GDADRI_BZF_CD_A&S_中心文件.rvt:广东省院_保障房项目_施工图阶段_土建专业_中心文件。

GDADRI_BZF_CD_MEP_中心文件.rvt:广东省院_保障房项目_施工图阶段_机电专业_中心文件。

GDADRI_BZF_CD_LX_中心文件.rvt:广东省院_保障房项目_施工图阶段_装修、景观专业_中心文件。

3.3 三中心文件法

为了确保模型在整个装配式项目建造过程中能满足不同阶段的应用需求,根据实践总结提出"三中心文件法",即将模型分成三个阶段进行搭建和管理:初步设计模型、施工图设计模型、构件深化模型。该方法的优点是模型信息逐渐完善,模型构件逐渐深入,结合管理平台的信息维护,发挥了全过程的BIM信息管理和应用。

注意事项:

(1)项目模型搭建都是用相同的项目样板为基础。

(2)项目模型总体分为土建、机电、装修模型三部分,专业间模型通过链接不同阶段模型进行整合和协调管理。

(3)施工图设计模型中预制构件墙体与周边墙体相交应采用连接处理。

3.3.1 初步设计模型文件

初步设计阶段是介于方案设计阶段和施工图设计阶段之间的过程，是对方案设计进行细化的阶段。在本阶段配合各专业进行核查设计，在第一版施工图前优化设计成果。应用 BIM 软件构建建筑模型，对平面、立面、剖面进行一致性检查，将修正后的模型进行剖切，生成平面、立面、剖面及节点大样图，形成初步设计阶段的建筑、结构模型和初步设计二维图（图 3.3-1）。

建模深度：LOD200。

使用对象：建筑设计师、造价师。

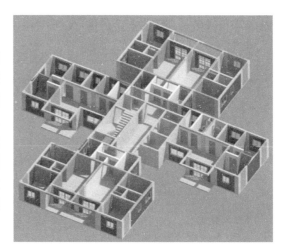

图 3.3-1 初步设计模型

3.3.2 施工图设计模型文件

施工图设计阶段的 BIM 应用是各专业模型构建并进行优化设计的复杂过程。各专业信息模型包括建筑、结构、给水排水、暖通、电气等专业。在此基础上，根据专业设计、施工等知识框架体系，进行冲突检测、三维管线综合、竖向净空优化等基本应用，完成对施工图设计的多次优化。装配式构件按照规范要求合理拆分并对构件进行命名和颜色区分（图 3.3-2）。

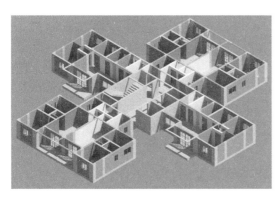

图 3.3-2 施工图设计模型

建模深度：LOD300。

使用对象：建筑设计师、结构设计师、机电设计师、造价师。

3.3.3 构件深化模型文件

以施工图设计模型完善为基础，抽取构件进行第一次深化，满足规范、施工、运输等要求，形成本项目的部品库。再与机电、装修结合进行第二次深化，形成最终的项目部品库。然后把施工图设计模型的装配式构件替换成部品库里对应的构件，进行整合、管理、协调、修改，最终完善整个构件深化设计（图 3.3-3）。

建模深度：LOD400。

使用对象：建筑设计师、结构设计师、机电设计师、造价师。

图 3.3-3 深化设计模型

3.3.4 机电、装修模型文件

机电、装修模型作为单独项目文件搭建，按照自身需求完善模型作为专业条件提资。利用中心模型协同的形式进行三维设计、三维校审，大大提高了各专业的设计效率和设计质量（图 3.3-4）。

建模深度：LOD400。

使用对象：机电设计师、装修设计师、造价师。

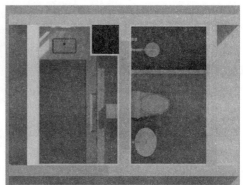

图 3.3-4　机电、装修模型

3.4 预制构件建模方法

3.4.1 外挂墙板建模

外挂墙板与剪力墙板的建模方法基本一致，在 Revit 中提供的系统墙族满足外挂墙预制构件主体的建模需求，同时也可以采用常规模型族的方法。为了与其他构件族（剪力墙、外墙板、内墙板、女儿墙）的类型保持一致性，建议统一采用常规模型族的建模方法。但必须勾选"可将钢筋附着到主体"，在项目中才能绘制钢筋。下面以绘制含单个窗的外挂墙为例，介绍外挂墙的建模方法。

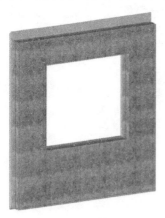

图 3.4-1　编辑拉伸

注意事项：

（1）绘制外挂墙构件模型时，同样以拉伸的形式绘制墙体外饰面模型。

（2）Revit 软件中提供的钢筋模型尺寸与实际不一致，所有钢筋样式的直径需要放大，钢筋样式均保存在 Revit 样板中。

操作方法：

（1）新建常规模型族，利用"创建"控制面板中的拉伸工具，绘制外挂墙主体模型。

（2）如果存在墙体洞口，如门、窗，则在编辑拉伸轮廓的同时绘制洞口轮廓（图 3.4-1）。

（3）根据预制构件尺寸规格调整墙体的厚度和宽度。同样以拉伸的形式绘制墙体外饰面模型。

（4）对于预制构件本身不存在且需要出现在明细表的参数，需要通过"共享参数"来实现。共享参数的设置可参照第 2 章"共享参数"一节，如长度、厚度、重量、钢筋保护层厚度等。

（5）利用提供的部品库 Revit 样板，将墙体族载入到样板中，放置钢筋前先设置好需要放置钢筋主体的保护层，再根据设计要求布置钢筋。绘制钢筋时要注意钢筋的"放置平面"和"放置方向"。

（6）根据设计要求，为预制构件放置灌浆套筒、吊钩挂件等预埋配件。

（7）装配式建筑 Revit 样板中已经设置好相关的图纸视图——配筋图、模板图、安装图和机电预埋图。根据实际出图的需要对出图视图进行调整，将需要出图的视图窗口直接拖拽布置到对应的图纸中进行构件出图（图 3.4-2）。

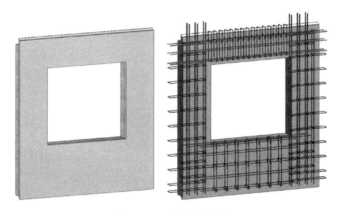

图 3.4-2　外挂墙构件

3.4.2　结构剪力墙建模

在装配式工程设计中，墙体种类较多，对于不存在异形轮廓的墙体，在 Revit 中提供的系统墙族满足剪力墙预制构件主体的建模需求，同时也可以采用常规模型族的方法。为了与其他构件族（剪力墙、外墙板、内墙板、女儿墙）的类型保持一致性，建议统一采用常规模型族的建模方法。但必须勾选"可将钢筋附着到主体"，在项目中才能绘制钢筋，如图 3.4-3 所示。下面以绘制含两个窗的剪力墙为例，介绍结构剪力墙的建模方法。

注意事项：

（1）无论预制构件是否采用的是梁墙一体的做法，都以拉伸的形式绘制主体模型。

（2）Revit 软件中提供的钢筋模型尺寸与实际不一致，所有钢筋样式的直径需要放大，钢筋样式

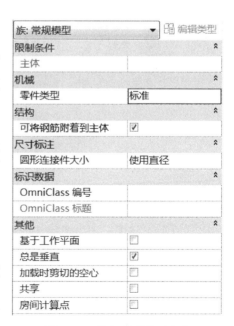

图 3.4-3　将钢筋附着到主体

45

均保存在 Revit 样板中。

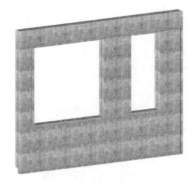

图 3.4-4　编辑拉伸

操作方法：

（1）新建常规模型族，利用"创建"控制面板中的拉伸工具，绘制剪力墙主体模型。对于墙体底部存在企口开槽的，需要通过创建空心拉伸进行裁剪。

（2）如果存在墙体洞口，如门、窗，则在编辑拉伸轮廓的同时绘制洞口轮廓（图 3.4-4）。

（3）根据预制构件尺寸规格调整墙体的厚度和宽度。

（4）对于预制构件本身不存在且需要出现在明细表的参数，需要通过"共享参数"来实现，如长度、厚度、重量、钢筋保护层厚度等。

（5）利用提供的部品库 Revit 样板，将墙体族载入到样板中，放置钢筋前先设置好需要放置钢筋主体的保护层，再根据设计要求布置钢筋。绘制钢筋时要注意钢筋的"放置平面"和"放置方向"。

（6）根据设计要求，为预制构件放置灌浆套筒、吊钩挂件等预埋配件。

（7）装配式建筑 Revit 样板中已经设置好相关的图纸视图——配筋图、模板图、安装图和机电预埋图。根据实际出图的需要对出图视图进行调整，将需要出图的视图窗口直接拖拽布置到对应的图纸中进行构件出图（图 3.4-5）。

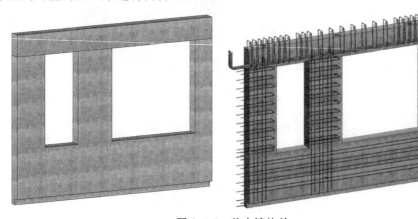

图 3.4-5　剪力墙构件

3.4.3　结构梁建模

由于端部槽口的样式不一样，预制结构梁样式种类也不同，如贯通键槽、非贯通键槽、单键槽、双键槽等。Revit 中预制梁的建模方法都是一致的，可以采用 Revit 中提供的结构框架族建模，但为了保证原有设计结构梁的完整性，模型中需要区分预制层和现浇层。下面以绘制单贯通键槽预制梁为例，介绍预制梁的建模方法。

注意事项：

（1）由于预制结构梁存在预制层和现浇层，建模时需要添加参数控制模型的可见性。

（2）如果存在预制结构梁轮廓为异形的，采用同样的方法建模，但需要修改结构框架的轮廓。

（3）预制结构梁两端的键槽，采用空心拉伸的形式建模，并且需要实行参数化控制，随着梁截面高度的变化而调整。

（4）当预制结构梁需要统计预制部分体积的时候，需要关闭现浇部分的可见性。

操作方法：

（1）新建常规模型族，利用"创建"控制面板中的拉伸工具，绘制预制层和现浇层轮廓（图 3.4-6）。

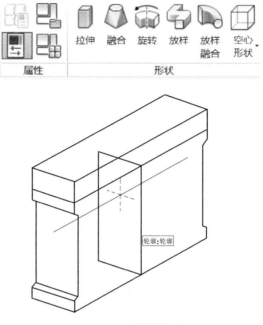

图 3.4-6　轮廓修改

（2）通过参数化控制绘制结构梁两端键槽模型（图 3.4-7）。

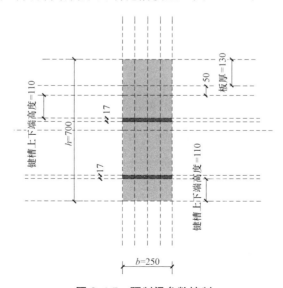

图 3.4-7　预制梁参数控制

47

（3）通过参数化控制，实现结构梁预制层和现浇层的可见性控制（图 3.4-8）。

图 3.4-8 参数设置

（4）对于预制构件本身不存在且需要出现在明细表的参数，需要通过"共享参数"来实现，如重量、钢筋保护层厚度、箍筋构造等。

（5）利用提供的部品库 Revit 样板，将预制结构梁载入到样板中，放置钢筋前先设置好需要放置钢筋主体的保护层，再根据设计要求布置钢筋。

钢筋直径要根据实际的尺寸进行调整。装配式部品样板已经对所有的钢筋尺寸进行放大，保证与实际尺寸一致。绘制钢筋时要注意钢筋的"放置平面"和"放置方向"（图 3.4-9）。

图 3.4-9 "放置平面"和"放置方向"

对于放置平面，如果当前钢筋样式要放置在当前工作平面，则选用"当前工作平面"；如果要放在最近的平行于主题视图的主体上，则选用"近保护层参照"；如果要放在最远的平行于主题视图的主体上，则选用"远保护层参照"。

对于放置方向，如果当前钢筋样式与放置工作平面平行，则选用"平行于工作平面"；

如果要将垂直于当前工作平面的钢筋放在平行于最近保护层的主体上，则选用"平行于保护层"；如果要将垂直于当前工作平面的钢筋放在最近保护层的主体上，则选用"垂直保护层"（图 3.4-10）。

也可以采用"绘制钢筋"形式，直接绘制钢筋形状。

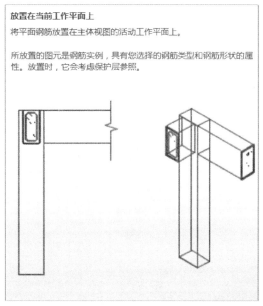
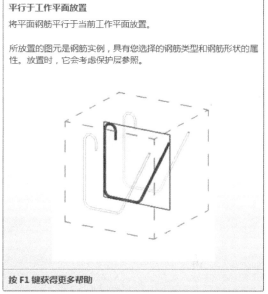

图 3.4-10　"放置平面"和"放置方向"演示

（6）根据设计要求，为预制构件放置灌浆套筒、吊钩挂件等预埋配件。

（7）装配式 Revit 样板中已经设置好相关的图纸视图——配筋图、模板图、安装图和机电预埋图。根据实际出图的需要对出图视图进行调整，将需要出图的视图窗口直接拖拽布置到对应的图纸中进行构件出图（图 3.4-11）。

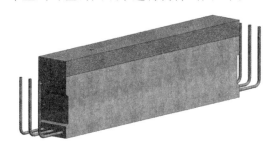
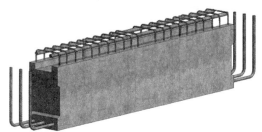

图 3.4-11　预制结构梁

3.4.4　叠合楼板建模

预制叠合楼板在 Revit 中无法采用系统提供的楼板族进行建模，建议采用常规模型族的建模方法。但必须勾选"可将钢筋附着到主体"，在项目中才能绘制钢筋。为了保证原有设计楼板的完整性，模型中需要区分预制层和现浇层。下面以绘制含缺角的叠合板为例，介绍叠合板的建模方法。

注意事项：

（1）由于预制叠合板存在预制层和现浇层，建模时需要添加参数控制模型的可见性。

（2）如果存在预制叠合板需要切脚修改轮廓的，采用参数化的建模，实现轮廓的参数控制。

（3）当叠合板需要统计预制部分体积的时候，需要关闭现浇部分的可见性。

操作方法：

（1）新建常规模型族，利用"创建"控制面板中的拉伸工具，绘制预制层和现浇层轮廓。

（2）通过参数化控制，实现叠合板预制层和现浇层的可见性控制。

（3）根据预制构件尺寸规格调整楼板的长度、宽度和厚度（图 3.4-12）。

图 3.4-12　参数设置

（4）对于预制构件本身不存在且需要出现在明细表的参数，需要通过"共享参数"来实现，如长度、厚度、重量、钢筋保护层厚度等。

（5）利用提供的部品库 Revit 样板，将叠合板族载入到样板中，放置钢筋前先设置好需要放置钢筋主体的保护层，再根据设计要求布置钢筋。绘制钢筋时要注意钢筋的"放置平面"和"放置方向"。

（6）根据设计要求，为预制构件放置吊钩挂件等预埋配件。

（7）装配式建筑 Revit 样板中已经设置好相关的图纸视图——配筋图、模板图、安装图和机电预埋图。根据实际出图的需要对出图视图进行调整，将需要出图的视图窗口直接拖拽布置到对应的图纸中进行构件出图（图 3.4-13）。

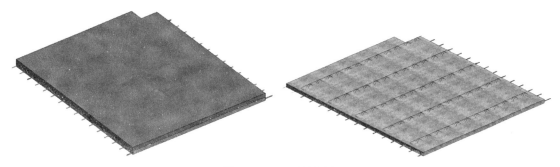

图 3.4-13　预制叠合板

3.4.5　阳台建模

常见的预制阳台有叠合板式和全预制式。由于在 Revit 中不存在阳台这样的构件族，只能通过创建族的形式建模，建议采用常规模型族的建模方法，但必须勾选"可将钢筋附着到主体"，在项目中才能绘制钢筋。下面以绘制叠合板式阳台为例，介绍预制阳台的建模方法。为了保证原有设计楼板的完整性，模型中需要区分预制层和现浇层。

对于全预制式阳台，叠合板式阳台的建模方法同样适用，但不需要区分现浇层和预制层。

操作方法：

（1）新建常规模型族，利用"创建"控制面板中的拉伸工具，分别绘制预制层、现浇层楼板和外围墙体轮廓。

（2）通过参数化控制，实现叠合板预制层和现浇层的可见性控制。

（3）当预制阳台需要统计预制部分体积的时候，需要关闭现浇部分的可见性（图3.4-14）。

图 3.4-14　参数设置

（4）对于预制构件本身不存在且需要出现在明细表的参数，需要通过"共享参数"来实现，如长度、厚度、重量、钢筋保护层厚度等。

（5）利用提供的部品库 Revit 样板，将阳台板族载入到样板中，放置钢筋前先设置好需要放置钢筋主体的保护层，再根据设计要求布置钢筋。绘制钢筋时要注意钢筋的"放置平面"和"放置方向"。

（6）根据设计要求，为预制构件放置吊钩挂件等预埋配件。

（7）装配式 Revit 样板中已经设置好相关的图纸视图——配筋图、模板图、安装图和机电预埋图。根据实际出图的需要对出图视图进行调整，将需要出图的视图窗口直接拖拽布置到对应的图纸中进行构件出图（图 3.4-15）。

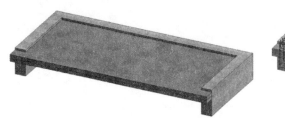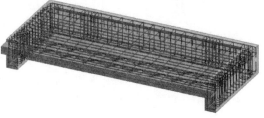

图 3.4-15　叠合板式阳台

3.4.6　楼梯建模

常见的预制楼梯有剪刀式和双跑式，在 Revit 中可以采用系统提供的楼梯族绘制模型，也可以通过创建族的形式，建议采用常规模型族的建模方法，绘制楼梯主体模型。但必须勾选"可将钢筋附着到主体"，在项目中才能绘制钢筋。下面以绘制剪刀式楼梯为例，介绍预制楼梯的建模方法。

对于双跑式楼梯，剪刀式楼梯的建模方法同样适用。

注意事项：

（1）如果采用系统楼梯族建模，需要提前设置好楼梯平台和梯段的厚度。

（2）如果采用常规模型族建模，在创建拉伸体的同时，梯段和平台分开编辑轮廓。

操作方法：

（1）新建常规模型族，利用"创建"控制面板中的拉伸工具，分别绘制平台和梯段轮廓。

（2）对于预制构件本身不存在且需要出现在明细表的参数，需要通过"共享参数"来实现，如长度、厚度、重量、钢筋保护层厚度等。

（3）利用提供的部品库 Revit 样板，将楼梯族载入到样板中，放置钢筋前先设置好需要放置钢筋主体的保护层，再根据设计要求布置钢筋。绘制钢筋时要注意钢筋的"放置平面"和"放置方向"。

（4）根据设计要求，为预制构件放置吊钩挂件等预埋配件。

（5）装配式建筑 Revit 样板中已经设置好相关的图纸视图——配筋图、模板图、安装图和机电预埋图。根据实际出图的需要对出图视图进行调整，将需要出图的视图窗口直接拖拽布置到对应的图纸中进行构件出图（图 3.4-16）。

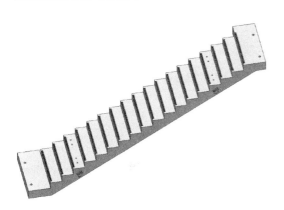
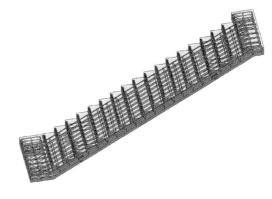

图 3.4-16　预制楼梯

3.4.7　内隔墙建模

内隔墙体种类较多，在 Revit 中提供的系统墙族可满足内隔墙预制构件主体的建模需求，同时也可以采用常规模型族的方法。为了与其他构件族（剪力墙、外墙板、内墙板、女儿墙）的类型保持一致性，建议统一采用常规模型族的建模方法。下面以绘制含单个门的内隔条板为例，介绍内隔条板的建模方法。

注意事项：

（1）由于实际内隔墙的布置是采用具体规格的条形板进行拼接形成，只需要创建一个固定规格的内隔条板类型。

（2）具有规格尺寸的内隔条板需要实现参数化调整，控制条板的长度、宽度和厚度。

操作方法：

（1）新建常规模型族，利用"创建"控制面板中的拉伸工具，绘制内置条板主体模型。

（2）为内隔条板模型添加长度、宽度和厚度等参数（图 3.4-17）。

图 3.4-17　内隔条板

图 3.4-18　内墙构件

（3）对于预制构件本身不存在且需要出现在明细表的参数，需要通过"共享参数"来实现，如长度、厚度、重量等。

（4）根据预制构件尺寸规格调整墙体的厚度和宽度。

（5）利用提供的各专业综合 Revit 样板，将内隔条板族载入到样板中，根据实际内隔墙的布置位置和方式，排版内隔条板（图3.4-18）。

53

3.5 机电装修专业建模方法

3.5.1 给水排水专业建模

装配式建筑设计中，给水排水专业主要是管线对部品的建立造成影响。相对于传统建筑工艺，装配式建筑面层厚度更小，为保证管线的施工安装，需要提前在结构部件上预留开槽。由于装配式建筑是场外生产场内组装的模式，就要求给水排水专业在部品设计前期就介入进去，建模配合部品的设计。下面对给水排水管线的建模要点进行介绍[6]。

注意事项：

（1）平面视图如无法看到绘制的模型可通过"视图"面板"可见性图形"开启或隐藏（图 3.5-1）。

（2）平面视图详细程度：精细。

（3）平面视图规程：协调。

（4）管道通过系统类型进行分类，如系统类型缺少可复制补充系统名称。

（5）管道类型是指管道和软管的族类型。管道和软管都属于系统族，无法自行创建，但可以创建、修改和删除族类型。使用"复制"命令，可建立多种管道类型，以区分各种管道系统（图 3.5-2）。

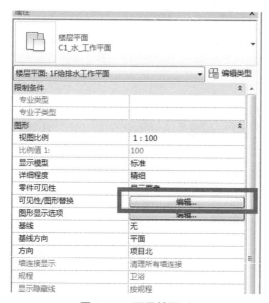

图 3.5-1 可见性图形

图 3.5-2 管道类型编辑

（6）"布管系统配置"（图 3.5-3）中定义了管道连接的默认连接方式，如弯头、三通、四通等连接方式，定义好合适的管件可提高建模的效率。这一点与风管相类似。在"管段"中有"最小尺寸"与"最大尺寸"，这两个选项决定了该管材的最小与最大可选尺寸。在添加新尺寸后，无法选择新建的尺寸，有可能是因为这两个值所造成的。

（7）颜色通过系统材质赋予；线型可通过"系统类型"里的"图形替换"设置（图 3.5-4）。

（8）水平段重力废水管、污水管有一定的坡度。

（9）坡度值缺少可作补充：点击"管理"面板，"MEP"设置"机械设备"坡度选项进行增加（图 3.5-5）。

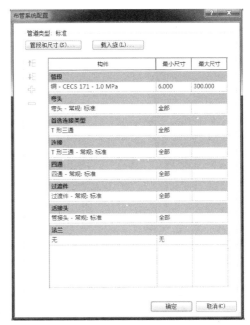

图 3.5-3　布管系统配置

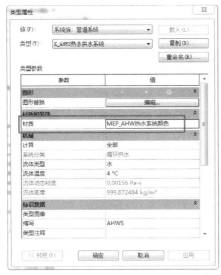

图 3.5-4　材质颜色线型设置

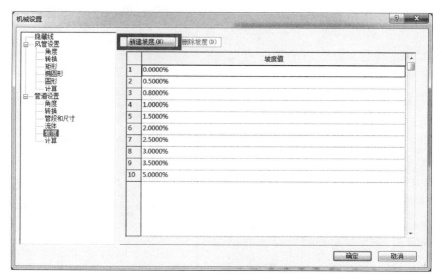

图 3.5-5　添加坡度参数

（10）大部分阀门可以在软件自带族库找到，特殊要求的构件模型可以通过其他软件进行传递使用。

（11）管段根据不同的材料设置尺寸目录；点击"管理"面板，"MEP"设置"机械设备"调整尺寸（图 3.5-6）。

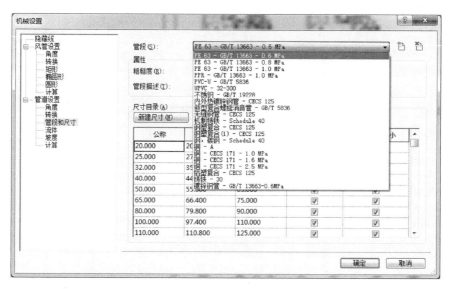

图 3.5-6　管段设置

管道操作方法：

（1）打开"GDADRI-装配式部品样板 1.0 版 .RVT"项目文件，链接土建模型，点击"系统"面板"管道"工具，设置管道直径、偏移量、管道类型后，在平面视图绘制（图 3.5-7）。

（2）重力排水管：点击"系统"面板"管道"工具，除了基本设置外还要确认"向上

图 3.5-7　链接土建模型

坡度"或"向下坡度"处于激活状态，设置坡度值，这样在平面视图就可绘制带有坡度的管道（图 3.5-8）。

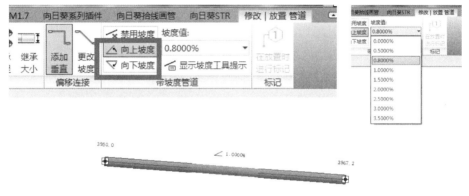

图 3.5-8　添加坡度

（3）重力管道分支时比较难与重力主管相连接，有以下小窍门：点击"系统"面板"管道"工具，除了基本设置，坡度严格要求选取"向上坡度"，同时确保"继承高程"命令处于激活状态；从主管中心线为起点开始绘制重力支管，通气支管坡度设置恰恰相反（图 3.5-9）。

图 3.5-9　继承高程

（4）竖向管道建模（参考下节"竖向风管"操作）。

（5）管道的连接，以弯头、三通、四通等形式将管道连接起来。管道的连接比较方便、灵活，只需设置好管道类型的默认连接，即可方便地把管道连接起来。需要指出的是使用"修剪"命令，可使两管道相连接，平面的管道需相同标高，平面管道与立管也可使用这种方法进行连接，如图 3.5-10 所示。使用"修剪 1 延伸单个图元"命令，可生成三通连接，如图 3.5-11 所示。在三通连接的情况下，点击"＋"可生成四通，与风管命令相类似。

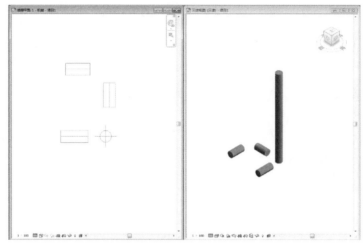

图 3.5-10 管道布置

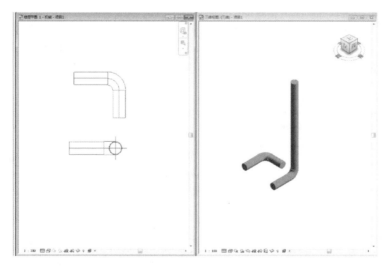

图 3.5-11 管道连接

管道附件操作方法：

在原有机电模型基础上点击"系统"面板"管道附件"工具，选择合适的管道附件，在管道上布置（图 3.5-12）。

图 3.5-12　管路附件添加

3.5.2　暖通专业建模

装配式建筑设计中，暖通专业主要是需在外墙预留套管或洞口对部品的建立造成影响。由于装配式建筑是场外生产场内组装的模式，就要求暖通专业在部品设计前期就介入进去，建模配合部品的设计。下面对暖通的建模要点进行介绍[6]。

注意事项：

（1）平面视图如无法看到绘制的管道可通过"视图"面板"可见性图形"开启或隐藏（图3.5-13）。

（2）平面视图详细程度：精细。

（3）风管通过系统类型进行分类，如系统类型缺少可复制补充系统名称。

（4）颜色通过系统材质赋予（图 3.5-14）。

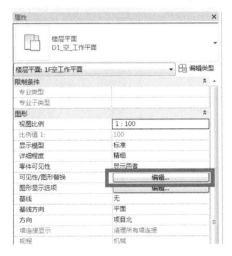

图 3.5-13　可见性图形

图 3.5-14　材质颜色设置

（5）平面视图规程：协调。

（6）墙体预留孔地方需使用空心常规模型族预留。

（7）大部分用到的设备可以在软件自带族库找到，特殊要求的构件模型可以通过其他软件进行传递使用。

1. 套管族

空调冷媒管穿墙处需预留 PVC 套管。首先，需制作穿墙套管族。Revit 自定义穿墙套管族实现穿墙套管的自动添加。该套管族放置在墙上，可以采用公制窗作为族样板创建。

操作方法：

（1）公制窗为模板新建一个族文件，修改族参数为常规模型，将原来定义窗的参数删除：长度和宽度，修改默认窗台高度参数为标高。添加套管内径、套管外径和套管壁厚三个参数（图 3.5-15）。

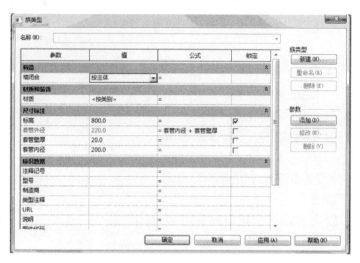

图 3.5-15　套管族参数设置

（2）编辑洞口轮廓，将原来的方形洞口删除，添加圆形洞口。创建一个表示套管管件的环形拉伸，并添加相关参数（图 3.5-16）。

图 3.5-16　套管开洞

2. 竖向风管

操作方法：

（1）打开"GDADRI—装配式部品样板 1.0 版 . RVT"项目文件，链接土建模型，载入相关的族：风管末端、风管附件（图 3.5-17）。

（2）井道风管建模：点击"系统"面板"风管"工具，设置风管尺寸，偏移量：0.000mm，风管类型：矩形风管，系统类型：回风系统；在平面视图井道点击后再设置

图 3.5-17　链接土建模型

偏移量：2900mm（楼层层高），点击应用结束，竖向风管绘制完成（图 3.5-18）。

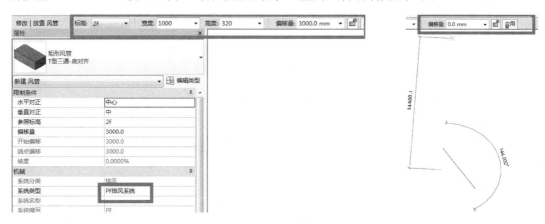

图 3.5-18　竖向风管参数设置

（3）补充井道回风口侧装：点击"系统"面板"风道末端"工具，选择回风口侧装的族，设置相应尺寸；在竖向风管旁边布置（确保一定距离）；选择回风口"连接到"工具，点击竖向风管，管道与风口会自动连接（图 3.5-19）。

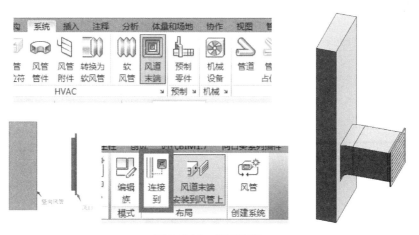

图 3.5-19　风口连接

（4）补充风管阀门：点击"系统"面板"风管附件"工具，选择阀门的族，设置相应尺寸；点击水平段风管，阀门自动添加到风管处（图 3.5-20）。

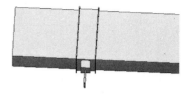

图 3.5-20　放置风管附件

3. 排气扇、分体空调

操作方法：

（1）打开"GDADRI—装配式部品样板1.0版.RVT"项目文件，链接土建模型，载入相关的族：预留孔、排气扇、分体空调（图 3.5-21）。

图 3.5-21　链接土建模型

（2）点击"建筑"面板"构件"工具"放置构件"命令，选择相应的预留孔，在平面视图放置调整标高，点击"修改"面板"连接"命令对预留孔与墙体进行连接（图 3.5-22）。

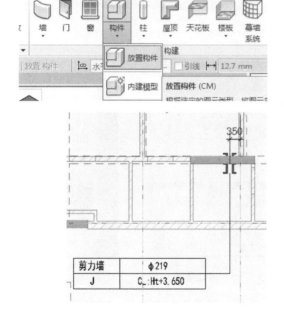

图 3.5-22　预留孔放置

（3）点击"系统"面板"机械设备"工具，选择相应的排气扇、分体空调，在平面视图放置调整标高（图 3.5-23）。

图 3.5-23　设备放置

3.5.3　电气专业建模

装配式高层建筑电气设计主要包括：公共区照明系统、智能化系统、消防系统；套内弱电系统、插座系统、照明系统[6]。

注意事项：

（1）电气桥架及线管没有系统类型，只能通过过滤器给相应颜色进行区分。

（2）线管、桥架在类型属性添加类型标记信息。

（3）注意开孔、开槽、预留对于预制件本身的影响，多利用楼板现浇层、外墙保温层等区域敷设配电管和安装插座、接线盒等设备。

（4）大部分电气设备及装置可以在软件自带族库找到，特殊要求的构件模型可以通过其他软件进行传递使用。

（5）平面视图如无法看到绘制的模型可通过"视图"面板"可见性图形"开启或隐藏（图 3.5-24）。

图 3.5-24　可见性图形

（6）平面视图详细程度：精细。

（7）平面视图规程：协调。

（8）线管根据不同的材料进行设置尺寸目录；点击"管理"面板，"MEP"设置"电气设置"调整尺寸（图 3.5-25）。

1. 线管

操作方法：

（1）采用叠合楼板方式预制，大部分线管可以通过楼板现浇层布置。打开"GDADRI—装配式部品样板 1.0 版 .RVT"项目文件，链接土建模型，点击"系统"面板"线管"工具，设置线管直径、偏移量、线管类型后，在平面视图绘制（图 3.5-26）。

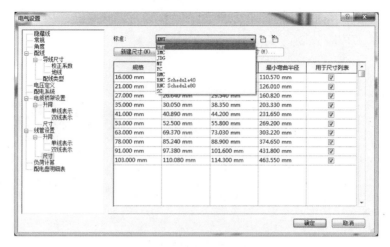

图 3.5-25 线管尺寸调整

图 3.5-26 线管类型

（2）Revit 软件中具有定义配电系统的功能，可通过定义配电箱和设备之间的电气连接，自动生成配电箱和设备之间的导线，如 3.5-27 所示。此种方式生成的导线路由软件自动生成，一般为弧线或者带倒角的导线，可示意出反应导线的大致路由，同时可通过编辑导线调整导线的路由或者导线类型。

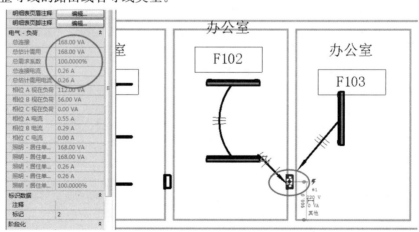

图 3.5-27 导线连接

（3）竖向线管建模（参考"3.5.2 竖向风管"操作）。

2. 桥架

操作方法：

（1）打开"GDADRI—装配式部品样板 1.0 版.RVT"项目文件，链接土建模型，点击"系统"面板"桥架"工具，设置桥架尺寸、偏移量、桥架类型后，在平面视图绘制（图 3.5-28）。

图 3.5-28　桥架类型

（2）竖向桥架建模（参考"3.5.2 竖向风管"操作）。

3. 电气设备

操作方法：

（1）在原有机电模型基础上载入相关的族：插座、配电箱、灯具等（图 3.5-29）。

图 3.5-29　载入设备族

（2）点击"系统"面板"电气设备"、"照明设备"工具，选择合适的族类型，调整立面高度，在平面视图依次添加（图 3.5-30）。

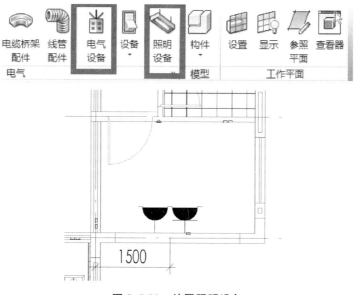

图 3.5-30　放置照明设备

3.5.4 装修专业建模

装配式装修是将工厂生产的部品构件在现场进行组合安装的装修方式，主要包括干式工法楼面、集成厨房、集成卫生间、管线与结构分离等。设计中应考虑装修与部品库构件相结合、装修对部品库构件的影响。住宅装修内容包括：地面、天花、墙面、厨房、卫生间。因为装修构件样式繁多，每个项目不同的装修供货商有不同的产品，所以对于装修构件不一定要求在 Revit 里搭建，可通过其他软件传递模型或由供应商厂家提供产品模型[6]。

注意事项：

（1）面砖构件通过常规模型族实现，需把缝隙距离考虑在内。

（2）确定面砖规格尺寸。

（3）楼面面砖层与结构楼板分开建模，不能通过楼板构造简单实现。

（4）墙、地面的面砖规格相同时，墙、地面砖的缝隙应贯通，不应错缝，规格不相同时不作要求。

图 3.5-31　可见性图形

（5）面砖预排时，应尽量避免出现非整块现象，如缺失无法避免时，应将非整块的面砖排在较隐蔽的阴角部位。

（6）平面视图详细程度：精细。

（7）平面视图规程：协调。

（8）平面视图如无法看到绘制的模型可通过"视图"面板"可见性图形"开启或隐藏（图 3.5-31）。

1. 面砖

操作方法：

（1）新建常规模型族，点击面板"创建"拉伸按钮，在楼层平面"参照标高"视图绘制面砖模型。面砖的尺寸（长度、宽度、厚度）通过实例共享参数实现（详见第 2 章"共享参数"一节）。族样式有两类：第一个为面砖：矩形；第二个为面砖：L 形。面砖之间的缝隙都要考虑在内，例如面砖缝隙为10mm 宽，面砖族缝隙需考虑 5mm 宽度，面砖和缝隙需要通过材质区分（图 3.5-32）。

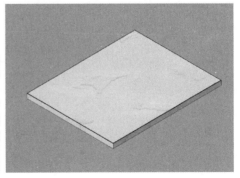

图 3.5-32　地板族建模

（2）打开"GDADRI—装配式部品样板1.0版.RVT"项目文件，链接土建模型，载入天花族，点击"建筑"面板中的"构件"、"放置构件"命令，选择面砖族，调整规格尺寸，在平面视图放置，修正天花标高，通过复制模型把整个天花布满（图3.5-33）。

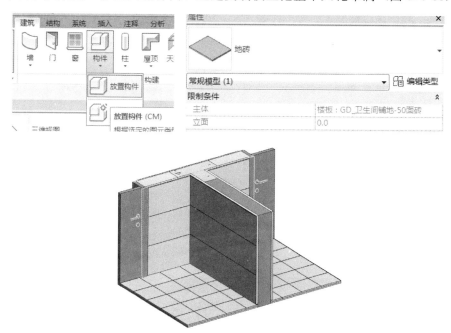

图3.5-33　拼装底板

2. 厨房

操作方法：

（1）新建台面、收纳常规模型族，点击面板"创建"拉伸按钮，在楼层平面"参照标高"视图或立面视图绘制台面、收纳族。部分构件需要开洞，可通过点击面板"创建"空心拉伸工具实现，添加合适的构件材质。其他电器、厨具等专用设备可以在Revit族库找到，也可以通过其他软件传递模型（图3.5-34）。

图3.5-34　厨具族建模

（2）在原有装修模型基础上载入厨房构件族，点击"建筑"面板中的"构件"、"放置构件"命令，选择厨房构件族在平面视图放置（图3.5-35）。

3. 卫生间

操作方法：

（1）新建台面、收纳常规模型族，点击面板"创建"拉伸按钮，在楼层平面"参照标

图 3.5-35　放置厨具

高"视图或立面视图绘制台面、收纳族。部分构件需要开洞，可通过点击面板"创建"空心拉伸工具实现，添加合适的构件材质。其他卫浴、洁具等专用设施可以在 Revit 族库找到，也可以通过其他软件传递模型（图 3.5-36）。

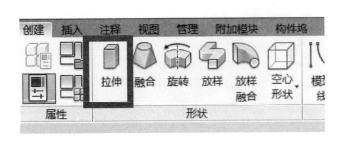

图 3.5-36　卫浴族建模

（2）在原有装修模型基础上载入卫生间构件族，点击"建筑"面板中的"构件"、"放置构件"命令，选择卫生间构件族在平面视图放置（图 3.5-37）。

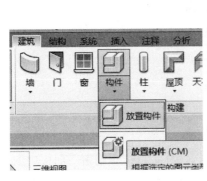
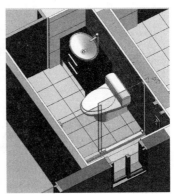

图 3.5-37　放置卫浴构件

4. 吊顶

操作方法：

（1）铝板吊顶：新建常规模型族，点击面板"创建"拉伸按钮，在楼层平面"参照标高"视图绘制铝板天花族，添加合适的构件材质。铝板天花的尺寸（长度、宽度、厚度）通过实例共享参数实现（详见第 2 章"共享参数"一节）。

（2）夹板吊顶：新建常规模型族，点击面板"创建"拉伸按钮，在楼层平面"参照标高"视图绘制夹板吊顶族（图 3.5-38）。

图 3.5-38　吊顶建模

（3）在原有装修模型基础上载入吊顶族，点击"建筑"面板中的"构件"、"放置构件"命令，选择吊顶族在平面视图放置，调整吊顶标高，通过复制模型把整个吊顶布满。夹板吊顶在族文件完善后同样载入到项目方可使用（图 3.5-39）。

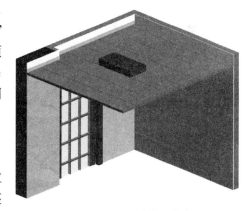

图 3.5-39　拼装天花

5. 插座开关

操作方法：

（1）新建常规模型族，点击面板"创建"拉伸按钮，在楼层平面"参照标高"视图绘制插座开关族，添加合适的构件材质（图 3.5-40）。

图 3.5-40　插座建模

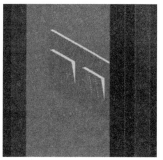

（2）在原有装修模型基础上载入插座开关族，点击"建筑"面板中的"构件"、"放置构件"命令，选择插座开关族在平面视图放置，调整插座开关标高，通过三维检查是否合适（图 3.5-41）。

图 3.5-41　添加插座

3.6　现浇构件建模方法

3.6.1　现浇墙体及钢筋建模

Revit 中的墙可分为"结构墙"和"建筑墙"，结构墙也属于"墙体"类别，区别在于结构墙的"结构"参数是勾选状态，非结构墙则为不勾选状态，在建筑墙的属性栏中勾选"结构"可直接将其转换为结构墙。

1. 墙体建模

布置剪力墙操作流程：点击"结构"命令面板→"墙"下拉菜单→"墙：结构墙"→"属性"栏中选择或点击创建墙体类型→设置墙体高度→绘制墙体轨迹→完成。

绘制墙体时，Revit 提供了两种布置形式："深度"和"高度"，"深度"是指自层标高向下布置，而"高度"则是指自层标高往上布置，同时可对高、深度范围以建筑标高的形式进行限制，无需用户填写墙体高度，用户可根据绘图习惯选择使用。一般建议使用"高度"绘制当前层墙，这样可保持与传统施工图表达习惯一致。

Revit 中墙体平面位置与绘制路径的关系通过"定位线"和"偏移量"来控制。若墙中心线与绘制轨迹重合，定位线选择"墙中心线"；若墙边线与绘制轨迹重合，则选择"核心面：外部"；若墙中心线与绘制轨迹有一定距离，可通过偏移量来设置，自左向右或自上向下画时，偏移量以上、右为正，下、左为负。此外，在画 L 形或 T 形墙时，需要连续画墙，此时应勾选"链"，即可实现连续布墙。

2. 墙体开洞

Revit 中墙体开洞有多种方法，Revit 内置的"墙洞口"和"编辑轮廓"命令可用于一般剪力墙洞口的开洞，其图标如图 3.6-1、图 3.6-2 所示。

实际项目中，如果需要使用 Revit 出结构施工图，建议通过载入一个无实体窗的窗族来进行开洞，通过在窗族中绘制符号线来表达开洞符号，符号线在三维视图中不显示（图 3.6-3），但洞口被视图剖切到时会在平面视图中显示（图 3.6-4），与施工图表达习惯相符。

图 3.6-1　开洞菜单

图 3.6-2　编辑轮廓命令位置

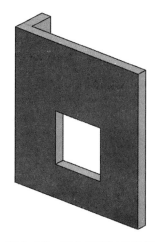

图 3.6-3　剪力墙开洞三维图

图 3.6-4　被视图剖切到时

3. 现浇剪力墙边缘构件钢筋建模

剪力墙约束边缘构件钢筋主要有箍筋、拉结筋、纵筋。

纵筋的创建方法为：在平面视图中，点击功能栏中的"结构"、"钢筋"→放置平面选择"当前工作平面"和"垂直于保护层"（图 3.6-5a）→右侧钢筋浏览器中选择钢筋形状（图 3.6-5b）→左侧属性中选择需要的钢筋直径（图 3.6-5c）。

(a)

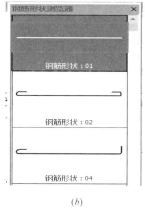

(b)

(c)

图 3.6-5　纵筋的创建步骤

　　箍筋和拉结钢筋的创建办法为：在平面视图，点击功能栏中的"结构"、"钢筋"→放置平面选择"当前工作平面"和"平行于保护层"（图 3.6-6a）→钢筋浏览器选择箍筋或拉结筋（图 3.6-6b）→属性中选择合适的钢筋直径（图 3.6-6c）→点击布置钢筋，在平面视图中，在功能栏中的"钢筋集"里面调整钢筋的数量和间距。

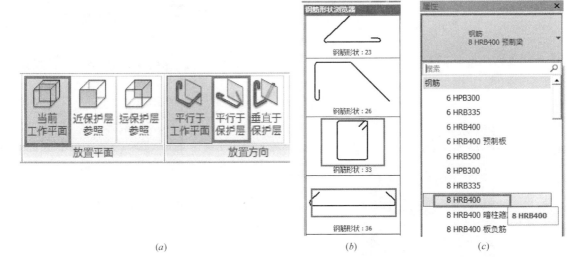

| (a) | (b) | (c) |

图 3.6-6　箍筋和拉筋的创建步骤

　　按上述方法创建的剪力墙边缘构件钢筋如图 3.6-7 所示。

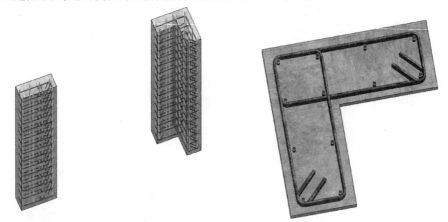

图 3.6-7　现浇剪力墙边缘构件效果图

4. 现浇剪力墙身钢筋建模

　　现浇剪力墙身钢筋主要钢筋类型有水平筋、竖向筋、拉结筋。

　　拉结筋的创建方法与剪力墙边缘构件中箍筋的建立方式相同。

　　水平筋和竖向筋的建模方法为：在平面视图，功能栏中的"结构"、"钢筋"→放置平面选择"当前工作平面"和"平行于保护层"（x 向钢筋）和"垂直于保护层"（y 向钢筋）（图 3.6-8a）→钢筋浏览器选择水平筋（图 3.6-8b）→属性中选择合适的钢筋直径（图 3.6-8c）→点击布置钢筋→转换为立面视图或剖面视图，在功能栏中的钢筋集里面调整钢筋的数量和间距。

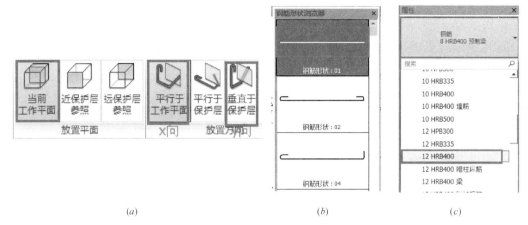

(a) (b) (c)

图 3.6-8　剪力墙墙身钢筋的创建步骤

按上述方法创建的剪力墙墙身钢筋如图 3.6-9 所示。

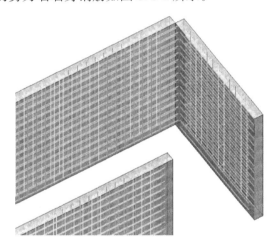

图 3.6-9　现浇剪力墙身效果图

3.6.2　现浇板及钢筋建模

1. 现浇板建模

Revit 的结构板必须通过手绘轮廓来创建，由于 Revit 不会根据梁进行板跨打断，因而不同板跨必须分开绘制，否则多板跨将默认为单块板，其区别如图 3.6-10、图 3.6-11 所示。

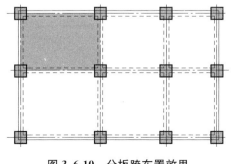

图 3.6-10　分板跨布置效果

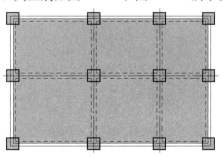

图 3.6-11　不分板跨绘制效果

结构软件中，结构板会被结构梁自动分割成多个板跨，但Revit中没有这种机制，造成了结构工程师上手时有些不适应。对于结构板是根据板跨分开绘制还是只绘制一块大板（不根据结构梁进行打断），目前尚未有定论，现对两种建模方式的优缺点进行介绍，详见表3.6-1。

两种楼板建模方式比较　　　　　　　　　　　　　　　　　　　　　表3.6-1

方法	优　点	缺　点
分跨建楼板	(1)与结构模型的习惯相同； (2)方便按板跨添加配筋信息、荷载信息	建模不方便，梁修改时楼板也要修改，正向BIM设计时效率较低
按大板建楼板	建模方便，梁修改时楼板也不调整，正向BIM设计时效率高	无法按板跨添加结构配筋信息、荷载信息

2. 楼板钢筋建模

板钢筋的建模方法有两种，第一种是通过剖切构件来配置钢筋，具体方法为：在平面视图中选择功能栏中的"视图"，点击剖面剖切需要配筋的板，点击创建好的剖断线，右击转到剖面视图→点击"结构"然后"钢筋"，"选择当前工作平面"和"垂直于保护层（y向钢筋）"或"平行工作平面（x向钢筋）"（图3.6-12）→选择钢筋，布置在板上→转到平面视图，点选钢筋，钢筋集中选择"间距数量"，输入钢筋间距，根据平面跨度调整钢筋的数量。

图3.6-12　剖切楼板时钢筋设置

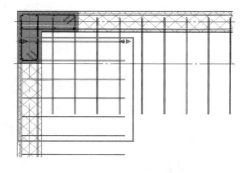

图3.6-13　板面支座负筋

第二种是直接在板平面上配置钢筋，建模时，直接在平面图上选择"近保护层参照"（板面钢筋）或"远保护层参照"（板底钢筋）和"平行于工作平面"→直接在板上点击布置钢筋（钢筋长度会默认同板的尺寸）→在钢筋集里面更改钢筋根数、数量。

板面支座负筋的创建方法同楼板通长钢筋，但建模后需要在平面视图中调整支座负筋的长度，如图3.6-13所示。

在布置钢筋的时候，在"放置平面"里面有"当前工作平面"、"近保护层参照"、"远保护层参照"三个选项，这三者的区别在于：

当前工作平面：用于通过剖断方式来配置钢筋的情况，比如梁板钢筋的配置。

近保护层参照：用于布置的钢筋位置默认在近保护层的地方，比如板面筋的配置。

远保护层参照：用于布置的钢筋位置默认在远保护层的地方，比如板底筋的配置。

3.6.3 现浇梁及钢筋建模

1. 现浇梁建模

结构梁建模方法如下："结构"选型卡→"结构"面板→单击"梁"，在"属性"栏中选择或创建合适的梁类型，设置梁放置平面及用途。系统默认放置平面为当前平面视图标高，结构用途一般可不进行设置，影响不大。

建模时若勾选"链"，可实现梁的连续布置。同时，为实现各跨梁的配筋信息输入，连续梁的各跨段需要分别布置，勾选"链"功能可方便连续梁的分跨布置。

此外，如果结构梁需在"放置平面"设定的标高上再作调整，可在建梁时的"梁属性"窗口中，对"Z 轴偏移值"进行定义（图 3.6-14），正值为"放置平面"标高之上，负值为下。若已完成结构梁建模，仍可对梁的标高进行修改，在其梁属性栏中，对"起点标高偏移"和"终点标高偏移"进行设置即可（图 3.6-15）。

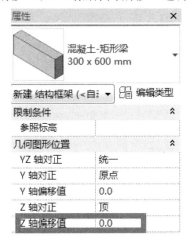

图 3.6-14 梁建模时偏移设置

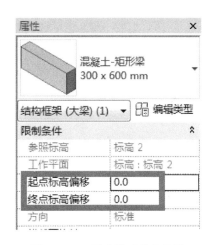

图 3.6-15 梁建模后偏移设置

Revit 除了提供上述的梁建模方法，还提供了通过拾取轴网的方式建梁。操作方法如下："修改丨放置梁"命令面板→"多个"面板→点击"在轴网上"选择轴网→点击 ✔ 完成梁布置。

该方法会自动在选定轴网的柱上布置结构梁。布置的连续梁会自动根据柱跨进行打断，系统自动实现连续梁的分跨布置。操作步骤及布置效果图如图 3.6-16、图 3.6-17 所示。

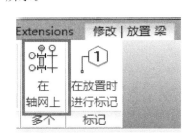

图 3.6-16 操作示意图

图 3.6-17 布置效果图

2. 现浇梁钢筋建模

现浇梁的钢筋构件主要为纵筋和箍筋，同时，建模后需要对梁墙节点区钢筋进行处理。

纵筋和箍筋的建模方法为：创建剖面视图，并右击转到剖面视图→依次选择功能栏中的"结构"、"钢筋"→放置平面选择"当前工作平面"和"平行于保护层"（箍筋）或"垂直于保护层"（纵筋）（图 3.6-18a）→钢筋浏览器分别选择纵筋和箍筋（图 3.6-18b）→属性中选择合适的钢筋直径（图 3.6-18c）→点击布置钢筋→转换为立面视图或剖面视图，在功能栏中的钢筋集里面调整箍筋的数量和间距。

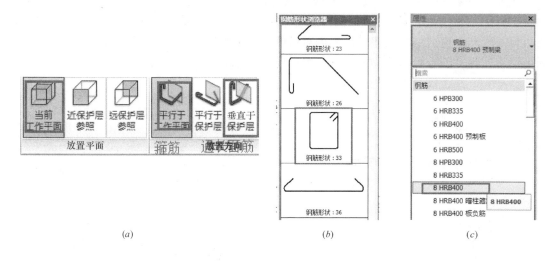

| (a) | (b) | (c) |

图 3.6-18　梁钢筋建模步骤

梁墙节点区的钢筋处理方法：在建立好现浇墙体的钢筋和梁的钢筋后，在平面视图中调整梁端的钢筋锚固长度（图 3.6-19a），并布置梁墙节点的附加钢筋，在剖面视图调整附加钢筋的高度位置（图 3.6-19b）。

完成现浇梁钢筋建模的效果如图 3.6-20 所示。

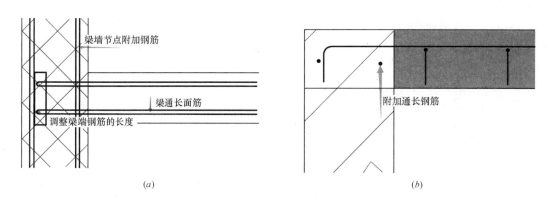

| (a) | (b) |

图 3.6-19　梁墙节点区钢筋处理
（a）平面视图；（b）剖面视图

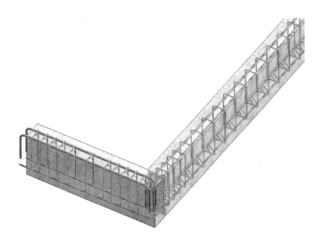

图 3.6-20　现浇梁钢筋效果图

3.7　部品库建模方法

3.7.1　构件设计各专业信息集成

装配式建筑深化设计阶段，是将各专业的设计信息汇总，按"一张图"的原则，将构件加工的所有信息整理到同一个模型或图纸上，并根据相关施工工艺和安装步骤，按施工阶段的需求进行设计，布置在模型及图纸中，最后根据待加工的模型，进行预装配、加工可行性的最终判断等工作内容。

建筑专业：确定内外墙的保温、装饰层做法。

结构专业：提供构件的土建加工级别的轮廓模型、分段浇筑的设置、钢筋布置、预留孔洞及结构预埋件；提供典型的节点连接做法。

设备专业：预埋电线、核对结构专业预留孔洞的情况、核对结构开槽的布置情况；进行防雷接地预埋。

加工单位及施工单位：对构件吊装进行吊点的预埋；确定构件运输阶段的堆放方式，并提出需求；根据现场施工组织，对构件堆放进行合理安排等。

构件深化设计内容集成总体要求见表 3.7-1。

深化设计内容集成总体要求　　　　　　　　　　　表 3.7-1

项目	成果集成要求				
	成果形式	建筑、装修	结构	设备	加工及施工
剪力墙、外挂墙板	加工图纸模型	构件尺寸、开槽布置、防水、保温及装饰层等做法	钢筋、预留孔洞、预埋件	核对预留孔洞、核对结构开槽、防雷接地布置	运输及堆放方式、吊装埋件预埋、支撑埋件预埋（该项可由结构专业完成）
叠合梁、叠合板、楼梯、阳台	加工图纸模型	确认轮廓、尺寸、开槽布置等	钢筋、预留孔洞、预埋件	预埋管线	

续表

项目	成果集成要求				
	成果形式	建筑、装修	结构	设备	加工及施工
整体厨卫	加工图纸模型	确认厂家及做法	连接节点做法	预留设备管线、连接做法	与专业厂家配合
节点连接大样	加工图纸模型	节点防水做法及要求	节点钢筋连接等做法及要求	管线连接、接地连接等做法要求	施工精度要求
拆分平面图	(1)墙柱平面；(2)现浇板平面图；(3)叠合板与接缝平面；(4)梁平面(除注明外,现浇与预制在同一张图表)	构件编号、楼板连接索引大样			施工精度要求
拆分立面图	拆分立面图	构件编号、外墙板连接索引大样			施工精度要求
构件明细表	表格	构件清单 所在区位及数量等基本内容			构件拟采购商、进度安排、堆场安排等内容

　　装配式建筑通常会有部分区域采用现浇的做法，在深化设计阶段，其表达内容区分见表 3.7-2。

现浇及后浇区域的成果内容及信息要求 表 3.7-2

图纸	梁平面图	预制板平面图	现浇板平面图	墙柱平面图
预制区域构件	预制梁编号	预制板编号	无	预制墙编号
预制区域后浇现浇区域	现浇梁平法配筋	接缝做法	现浇板配筋	现浇暗柱配筋及大样

　　构件加工图应将满足单个构件加工的全部信息汇总于一张图。其中，应根据平面拆分布置的具体情况，对构件进行编号划分，且尺寸应与平面布置图相一致。对该编号的构件加工详图表达时，应清楚表达各类预埋管线、预留套管的空间布置，而不需要再根据拆分平面查阅构件所在定位再翻阅设备图纸。具体构件加工详图的信息集成要求见表 3.7-3。

构件加工详图信息集成要求 表 3.7-3

专业	内容	表达方式	内容要求
建筑	编号	图号、图名	构件编号
	平面尺寸及容许误差	尺寸标注	构件的尺寸、允许偏差
	几何定位	尺寸标注	构件的几何尺寸、分缝处的尺寸
	构件正反面	符号标注	构件正反面标注,便于吊装
	支承、吊点	符号标注	需与结构、加工单位确认,并与现有布置进行碰撞检查

续表

专业	内容	表达方式	内容要求
建筑	预埋件明细表	明细表	根据建筑、装修、结构、设备、施工各专业的预埋件布置，制作预埋件明细表。含埋件图例、数量、制作要求等内容
装修	埋件设置	符号标注	对装修节点进行预埋，整体厨卫等需与厂家确认
	管线预埋	符号标注	提条件给设备专业进行预埋
结构	配筋大样	符号标注	构件配筋的平面、剖面大样图
	脱模强度要求	文字说明	—
	吊点做法及配筋	文字标注	复核吊点工况的配筋
	后浇粗糙面要求	文字说明	—
	支承、堆放的要求	文字说明、图例	与加工单位确认，复核配筋
	配筋表	明细表	钢筋明细表，含编号、竖向、直径、长度、示意图等内容
设备(给水排水、电气、暖通)	预留套管	符号标注、文字说明	定位布置、编号等信息
	预埋管线	符号标注、文字说明	与结构轮廓、钢筋、建筑节点构造进行碰撞检查。对于大开洞部位复核配筋
构件厂家(图纸会审)	堆放要求	文字说明、简图	对堆放条件进行复核，并提条件给结构专业进行复核
	吊点、支承布置	符号标注、文字说明	复核设计提供的支承条件、吊点布置
	加工条件	文字说明	复核厂家是否满足加工要求的条件

3.7.2　部品库的制作方法

部品库的制作内容包含但不限于以下几点：主体构件建模、添加钢筋、在平面视图和剖切视图中添加标注、设置视图可见性信息、创建图纸。

下面以叠合板为例介绍建模过程。

1. 新建项目

采用"GDADRI—装配式部品样板"新建一个项目，项目名称修改为部品名称，项目名称同构件命名规则，如图 3.7-1 所示。

2. 主体构件建模

主体构件建模基于"族"的方法，具体如下：

（1）建立参数化的叠合板族，实现几何信息的参数化。

（2）族参数中勾选"可将钢筋附着到主体"。

（3）工作平面选为±0.000 平面。

（4）载入族并生成实例，移至原点（样板中有原点标记）。

（5）将实例名称修改为项目名称（用于后期注释）。

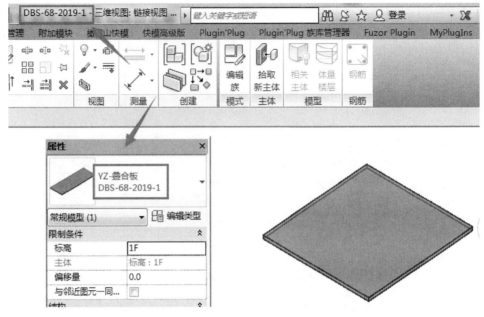

图 3.7-1   项目名称同构件命名

3. 添加钢筋

添加钢筋可按通常添加钢筋的方法：

（1）在工作平面中剖切出剖面视图。

（2）使用"钢筋"命令添加钢筋，设置好钢筋间距（如图 3.7-2 所示，建议优先选择"最大间距"的布置方法，如果使用阵列的方法，只能设置钢筋数量，尺寸变化时没法自动修改）。

图 3.7-2   设置钢筋间距

4. 添加标注

在剖面视图中添加尺寸、钢筋直径等标注，如图 3.7-3 所示。

5. 设置视图可见性信息

通过视图管理器创建平面视图和三维视图，包括但不限于表 3.7-4 所列的视图。

6. 钢筋明细表

创建钢筋明细表等表格。

7. 创建图纸

（1）添加审定、审核等信息，并选择图框，创建图纸。

（2）图纸名称、图纸编号设置。

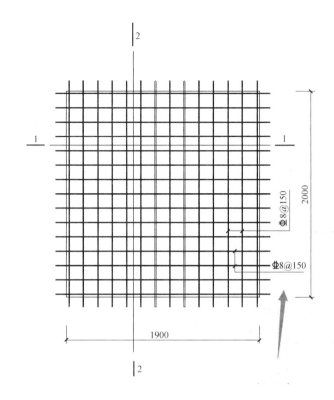

图 3.7-3　添加注释

视图类型和作用

表 3.7-4

视图名称	视图类型	视图作用	主要设置
二维工作平面	平面视图	二维操作视图,不在图纸或载入的项目中显示,可自由添加标注等信息	自由设置
平面链接视图(有钢筋)	平面视图	链接到项目中之后,在平面中显示的样子,带钢筋	只显示部件轮廓和钢筋,隐藏参照线、标注、标高等信息
平面链接视图(无钢筋)	平面视图	链接到项目中之后,在平面中显示的样子,不带钢筋	只显示部件轮廓,隐藏钢筋、参照线、标注、标高等信息
图纸视图(有钢筋)	平面视图	部品库图纸中的平面图,带钢筋	隐藏参照线等,显示尺寸标注、钢筋标注等图纸中需要的信息
三维工作视图	三维视图	三维操作视图,不在图纸或载入的项目中显示,可自由操作	自由设置
链接视图(有钢筋)	三维视图	链接到项目中之后,在三维视图中显示的样子,带钢筋	只显示部件和钢筋,隐藏其他信息
链接视图(无钢筋)	三维视图	链接到项目中之后,在三维视图中显示的样子,不带钢筋	只显示部件,隐藏钢筋和其他信息
三维示意图	三维视图	部品库图纸中的三维示意图	只显示部件轮廓和钢筋,部件设置为透明
剖面 1	剖面视图	部品库图纸中的剖面图,用于表示钢筋	需显示钢筋标注、尺寸标注等图纸中需要的信息
链接视图(剖面 1)	剖面视图	链接到项目中之后,在项目中被剖切时显示的视图	隐藏标高、参照线,隐藏除构件轮廓、钢筋外的其他信息,混凝土部分设置填充

（3）添加视图。

创建的部品库示例图纸如图 3.7-4 所示。

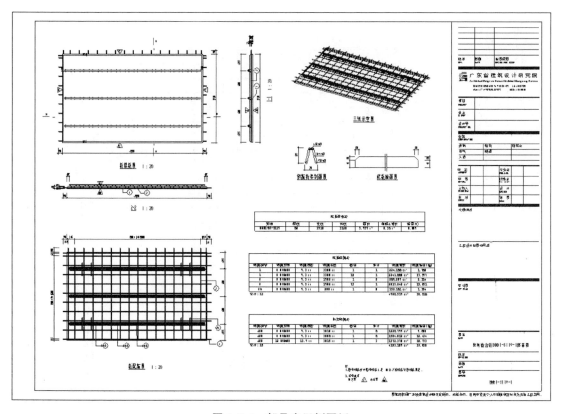

图 3.7-4　部品库示例图纸

8. 注意事项

部品文件只能通过"复制"的方法新增后修改，已完成的部品文件应禁止修改。

3.7.3　部品库的使用方法

部品库完成后，在具体项目模型中通过"链接"的方式进行使用。

1. 链接方法

使用"插入—链接—链接 Revit"，选择部品库文件，定位方式为"自动—原点到原点"。

链接后部品被放置在项目原点，在三维视图中，通过修改面板中的"对齐"命令将链接文件移动至需要的标高。在平面视图或三维视图中将部品移动至需要的地方。

若有多个地方用到同一个部品，使用复制的方法建模。

打开视图管理器，将部品的显示方式设置为"按链接视图"，并根据不同的需要选择不同的视图，如图 3.7-5、图 3.7-6 所示。

2. 部品修改方法

由于项目是逐渐深入的，链接进去后的部品可能修改（如修改配筋、开设备洞口等），因为修改后的部品实际上是一个新的部品，必须绘制新的详图，因此，遇到原部品无法满

图 3.7-5　修改链接设置

图 3.7-6　选择链接视图

足设计要求而需要修改的情况，不能在原部品文件中进行修改，应该复制出一个新的部品文件，修改部品文件后重新链接到项目中。

部品修改的方法如下：

（1）打开部品库所在的文件夹，选择最相似的部品，复制出新的文件，按命名规则修改文件名。

（2）打开部品文件，修改主体构件的族类型名称，修改成部品文件名（用于链接到项目后的注释）。

（3）按需要修改部品文件。

（4）在项目文件中使用"链接"的方法载入该部品，载入后部品在项目原点，将之删除。

（5）在项目中选择需要修改的部品，在属性栏中修改"链接的 Revit 模型"属性，如图 3.7-7 所示，用此方法可避免链接后重新调整位置。

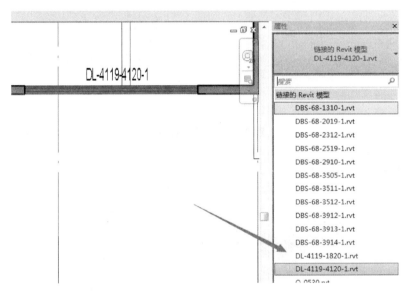

图 3.7-7　从属性修改部品类型

3.8　各专业数据维护管理

1. 专业间模型文件的维护管理

在方案初设阶段，模型构件较为简单，对各专业一致性要求也较低，可直接在对方模型内建工作集进行设计，或按单专业单模型进行协同，期间集中几次对模型进行链接校核即可。如项目较复杂，前期各阶段也可适当参考施工图模型架构进行简化组织。

在施工图阶段，对施工图模型，为便于维护，通常会对模型按一定规则进行拆分。

常见做法为：对跨工作团队跨专业按链接模型进行，其余按工作集对同一模型进行协同，具体工程可细化或简化合并，其在项目文件夹内的结构形式详见第 4 章。

2. 专业间共用构件信息的维护管理

在施工图模型中，通常采用更为独立的模型间相互链接模型。在这种协同模式下，在对模型进行构件专业划分时，可采用"直接利用其他专业模型"和"复制监视到本专业模型"两种方式。且有下列情况需要事先协调，明确划分：

（1）楼板：楼板通常由结构板和建筑面层组成，并由建筑专业确定标高。但由于装配式建筑需要对楼板进行拆分设计，因此在设计过程中，模型由结构专业建立楼板，并对板进行拆分，反提建筑专业。

（2）剪力墙：均由结构控制。但在链接时，需对链接实例参数勾上"房间边界"，以供建筑计算面积时作为边界。建筑绘制核心筒大样时需绘制墙体面层，此项由建筑专业自行解决。

（3）设备管线及其预留管：设备管线由设备专业进行布置，并在设备模型中维护管理。在提资后，由结构专业对土建构件进行预理套管、预留孔洞等处理。

各项构件信息的维护管理权限详见第 4 章。

第4章 装配式建筑协同设计

随着BIM的相关规范的陆续颁布、各类软件功能的日渐完善，以及各类研究成果得到广泛应用，BIM技术在现浇混凝土建筑的协同设计上运用已较为成熟，也有较为完善的一套解决方案。相对于传统的现浇建筑，在装配式建筑运用BIM技术进行协同设计则有所不同，主要有以下几点：

其一，设计概念协同。采用装配式进行建筑设计时，在设计内容、工作方式、协同及提资流程、与构件厂家配合等方面，与现浇式建筑有不同程度的区别。这主要体现在，设计各个阶段中，各专业均需充分考虑到自身设计对其他相关专业的需求与难点。如建筑专业轴网模数、户型布置及楼栋布置需较为统一，以满足结构设计和构件加工的方便性；结构专业需根据实际吊装运输等条件进行合理的构件拆分；设备专业预埋件和预留洞则需及时反馈到项目部品模型中。

其二，设计信息协同。在装配式建筑项目中，建筑、结构、设备、装修、构件加工、现场装配措施等各阶段各专业的信息均需要高度集成化，并且需要将各类信息整合在构件加工图中，再经由构件厂家进行模具制作等设计流程。因此，在设计协同的过程中，对模型信息的具体内容有更全面、更规范的要求。在实际项目中，部分专业未能采用BIM进行设计，在信息交互方面则需要有一定的规定。

其三，设计与加工、装配信息的高度集成。在构件加工图中，除了整合了各专业设计信息外，对于吊装信息、堆放空间等也有一定的要求，并且构件设计需要满足工厂流水线的相关限制，更进一步则需要与工业化生产与智能机械制造的相关平台进行信息对接。这使得设计工作需要提前完成，对设计质量有了更高的要求。

本章在现行规范以及装配式混凝土结构和钢结构项目做法的基础上，整理总结出装配式建筑多专业协同设计、各参建方协同完成建设项目的具体工作内容和流程。

4.1 多专业工作流程概述

建设项目设计施工过程分为几个阶段，如图4.1-1所示。基于BIM进行装配式建筑协同设计时，根据开始采用BIM模型进行设计的时刻点，可以将工作流程分为"全流程BIM"、"施工图BIM"和"施工BIM"几种不同的方式。目前，"施工BIM"已相对成熟，部分构件厂家采用BIM技术对构件进行建模、对其中复杂节点进行模型预装配模拟。

图4.1-1 设计施工各阶段

而"全流程 BIM"和"施工图 BIM"则仍处于探索阶段。本节对上述几种协同工作流程的方式和优劣进行了分析，后续各节以"全流程 BIM"进行协同设计的相关介绍。

4.1.1　全流程 BIM

全流程 BIM（"前 BIM"）是指在方案阶段，建筑便开始构建 BIM 模型，并交给结构专业进行辅助布置竖向构件、平面的预拆分和对装配式拆分装配加工等环节进行初步的可行性评估，详见表 4.1-1。同时，在施工图阶段，各专业共同配合，将各专业需要进行预埋、开洞、开槽等信息汇总后，完成构件深化设计及其加工图的工作。在后续构件加工过程中，由构件厂家根据设计单位完成的加工图，进行二次深化，完成工艺拆分图、模板图等对构件加工过程中需要进行控制和结算的相关图纸工作，供业主、设计单位进行审核。

1. 优势

传统流程中方案阶段可能只有较为粗糙的体量方案，要把项目模型化需有一定的设计深度和合理性。因此，与传统设计流程相比，建筑专业需在方案阶段定下更多的细节。如根据业主需求、户型、地块指标以及结构专业的相关规范要求，确定楼栋数量和高度，确定使用装配式构件的区域和验算是否满足地块的要求。并且，在体量模型设计时，便依照一定的模数和尺度规整，使得后期在进行结构布置和构件拆分阶段，就取得较为规整统一的构件尺寸，减少后期改动工作量。尽管对建筑专业有更高的要求和更大的工作量，但对结构和设备专业而言，可方便地提前开展工作，也会减少后期变更。

2. 劣势

方案设计人员需有较强的装配式建筑设计经验，通常需要有一定经验的设计人员进行方案工作，否则后期方案调整较多，增大各专业的工作量。

全流程 BIM 各专业参与阶段　　　　　　　　表 4.1-1

专业阶段	建筑	装修	结构	设备	勘察	施工	构件厂家
方案	●	●	○		○		
初设	●	●	●	●	○		
施工图 加工图	●	●	●	●			
构件加工							●/○
施工						●	

注：●表示模型参与；○表示 CAD 图、表格、文本等离散形式参与。

4.1.2　施工图 BIM

施工图 BIM 即在施工图阶段或加工图阶段，才进行模型的建立，在施工图设计阶段采用 BIM 模型，进行各专业的系统集成和信息汇总，并采用施工图模型生成施工图和加工图，详见表 4.1-2。

1. 优势

（1）本阶段多专业协同的需求较强，可充分发挥 BIM 三维碰撞检查等功能的优势。

（2）结构布置相对准确：直接在建筑模型上进行结构布置调整，错误较少，并可导出

施工图 BIM 各专业参与阶段　　　　表 4.1-2

专业阶段	建筑	装修	结构	设备	勘察	施工	构件厂家
方案	○	○	○		○		
初设	○	○	○	○	○		
施工图 加工图	●	●	●	●			
构件加工							●/○
施工						●	

到结构计算软件，根据计算结果进行配筋和部品选取，及加工图配合制作。

（3）配筋信息规范化后便于维护：信息化后的构件截面、配筋信息也可以方便地进行校核或统计。同时可方便地调用部品库，完成下一步的构件加工图等工序。

2. 劣势

（1）计算软件信息不同步：结构计算软件与 BIM 模型信息交互较为困难，在模型进行调整后，重新计算之后需要校核原配筋。

（2）图纸标注不灵活：由 BIM 的理念，图纸上的标注均应依赖于构件上的参数化信息，除了需要为每个标注定义参数和制作图面注释族，规范化的图纸也减少了标注的灵活性。

4.1.3　施工 BIM

如"BIM 碰撞检查"、"BIM 算量"等局部应用，是目前较为成熟的方式。在完成完整施工图后，由施工单位或构件加工厂家建立模型进行三维交底、钢筋建模、碰撞检查、施工模拟预拼装查错等工作，在发现问题后，再调整加工图，详见表 4.1-3。

施工 BIM 各专业参与阶段　　　　表 4.1-3

专业阶段	建筑	装修	结构	设备	勘察	施工	构件厂家
方案	○	○	○		○		
初设	○	○	○	○	○		
施工图 加工图	○	○	○	○			
构件加工							●/○
施工						●	

1. 优势

（1）在本阶段开始建立 BIM 模型，不需要反复修改，可以在加工图、施工图等阶段直接应用。

（2）可以不用考虑前期成果的形式，采用工业生产的相关软件，如 SolidWorks、Catia 等专业软件直接对构件的工业化加工流程进行模型搭建与模拟。

2. 劣势

（1）由于模型通常由其他专业或 BIM 专项团队调整，对复杂节点做法、预埋管合理性等方面，可能在本阶段才发现一些设计问题，需要返回到设计各专业重新进行配合调整，并进行设计变更，因此对提高设计质量作用有限。

（2）如设计采用二维的 CAD 加工图纸进行施工图设计和下发，在后续构件加工过程中，图纸的深度不足、或对图纸存在不同的理解，在施工过程中，设计单位与施工单位或构件加工单位，在对构件做法上很容易存在分歧，并需要反复沟通。

4.2　设计各阶段协同内容与方法

在基于 BIM 进行装配式建筑的协同设计过程中，目前仍存在下述几个难点：

（1）项目文件组织形式的确定：装配式建筑设计模型的项目结构需明确。在采用 CAD 进行设计过程中，轴网、竖向构件等项目文件结构均十分成熟，但在用 BIM 后，多专业模型的架构形式仍需确定。

（2）设计专业间协同的操作方法：设计过程中提资（信息交流）的方法。采用 CAD 进行设计时，不同设计内容，如某标准层平面、某个墙身大样都有单独的 CAD 文件进行提资。而当采用 BIM 进行设计时，不同专业有自己的信息模型，因此，需要对设计过程中专业之间的提资方法进行梳理。

（3）设计专业间协同（提资）的内容要求：具体到每一设计阶段中，不同专业需要进行的设计内容和协同内容，以及其具体流程。在传统现浇建筑中，已有如《民用建筑工程设计互提资料深度及图样》等相关的统一要求对设计过程中的信息协同有所要求。但在采用 BIM 进行装配式建筑的全专业设计时，装配式的高集成性对设计协同的相关信息有了更进一步的要求。

（4）信息如何一体化地贯穿项目流程：在实践装配式建筑三个一体化的过程中，需要对设计工种之间、设计与生产装配之间、建造与市场之间的信息交互与协同标准进行统一规定。否则，在目前基于二维平面蓝图的前提下，各个信息断层将会阻碍项目顺利推进，也会导致信息偏差。实际项目经验表明，在目前传统设计流程中，若前期设计时未充分考虑装修的各项需求，则会导致后期非常大的修改量。因此对于装配式建筑中的装修一体化，也需得到充分的重视。

4.2.1　BIM 模型的文件协同架构

1. 多专业模型相互链接模式

在方案和初设阶段，模型构件较为简单，对各专业一致性要求也较低，可直接在对方模型内建工作集进行设计，或按单专业单模型进行协同，期间集中几次对模型进行链接校核即可。如项目较复杂，前期各阶段也可适当参考施工图模型架构进行简化组织。

在施工图阶段，为便于维护施工图模型，通常会对模型按一定规则进行拆分。

常见做法为：对跨工作团队跨专业按链接模型进行，其余按工作集对同一模型进行协同。参考 CAD 出图时的链接管理模式，提供如图 4.2-1 所示模型分块组织模式，对于水电暖等专业的模型链接方法类似，具体工程可细化或简化合并。

2. 文件互相链接时的构件划分原则

在方案和初设阶段通常可在建筑模型中内建结构工作集进行管理，但在施工图模型中，不建议用此方式，建议采用更为独立的模型间相互链接模型。在这种协同模式下，在

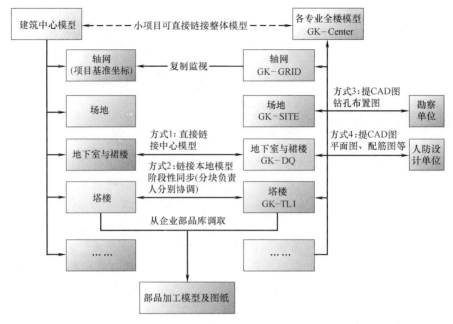

图 4.2-1　施工图阶段结构与建筑 Revit 模型相互链接协同架构简图

对模型进行构件专业划分时，可采用"直接利用其他专业模型"和"复制监视到本专业模型"两种方式。有下列情况需要事先协调，明确划分：

（1）楼板：楼板通常由结构板和建筑面层组成，并由建筑专业确定标高。但由于装配式建筑需要对楼板进行拆分设计，因此在设计过程中，模型由结构专业建立楼板，并对板进行拆分，反提建筑专业。

（2）剪力墙：均由结构控制。但在链接时，需对链接实例参数勾上"房间边界"，以供建筑计算面积时作为边界。建筑绘制核心筒大样时需绘制墙体面层，此项由建筑专业自行解决。

其他构件如图 4.2-2 所示。

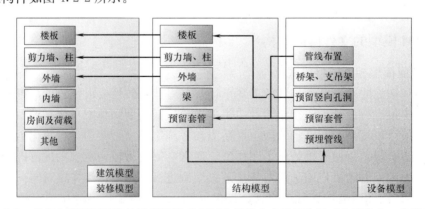

图 4.2-2　各专业模型不同构件采用链接或复制监视的方式进行协同（主控专业→参照专业）

4.2.2　模型提资与项目进度控制

专业间模型提资有以下几种方式，如图 4.2-3 所示。

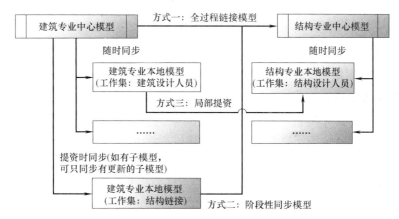

图 4. 2-3　几种链接方式

方式一：全过程链接模型

在施工图阶段，由于采用了 BIM 协同方式，可不采用传统的提资方式。结构模型在工作的全过程都直接链接建筑及设备专业的中心模型。

1. 优点

每次打开本地模型或重载链接时，可实时更新看到其他专业的进程，看到有对不上的地方可及时提出。

2. 缺点

（1）无法直接得知各部分是否定稿，如有修改仍需沟通确认。对于关键节点的时间进度控制，需提出提资时间点时的内容要求。

（2）对每次出图有了更高的一致性要求，如剪力墙、结构板等公用的构件，另一方修改后，在本专业调整前，对出图有影响。因此要求施工图阶段不能有太大的改动。

方式二：阶段性同步模型

结构方案初步稳定或集中完成某关键部位后，把全模型进行一次整体提资。采用链接其他专业的本地模型放置在本专业目录，只在提资时与中心文件同步一次，或按阶段绑定一套独立的模型，进行提资和归档。

1. 优点

项目进行过程中，建筑专业会集中对某个局部的做法进行推敲深化，如地下室复杂的弧形车道、地下室顶板的消防楼梯做法等。在每个阶段逐一提资可以较好控制项目进程，根据时间节点要求，逐一解决各关键节点的设计工作。不会被其他专业未稳定的过程模型干扰。对于各专业交流较不紧密时（如与外单位合作的项目）可采用本方式。

2. 缺点

与传统 CAD 方式类似，未能体现 BIM 优势。阶段性提资后，会突然出现大量冲突部位，仍需要集中花时间协调解决。

方式三：模型局部提资

与阶段性同步模型类似，在完成一个时间阶段后，绑定一套模型，并在提资单中注明，只对其中部分视图和某个区域的构件进行提资。

1. 优点

对较复杂的项目，可由具体某个区域的建筑及结构设计人员内部互动进行，而不会影响整体模型。

2. 缺点

实际工程 Revit 模型绑定很慢，局部提资需重新链接新模型，同样较慢。

方式四：CAD 图提资

对接收方无法应用 BIM 模型时，采用传统的提 CAD 图方式进行。

1. 优点

适用性强。如部分结构图纸采用 Revit 的构件导出 CAD 作为底图，在 CAD 进行钢筋标注，可以兼顾土建模型的定位，也可以保留传统 CAD 配筋的灵活。

在与其他计算软件信息互通的时候，可直接导入如截面简图等信息进行专业内协同。

2. 缺点

平面图不能体现三维设计的优势。

出现信息孤立，CAD 图导出后，信息与原模型不互通。如提供勘察单位的钻点布置图后，得到的勘探信息不能自己反馈回 BIM 模型中。

方式五：部品提资

对单个部品进行提资。

1. 优点

提资内容明确。

2. 缺点

只适用于较小范围的调整，以及在构件加工阶段，设计单位对部分构件进行设计变更。

上述几种方式应灵活结合应用，典型的协同项目的服务器文件结构如图 4.2-4 所示。

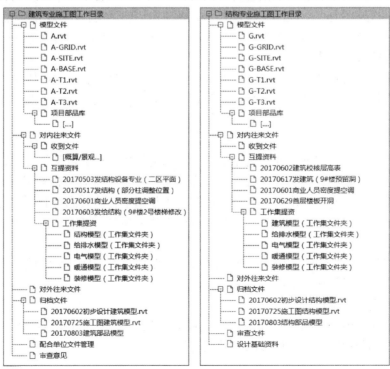

图 4.2-4 典型的全专业 BIM 项目文件结构

4.2.3　方案设计阶段

1. 参与人员及协同内容

（1）业主

结合项目定位和地块要求等因素，与设计单位一同对装配式建筑可行性进行评价，并明确本项目是否采用装配式。同时，业主设计部可提供意向户型与建筑设计一同对装配式建筑的需求进行户型调整，确定立面造型和外墙等做法。

（2）建筑设计

在本阶段，建筑专业需根据用地指标进行项目的总体规划，并根据采用装配式建筑的相关需求，如立面造型的规则性、预制构件的模数要求，进行楼栋平立面设计和总平面设计，同时充分考虑拼装构件的相关影响。

（3）结构设计

配合业主进行项目装配式建筑实施的可行性评价，如考察当地厂家的生产能力、地块至厂家之间的运输条件、当地装配式建筑的类似案例等。根据建筑的布置形式初步确定结构形式，根据相关规范明确采用装配式建筑时建筑物高度的要求。由于装配式建筑的设计流程环环紧扣，为了减少后续修改，结构专业在方案阶段就需要根据建筑专业的户型及楼栋布置，采用结构及建筑相关软件或插件，对平面进行结构布置，初步进行构件拆分，采用部品库进行数字化的预拼装，对出现的设计不合理之处进行调整。

各工种协同流程如图 4.2-5 所示。

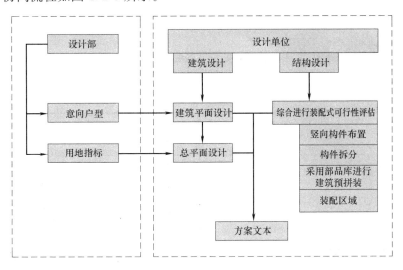

图 4.2-5　方案阶段协同流程图

2. 方案设计阶段成果

业主：明确是否采用装配式建筑，完成报建的相关内容。

建筑设计：方案设计文本、总平面、楼栋平面。

结构设计：拟采用的装配式结构方案，当地相关案例，进行构件初步拆分和预拼装模拟。

4.2.4 初步设计阶段

1. 参与人员与协同内容

（1）建筑设计

1）根据地块要求及满足当地法规要求的装配率等相关指标，具体确定楼层、平面、总平面楼栋中，需要采用装配式的面积范围及布置等内容。

2）确定建筑平面立面剖面、墙身大样、围护结构等的预制构造做法。

3）初步设计前期应再次统一轴网模数、户型立面及尺寸，满足标准化构件的要求，确定建筑体型方案、轴网、模数。微调户型后提设计部确认。

（2）结构设计

1）评估装配式的可行性。

2）考虑装配式对计算参数的影响，进行结构布置和试算。

3）考察项目周边厂家生产能力及条件，确定装配式的采用范围及基本原则。

（3）机电设备设计

1）机电系统布置。

2）设备用房需求及荷载信息提资。

（4）精装修设计

1）装修标准及初步方案确定。

2）装修一体化的内容。

2. 提资内容

该阶段提资内容见表 4.2-1。

初步设计阶段各专业提资内容 表 4.2-1

提出专业	内　容	深度要求					表达方式			
		位置	尺寸	标高	荷载	其他	图	表	文	模型
建筑专业	地面面层做法	●	●				●			
	架空地板做法	●	●				●			
	吊顶做法	●	●				●			
	外立面墙身做法	●	●				●			
	整体浴室做法评估	●	●				●			
	整体厨房做法评估	●	●				●			
	调研地块运用装配式的限制条件（如生产、运输、施工等）							●	●	
结构专业	采用装配式的区域	●	●				●			
	装配体系	●	●				●	●		
	构件截面、尺寸	●	●	●						
给水排水	管线布置、埋设及固定要求	●	●				●			○
	设备房间布置	●	●				●			
暖通	管线布置、埋设及固定要求	●	●				●			○
	设备房间布置	●	●				●			

续表

提出专业	内　容	深度要求					表达方式			
		位置	尺寸	标高	荷载	其他	图	表	文	模型
电气	管线布置、埋设及固定要求	●	●				●			○
	设备房间布置	●	●				●			
装修	装修方案及需求	●	●	●			●			○

注：●表示第一阶段提供；○表示第二阶段提供。

3. 协同流程

该阶段协同流程如图 4.2-6 所示。

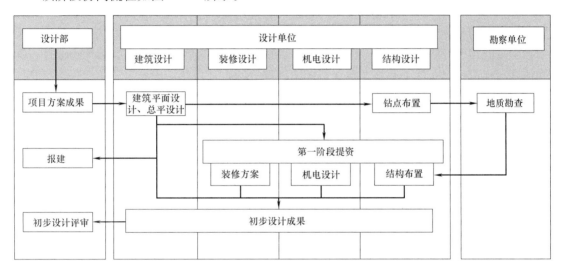

图 4.2-6　初步设计阶段协同流程

4. 初步设计阶段成果

建筑专业完成报建。

各专业完成初步设计文本和图纸，进行初步设计评审。

协助业主进行装配式建筑实施的相关调研和考察。

4.2.5　施工图及加工图设计阶段

1. 参与人员及工作内容

（1）各专业

1）构件拆分原则（结构、设备、施工）。

2）设备预留孔洞、预埋件等内容反馈到加工图模型内。

（2）建筑设计

1）拆分构件交接处的防水保温做法。

2）协调制作构件加工图模型，整合各专业的需求信息。

（3）结构设计

1）构件配筋进行合理归并，统一间距及连接做法。

2）构件拆分，结合厂家能力、运输条件，对厂家初步判断。

3）从部品库中选取合适的构件进行深化模型（图）的设计出图。

4）连接做法处理、钢筋碰撞等。

（4）机电设备设计

设备预埋管线、孔洞等。

（5）精装修设计

1）照明、插座的预埋。

2）整体卫浴、整体厨房的布置。

2. 协同设计内容与方法

在施工图第一阶段，除完成常规的设计内容外，建筑与结构专业需共同确定装配式体系，并由结构专业对构件进行拆分设计，建筑专业进行相关的内外墙身做法，装修专业需明确厨卫的相关做法，完成第一阶段提资。此后，在第二阶段，由设备装修等专业进行管线预埋和预留孔洞布置，装修专业进行照明插座等的布置，此后进行第二阶段提资。具体流程如图 4.2-7 所示。

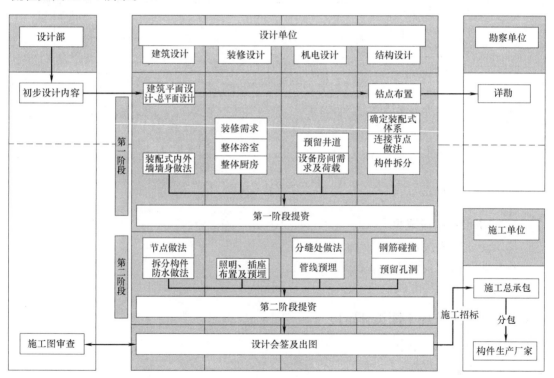

图 4.2-7　施工图设计阶段协同流程

在部品设计阶段，首先通过设计模型进行一定规则的构件拆分，并根据拆分的构件索引企业部品集中相应部品。对于企业部品库中没有的或者非标准的构件，可以在企业部品库的基础上进行修改得到相应的项目部品。具体流程如图 4.2-8 所示。

3. 提资内容

除完成现浇建筑的相关提资要求外，对于装配式建筑，本阶段互提资料的要求见表 4.2-2。

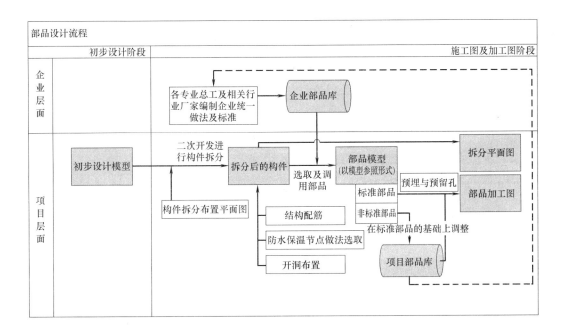

图 4.2-8　部品设计流程

施工图阶段各专业提资内容　　　　　　　　　　表 4.2-2

提出专业	内容	深度要求					表达方式			
		位置	尺寸	标高	荷载	其他	图	表	文	模型
建筑专业	地面面层做法	●	●				●			
	架空地板做法	●	●				●			
	吊顶做法	●	●				●			
	外立面墙身做法	●	●				●			
	整体浴室做法	●	●		○		●			○
	整体厨房做法	●	●		○		●			○
	调研地块运用装配式的限制条件（如生产、运输、施工等）							●	●	
结构专业	采用装配式的区域	●	●				●			
	装配体系	●	●				●	●		
	构件截面、尺寸	●	●	●						
	构件拆分布置	○	○	○						
	外墙构件装配形式	●	●				●			
	结构构件装配形式	●	●				●			
	节点做法	○	○				○			
	预留井道、孔洞	●	●	●						

提出专业	内容	深度要求					表达方式			
		位置	尺寸	标高	荷载	其他	图	表	文	模型
施工及深化单位	施工措施埋件	△	△	△						△
	构件堆放及吊装要求	△	△	△						△
给水排水	管线布置、埋设及固定要求	●	●				●			○
	竖向管线穿板位置	●	●							○
	横向管线穿梁及穿墙位置	●	●							○
暖通	管线布置、埋设及固定要求	●	●				●			○
	风管横向管线穿梁穿墙位置	●	●							○
电气	防雷引线及接头埋设	●	●				●			○
	阳台护栏及金属窗防雷	○	○				○			○
	管线布置、埋设及固定要求	●	●				●			○
	竖向管线穿板位置	●	●							○
	横向管线穿梁及穿墙位置	●	●							○
装修	装修方案及需求	●	●	●			●			○
	插座布置	○	○							○
	照明布置	○	○							○
	墙身及节点做法	●	●				●			●

注：●表示第一阶段提供；○表示第二阶段提供；△表示由构件加工厂家提供。

4. 施工图阶段成果

（1）完成施工图审查和施工图出图。

（2）各专业共同完成加工图。

4.2.6 校审方式

装配式建筑对信息的集成化有极高的要求，譬如，构件的钢模板制作完成后，再次进行修改将会造成很大的经济损失和工期拖延。因此，在设计阶段及加工阶段，不同专业对模型成果都需要有严格的校审。

在对设计过程及成果进行校审时，主要有下列几点：

（1）建筑布置及模数的相关需求是否满足构件拆分制作。

（2）拆分是否合理，是否满足其他专业的设计要求，是否满足构件制作加工及运输吊装的要求。

（3）连接及节点做法是否合理，是否满足受力及防水保温的要求。

（4）钢筋层归并的合理性、配筋量及截面是否与计算模型一致。

（5）构件连接处是否便于现场吊装施工及后注浆，并明确精度控制要求。

（6）设计深度是否满足构件厂家的加工要求，是否有产生歧义的地方。

（7）设计成果清单中图纸及对应模型的命名，应统一规则，以避免下游行业漏看图纸或模型视图的情况。

（8）与现浇建筑类似的其他校审内容：

在校审过程中，可以采用模型校审或图纸校审。由于采用 BIM 模型后，可通过部品库方便地对构件模型进行加工图出图，同时部品库的内容是经过企业级校审的，因此只需要对项目部品库的构件和连接做法进行校审。在采用模型校审时，校审内容可写入构件的共享参数中。也可采用图纸校审，采用模型生成相关的平面图纸，进行校审后，再返回模型进行修改。对于校审通过的常用部品，也可列入企业部品库中在其他工程中再次利用。具体流程如图 4.2-9 所示。

在施工图审查阶段，由于相关规范的应用流程未明确，在设计施工图审查、招投标、竣工结算等均需要以蓝图为依据。可把模型包含的图纸内容生成蓝图后，进行施工图审查。此时，图纸与模型信息也是相一致的，可提供到后续的构件加工生产阶段。

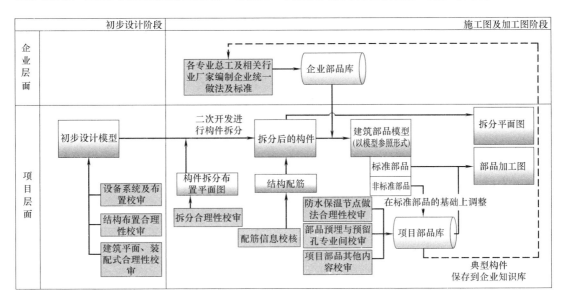

图 4.2-9　设计校审方式及流程

4.2.7　加工及施工阶段

在加工单位收到设计单位提供的构件加工图后，需进行模具图设计、工艺拆分图设计等一系列的工作。对于设计单位构件布置及加工拆分图纸存在疑问或优化建议的，可在此阶段进行。与现浇建筑相比，本阶段是装配式建筑特有的一个阶段，正处于基础及地下室结构施工期，有一定的时间可以完成。

1. 施工深化设计内容

（1）施工单位：

1) 确定施工措施、支架螺母埋件等，同步反映到模型上。

2) 在模型内，布置施工措施（支架及其埋件、吊装方式及吊钩预埋）等内容。

3) 进行施工模拟及碰撞检测。

4) 明确构件的运输、吊装、堆放的要求，并对此工况下构件的受力进行复核。

5) 确定最终加工图，返回设计单位的各专业进行复核确认。

（2）设计单位

对施工单位提交的加工图、吊装堆放要求、模具图、工艺拆分图等进行审核。

2. 提资内容

加工图、吊装堆放要求、模具图、工艺拆分图等。

3. 协同流程

施工单位根据设计单位提供的模型及部品信息，确定施工进度计划、构件生产进度计划，并对构件进行预拼装和施工模拟等环节。如在此阶段发现设计错漏、存在加工困难的地方，可进行设计变更处理。在运用 BIM 模型进行碰撞检查和协调校对配合后，与传统设计方式相比，将会大量减少设计变更的内容。需要进行设计变更的，可采用如图 4.2-10 所示的流程。

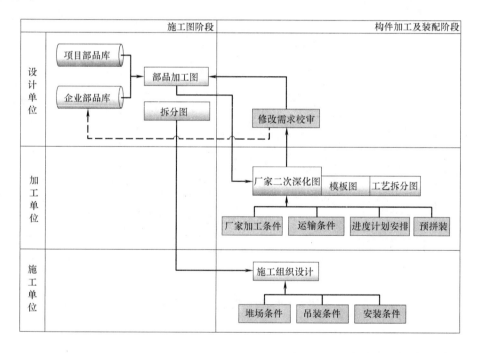

图 4.2-10　加工阶段协同流程及校审方式

4. 本阶段相关成果

加工图、吊装堆放要求、模具图、工艺拆分图等。

4.2.8　总路线图

在装配式建筑推进过程中的设计协同总路线图如图 4.2-11 所示。

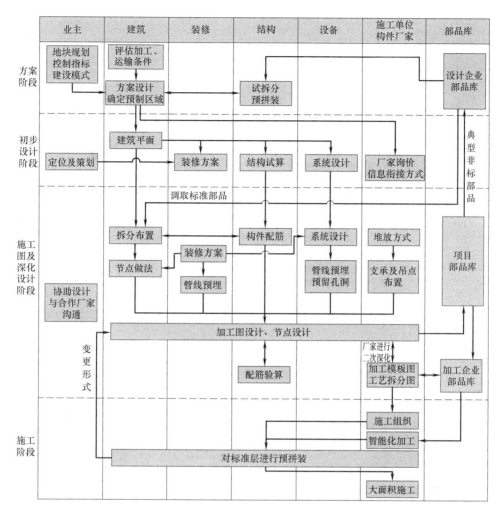

图 4.2-11　设计协同总路线图

4.3　装配式与现浇建筑协同设计对比

装配式建筑的协同设计与现浇建筑相比，在设计内容、流程、信息协同要求等方面，都有所区别，见表 4.3-1。

<table>
<tr><td colspan="3" align="center">装配式和现浇建筑协同设计的区别</td><td align="right">表 4.3-1</td></tr>
<tr><td>内容</td><td colspan="2">现浇做法</td><td>装配式做法</td></tr>
<tr><td>设计内容</td><td colspan="2">各专业设计内容详见《民用建筑工程建筑施工图设计深度图样》的要求</td><td>除现浇设计内容外，需对构件节点、连接做法进行设计，需对各专业的设计需求整合在加工图中</td></tr>
<tr><td>设计流程</td><td colspan="2">各专业根据一定的流程和内容要求进行两个阶段的设计提资，此后分别出图</td><td>与现浇做法类似，但在施工图设计后期，各专业需共同完成加工图</td></tr>
<tr><td>设计成果</td><td colspan="2">采用平立剖施工图，建筑平面可表示竖向开孔</td><td>建筑平立剖面拆分图，并生成每个构件的加工图</td></tr>
</table>

续表

内容	现浇做法	装配式做法
钢筋信息	采用平法表达,由施工单位进行钢筋翻样。钢筋依靠现场放样、下料后,如遇碰撞或过密等问题,只能通过掰弯微调、强行断筋等方法处理	设计采用 BIM 模型进行钢筋排布,进行碰撞检测,施工按加工图进行
管线预埋	结构和设备专业各自完成施工图。现场绑扎完钢筋再查阅设备图纸进行预埋。管线预埋在底面钢筋之间	预埋在叠合板的后浇层中,在现场吊装铺设后浇筑
多专业协同	各专业各自出图,图纸进行会签,但信息集成度不高。如设计专业不是同一个单位,只能通过文件提资和电话进行沟通。现场施工单位分别查阅各专业图纸,对木模板进行切割留洞和预埋管等处理	集中绘制构件加工图,各专业的信息统一在一张图表达
设备专业协同设计	土建施工的同时,对安装工程进行再分包,期间利用 BIM 进行管线综合布置	设计阶段考虑水管在叠合梁板的现浇层埋设,预先体现在加工图中
协同工具	CAD 平面图叠图进行、沟通工具采用邮件和微信,也可采用协同管理系统进行,但系统内的信息量有限。企业间采用蓝图及邮件进行交流	中心模型放置在服务器,各专业互相参照模型,采用相关工具进行碰撞检测。沟通工具采用邮件和微信,也可采用协同管理系统,结合部品库等模型信息进行协同。构件数据存储在网络,进行企业间交流
现场碰撞处理	变更需根据现场进度,重新进行开料浇筑等,对于已施工的区域,采用修改设计、植筋、后凿等方式重新浇筑	在前期已通过模型碰撞进行查错,并对标准层构件进行现场预拼装,提前将问题发现并处理。施工阶段可根据构件加工进度进行补充预埋等处理。与现浇基本一致

采用传统 CAD 平面进行装配式建筑协同设计时,通常会存在以下问题较难解决,而采用基于 BIM 平台的协同设计,则能方便而有效地解决这些问题。

(1)构件深化图设计时信息以何种方式进行一体化与集成化

在传统设计流程中,采用 CAD 进行协同设计,配合一定的协同插件,能基于平面图纸互相参照,进行平面定位的配合与校对。但在装配式建筑中,构件的信息,除了存在于平面图纸外,仍需要反映在构件深化加工图中。如采用 CAD 形式,信息仍旧离散化,如果人工根据各专业图纸整合,效率与准确性如何保证。

(2)构件深化设计应该安排在哪一阶段进行

构件深化的工作如置于前期,则深化图的修改量大;如置于后期,大量问题会在后期才被发现。而在采用基于 BIM 平台进行后,则构件的信息是联动的,除了以往建筑专业的平立剖图纸联动外,构件加工图中的轮廓与实际平面布置中的拼装,均是一致的。因此不需要考虑何时进行拆分、深化设计的问题。

(3)如何根据结构及其他专业的需求,对平面布置进行合理高效的拆分,并保证平面布置施工图和构件加工图的准确性及一致性。

在采用 CAD 进行设计时,通常也需要通过相关的辅助软件,如 PKPM、ALLPlan 等专业的软件进行。该做法的弊端,是无法将各专业的信息整合,因此在拆分时,未能充分考虑到各专业的需求,只根据结构专业自身的受力、拆分原则进行。

(4)装配式构件之间的碰撞检查如何进行

基于 CAD 设计的建筑工程项目,暂时还没有较为有效的直接进行碰撞检查的方法。通常,在完成施工图后,业主根据实际需要,进行 BIM 服务的招标,通过利用 Revit 等

BIM 软件，对施工图进行建模和碰撞检查，因此效率和成果的重用性较差。而从前期就利用 BIM 进行设计协同和碰撞检查，则相关信息不需要通过翻模重新建模，碰撞检查的准确性和效率都有所提升。

4.4 装配式建筑协同管理系统 GDAD-PCMIS

随着移动互联网、云计算、物联网的发展，建筑信息化管理的手段也在不断拓宽。GDAD-PCMIS 是基于 BIM 开发的装配式建筑协同管理系统，可用于装配式建筑的设计、构件加工、施工全过程。该系统采用相应的编码系统对 BIM 模型信息进行轻量化后，存储于网络数据库中进行管理应用。在此数据基础上，系统针对多工种、多单位之间的协同流程和管理要点，以项目部品库和项目进度管控为系统核心，辅以设计提资、会议信息、单据管理、进度计划安排等内容，通过移动端和电脑端进行信息交互及全周期的管理。同时，各参建单位也可采用 API 接口与内部相关管理系统数据对接，进一步挖掘 BIM 模型信息的价值。

4.4.1 设计与生产、装配阶段信息衔接集成

高度集成化是建筑产业化的一大特点，在运用 BIM 进行装配式建筑设计、加工、施工的整个过程中，模型信息如何有效地传递到后续工业化生产体系中，是建筑产业化的关键点。

在 BIM 的模型精度分类中，通过 Revit 等建模软件，在施工图阶段，可完成 LOD300 的要求，即完成构件的土建信息、钢筋信息、设备的管线布置等信息。在加工图设计阶段，在模型中，对节点连接等内容进行深化及补充建模后，可以达到 LOD400 的要求。而在充分运用 BIM 模型信息的相关应用中，针对生产施工过程，相关规范对 LOD500 的要求是在模型中包含成本、采购、加工及运输计划时间等工程管理的内容。

在实际运用过程中，可以与传统制造业信息化工业化的相关做法进行对接。生产企业在综合管理上有 ERP（企业资源计划）系统，在制造过程中有 PDM（Product Data Management 产品数据管理）、CAPP（Computer Aided Process Planning 计算机辅助工艺过程设计）等各类加工辅助平台，已在机械制造、车船生产、电子产品装配等行业广泛应用。以较为典型的 PDM 系统为例，从原材料采购直到出厂运输整个过程，对构件生产的全流程管理已十分成熟。更进一步利用集成相关的知识库，CAPP 可进行自动化生产的流程。

因此，可以通过建立数据库，将模型中每个构件（含预制构件和现浇构件）相应的 ID 编号及基本信息存储在数据库中，配合企业管理及工业化加工生产工艺管理的系统，对数据库内容进行补充和完善，同时，将装配式建筑中构件的生产厂家、相应的进度计划要求和构件质量管理等相关的信息存储在数据库中，方便对模型的信息进行利用，使得建筑工业化水平进一步提高。具体在应用层面的架构可以参考图 4.4-1、图 4.4-2。

从设计到施工的过程中，对装配式建筑而言，每个预制构件的 BIM 信息，是全流程信息追溯的关注点。基于部品数据库为核心，则相关数据能提供给进度管理、智能化加工、物料管理等下游各方，具体结构如图 4.4-3 所示。根据《建筑信息模型应用统一标准》、《建筑信息模型施工应用标准》以及实际工程项目的需求，对构件在协同过程中所需

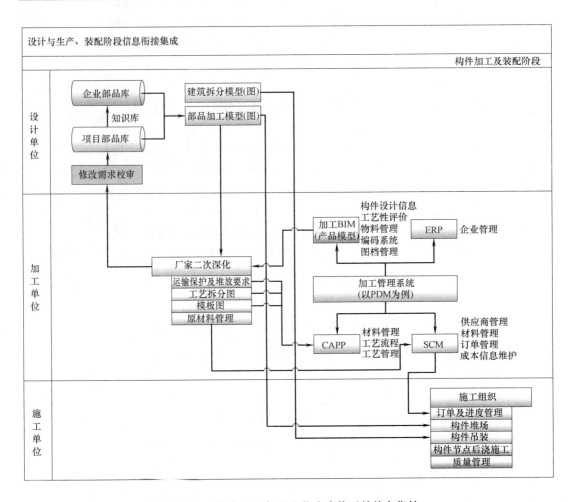

图 4.4-1 构件 BIM 与工业化生产体系的信息衔接

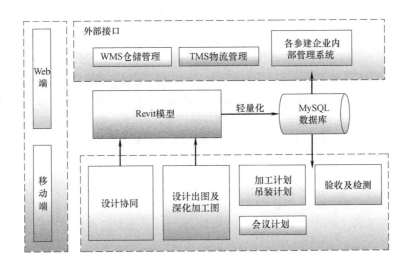

图 4.4-2 设计与生产、装配信息集成应用层架构

要用到的基本信息进行统一规定，见表 4.4-1。实际应用过程与物流、物联网等系统的管理方式类似，通过建立基本的数据库索引，可在各阶段对信息进行补充和修改，参考的数据库结构形式见表 4.4-2。

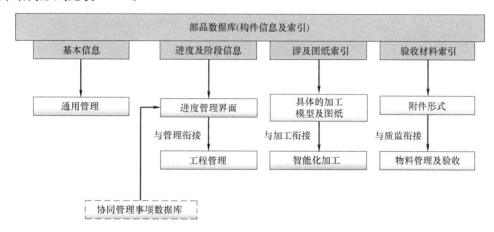

图 4.4-3　构件信息集成应用的结构图

预制构件相关协同信息　　　　　　　　　　　　　　　　　　　　　表 4.4-1

信息分类	信息内容	数据示例	发布者
部品编号	根据编码原则确定部品编号	2153878	设计单位
部品基本属性	尺寸、图纸编号索引、区位	现浇暗柱 1200×900×200×200 3 号/6～8F/B 户型	设计单位
审定的部品模型	Rvt 或 ifc 格式		设计单位
部品版本号	当前构件的版本号	1.2	设计单位
部品数量	同类部品的数量	84	设计单位
部品设计单位		广东省建筑设计研究院	设计单位
部品加工时间	根据下单时间确定	2017-10-25	构件厂家
部品完工时间	厂家安排加工计划后确定	2017-12-03	构件厂家
部品订单运输时间		2017-12-09	构件厂家
部品当前状态	审定、下单、加工、运输、堆场、装配	堆场	总包单位
部品质量情况	根据相关行业规范进行定义	一等品	总包单位
部品的验收材料	合格证、进场外观检查等文本及图片资料	合格证［图］ 进场照片［图］	总包单位
供货单位	供货单位的名称、地址、负责人、联系电话		构件厂家
使用单位	使用单位的名称、地址、负责人、联系电话		业主
根据业主及设计要求的其他信息			总包单位

数据库结构参考形式　　　　　　　　　　　　　　　　　　　　　表 4.4-2

序号	列名	数据类型	是否可空	注释
1	id	int(11)auto_increment	NOT NULL	系统编号
2	type	varchar(128)	NOT NULL	构件类型
3	buildingId	varchar(128)	NOT NULL	栋编号
4	floor	varchar(128)	NOT NULL	楼层编号

序号	列名	数据类型	是否可空	注释
5	location	varchar(128)	NOT NULL	户型编号
6	RevitId	varchar(128)	NOT NULL	构件编号
7	version	varchar(16)	NOT NULL	版本号
8	img	varchar(128)	NULL	图像
9	situation	varchar(128)	NOT NULL	当前状态
10	projectName	text	NULL	项目名称
11	supplier	text	NULL	供应商名称
12	supplierContact	text	NULL	供应商联系方式
13	designGroup	text	NULL	设计单位
14	relatedDrawing	text	NULL	相关图纸
15	attachment	text	NULL	质检验收
16	size	double	NULL	尺寸
17	weight	double	NULL	重量

在建设项目推进过程中，除了以构件信息为核心的部品数据库外，以各类单据为代表的协同事项管理信息也是项目有序推进的重要一环。在当前企业管理信息化持续深入的过程中，大部分企业内部都已经有足够完善的企业信息管理平台。然而，在建设项目中，特别是装配式建筑项目中，其参建单位数量多，类型复杂，各类管理流程与方式参差不齐。如何能协调好这些参建单位在协同过程中信息合理充分的交流、如何把这么多参建单位形成一个有机的整体、如何提供一个信息的纽带，是建筑工程全面一体化、信息化的重中之重。

在协同信息集成中，有下列关键点：

1. 协同管理的过程信息

在建设项目推进过程中，特别是较为大型的项目中，经常遇到设计单位对图纸进行了更新，但施工单位却按照了旧版本的图纸施工的问题。这类问题的主要原因，是由于目前落后的管理水平和手段无法满足复杂的协同管理流程要求。由设计单位根据现场情况调整后发出的设计变更，需要经过业主设计部、工程部、投资管理部、施工单位的技术部、施工单位的现场技术员等重重流程，才能落实到施工，常见流程如图 4.4-4 所示。在此过程，常有大量文件及交流纪要等相关信息，采用传统协同方式时，常采用邮件＋文本及图纸附件进行，该方式也导致了在目前协同流程中信息的滞后。因此，对于每个预制构件加工图、图纸、变更、联系单，都应通过足够便捷的方式，进行严谨的流程和版本控制。本节根据实际项目中，不同的业主对项目管理的一般要求，对协同过程的资料格式进行规范化表达，格式内容可参考表 4.4-3。

在上述流程中，主要有下列信息：

（1）管理协同内事项

联系单（发文、设计变更、提资单、设计变更洽商单等）、会议纪要、图纸会审记录、签到表、验收文件（分项工程验收记录、工艺试桩记录表、隐蔽工程施工记录表、静载试验结果等）、设计文件（地质勘察报告、各阶段模型及图纸等）、整改通知等。

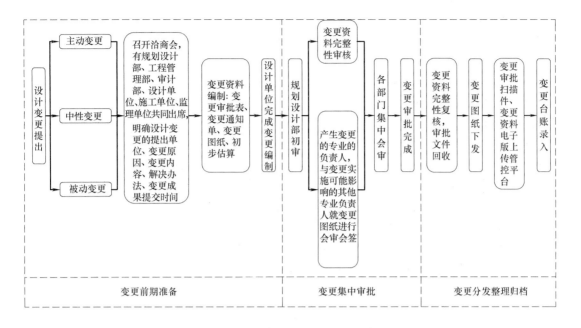

图 4.4-4 某房地产企业的设计变更处理流程信息

事项条目数据内容   表 4.4-3

子项	内容
条目编号	编号值
发布者	发布者
类型	联系单、技术洽商单、签证单、整改通知、检测方案、会议日程、提资单、出图计划、图纸会审记录
开始时间	时间
结束时间	时间
内容	正文内容
附件	上传文件内容
当前状态	已提交、回复中、待验证、完成、已撤销、已删除
负责用户	用户列表
用户回应状态	接收、拒收、同意、不同意
用户回应内容	具体回复内容

（2）项目日程表，如会议计划、通用公告、施工进度计划、材料采购供应、到场日期等相关信息。

（3）项目通信录，如项目各公共微信群（设计部及设计单位、工程部及施工方、桩基施工、装配式施工等）、项目各方联系方式。

（4）项目质量信息：材料出厂前检测、出具合格证、运输过程中运抵现场时的进场检测、预制构件吊装、连接节点灌浆，监理旁站、现浇区域的钢筋绑扎与混凝土浇筑、试件检测及归档等。

（5）项目监测信息。

2. 协同过程中不同人员角色的工作内容和权限

协同过程中，参建各方主要分为：业主、勘察单位、设计单位、施工单位、构件加工厂家、监理单位、质监站。

业主及其授权的项目管理单位作为项目的总指挥，对设计成果进行审核及招标、下发施工单位；对各项联系单、签证进行审核；对项目进度进行总体控制。其中设计部与设计单位对接，工程部与施工单位对接。

勘察设计单位的各专业之间进行提资与确认；对构件厂家的加工图进行审核；在施工过程中，与业主设计部对接处理事项；对施工单位提出的洽商单及各事项进行审核提交意见。

施工单位作为总包单位，要完成工程施工过程的各个事项。构件加工由施工单位进行招投标，施工单位统筹构件加工、运输、吊装过程的各种事项。

监理单位与质监站作为工程的监督者，在整个生产施工过程中，应对材料质量、施工质量进行监督。验收时，由业主牵头，施工单位整理相关资料交付验收。

在上述不同角色的单位，对于不同的协同管理材料，分别有不同的权限，见表4.4-4、表 4.4-5。

发出权限　　　　　　　　　　　　　　　表 4.4-4

发出权限	业主	设计	施工	构件厂家	监理	勘察
联系单	√	√	√	√	√	√
设计变更		√				
工程技术洽商单	√		√	√		
工程签证单			√			
检测方案			√			
材料进场签收单				√		
整改通知	√	√			√	√
设计提资单		√				
各阶段出图		√		√		

处理权限　　　　　　　　　　　　　　　表 4.4-5

发出权限	阶段一			阶段二	阶段三
	待办	拒收	签收	结果回复	提出方验证
联系单	√			√	
设计变更		√	√		√
工程技术洽商单	√	√		√	
工程签证单	√	√		√	
检测方案	√	√		√	
材料进场签收单		√	√		
整改通知	√	√			√
设计提资单		√	√		
各阶段出图	√	√		√	

在对协同信息规范化后，通过一系列技术手段，可以对生产、装配阶段的各类信息通过协同管理平台进行一体化的管理，常见的有：

（1）基于互联网的云协同管理平台，如广联达协筑、鲁班协同，如图 4.4-5 所示。能提供企业办公信息化管理的基本功能，如提交待办事项、下达任务、每周简报等功能。但针对性不强，如工程建设过程中的联系单回复、整改通知、材料进场拍照及验收等内容无法方便地进行勾选操作和多方回应。部分平台也提供基于模型浏览器的 BIM 云，提供基于浏览器的多终端模型浏览和批注，如蓝色星球 BIM 云，如图 4.4-6 所示。该

图 4.4-5 广联达协筑

类系统对模型进行轻量化，并通过电脑浏览器、手机浏览器、平板电脑等进行模型浏览和查看，但管理功能和信息存储功能较弱。

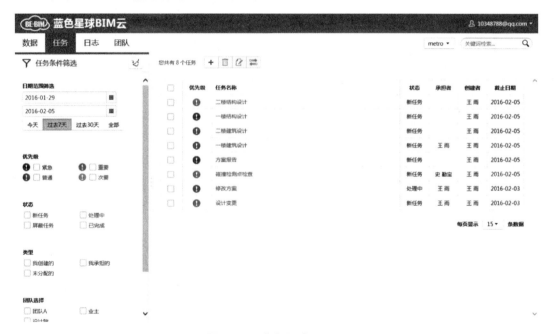

图 4.4-6 蓝色星球 BIM 云

（2）基于局域网模型文件的协同，提供模型浏览编辑、多专业模型链接、碰撞检测等功能，如 Revit、P-BIM 等 BIM 建模软件的协同模块。该类大型建模软件在应用 BIM 技术时都需要使用其协同模块，但均需要采用台式机或高性能笔记本进行浏览和操作。在实际过程中，模型的轻量化是目前国内二次开发的关键点。

（3）基于二维码的构件追踪，在构件层面提供扫码查询信息、验证真伪的功能，如广东省公安厅消防局产品服务平台、肇庆市基坑云监测平台，如图 4.4-7、图 4.4-8 所示。该类功能针对性强，也较容易推广到各类构件中。

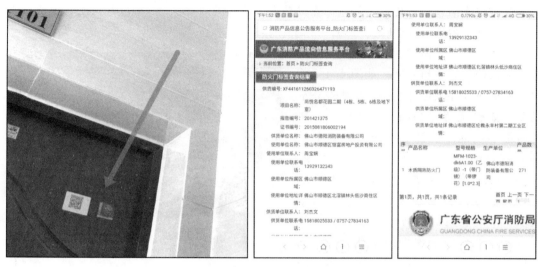

图 4.4-7 顺德某住宅防火门质量跟踪信息平台

【基坑坡顶沉降变形】监测数据成果表					
项目名称	肇庆东站站前综合体及站前大道工程（交通换乘枢纽和站前广场）				
监测单位	广东质安建设工程技术有限公司				
监测项	基坑坡顶沉降变形	设备类型	水准仪	设备型号	徕卡 LS10
监测日期	2017-08-13	监测次数	第85次	监测点数量	10个
监测数据成果汇总					
测点编号	初始高程 (m)	本次高程 (m)	本次变化量 (mm)	累计变化量 (mm)	变化速率 (mm/d)	安全状态
SV1	4.50083	4.49912	-0.56	-1.71	0.140	正常
SV2	4.66387	4.65784	-0.75	-6.03	0.188	正常
SV3	4.66415	4.65738	-0.54	-6.77	0.135	正常
SV4	4.65418	4.64665	-0.53	-7.53	0.133	正常
SV44	4.24654	4.24622	0.20	-0.32	0.050	正常
SV45	4.50520	4.50298	0.15	-2.22	0.038	正常

图 4.4-8 肇庆基坑工程监测平台

目前，基于 BIM 的信息化和协同衔接管理等方面，不同管理平台都能提供信息管理功能，但信息较为分散，主要以可视化模型界面为主，并未涉及装配式建筑中对预制构件管理的相关内容，工程联系单及进度管理等功能也较弱。

4.4.2　平台实施技术路线

结合相关工程案例的实施流程，GDAD-PCMIS 采用 B/S 模式，通过 Revit 进行 BIM 模型的建立，对各阶段的模型进行轻量化后存储在 MySQL 数据库，采用 PHP 进行 PC 及手机端的交互界面开发。相关成果亦可反馈到模型上。平台根据权限需求，提供 API 数据接口，供各单位与其内部管理系统对接。平台技术路线如图 4.4-9 所示。

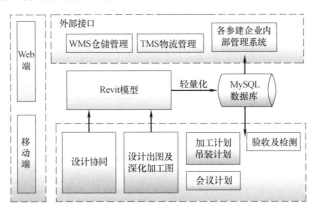

图 4.4-9　平台技术路线

4.4.3　平台开发技术要点

1. SaaS 模式

传统 BIM 应用管理系统均采用商业软件的方式，将相关功能需求整合在软件中。但装配式建筑需要多单位协同，如各方分别配置相关软件和硬件，则成本较高也较为麻烦。随着网络及移动互联发展，SaaS 模式日渐成为主流。SaaS 全称为软件即服务，将服务所需的所有信息放置在软件商的服务器中，用户访问即可完成相应的应用功能。

2. 核心数据存储

传统的 Revit 模型采用中心文件，存储于服务器中，数据存储及操作需要通过基于 Revit 平台的二次开发进行，效率及开放性不如架设于服务器中的数据库。

ODBC 是微软公司建立的一套数据库访问操作规范，Revit 等软件也遵照其标准可方便地进行数据导出。GDAD-PCMIS 采用 MySQL 数据库，MySQL 作为开源的关系型数据库，广泛应用在互联网行业中，各类接口操作均十分完善，各类仓储系统（WMS）、运输系统（TMS）均可直接接入数据库中，不需要全套系统都只局限采用一个厂家的产品。

GDAD-PCMIS 系统将 BIM 模型数据导出到数据库中，轻量化后进行数据库的存储，供后续协同读写操作。

3. 数据可视化

文本数据采用 Web 网页端进行表示，文本、图表、平面简图等内容可采用 Javascript 相关库进行可视化，并支持跨终端浏览，主流的电脑或手机浏览器均可直接浏览，系统界面如图 4.4-10 所示。

4. 模型轻量化

模型轻量化的内容查询相当于 Revit 的明细表，内容进行一定的轻量化处理后存储在

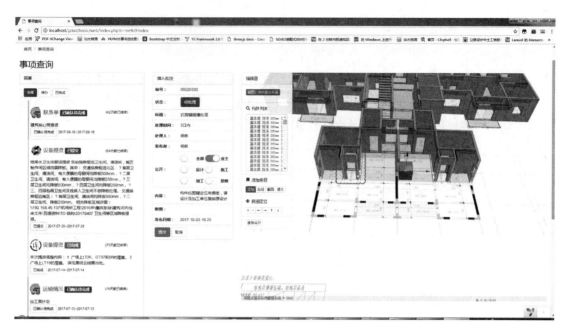

图 4.4-10 事项的综合浏览界面

网络服务器中。根据加工安排进行构件分组，创建部品集。扫描条形码后，显示所在栋、层、阶段（深化图审定、加工、现场堆放、吊装）、质监情况。来料进场、外观检查、合格证等相关信息手机拍照录入，存储在对应构件的附件内容中。可显示涉及本构件的相关洽商单、设计联系单、验收文件、设计文件、相关内容索引，如图 4.4-11、图 4.4-12所示。

图 4.4-11 模型部品数据轻量化管理页面

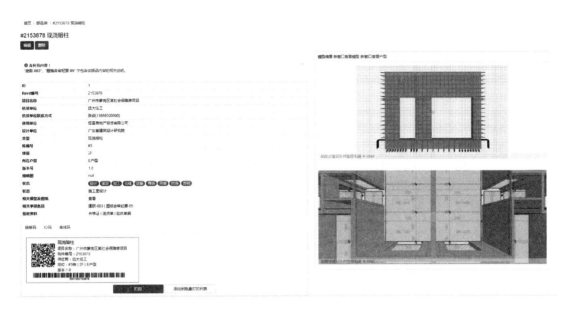

图 4.4-12　部品库三维模型与信息

5. 协同内容信息化

协同内容信息化是指将常用的一些文本类信息直接整合在管理系统中进行提交与查阅，并辅以权限管理、电子确认等机制，以及项目进程信息等。具体有以下内容：

（1）通用表格及内容系统，如联系单（发文、设计变更、提资单、设计变更洽商单等）、会议纪要、图纸会审记录、签到表、验收文件（分项工程验收记录、工艺试桩记录表、隐蔽工程施工记录表、静载试验结果等）、设计文件（地质勘察报告、各阶段模型及图纸等）、整改通知等，如图 4.4-13 所示。

图 4.4-13　事项条目的管理及确认

（2）项目日程表，如会议计划、通用公告、施工进度计划、材料采购供应、到场日期等相关信息。

（3）项目通信录，如项目各公共微信群（设计部及设计单位、工程部及施工方、桩基施工、装配式施工等）、项目各方联系方式。

6. 流程权限控制

系统提供的参建人员分为：业主、勘察、设计（建筑、结构、设备、装修）、土建施工、构件加工厂家、安装施工、装修等，不同角色的权限有所区别。以各项单据事项的处理流程为例，不同角色有不同的权限，并将此整合在系统控制代码内进行交互界面控制，见表 4.4-4 及表 4.4-5。其余权限管理内容在此不作赘述。

4.4.4 协同流程及平台应用

1. 整体架构

有别于传统的管理系统采用分类电子表格的模式，GDAD-PCMIS 协同系统以双核心进行项目的推进，即以"时间线"为流程核心，以"部品库"为数据核心，各类事项和表格条目则连通部品库和时间管理，具体架构如图 4.4-14 所示。

由于 Revit 等建模软件在模型构建及关系处理上已经足够完善，基本能达到 LOD300～400 的层次。本系统对几何模型信息不做操作，而读取信息进行项目模型及预制构件厂家、日期等方面的信息协同，以完成 LOD500 的相关内容需求。

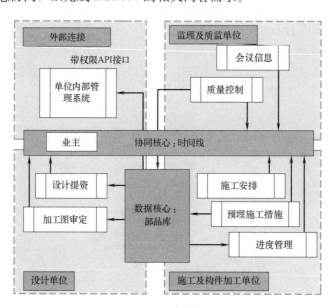

图 4.4-14 双核心架构图

2. 基本功能（图 4.4-15）

（1）页面的登录、浏览、权限管理、填表、信息确认等基本的管理系统功能。

（2）协同管理横道图功能。该功能除传统的施工进度计划外，还提供参建各方基于时间线的信息聚合（如设计进度信息、深化加工信息、会议信息、现场材料及进度管理信息），如图 4.4-16 所示。

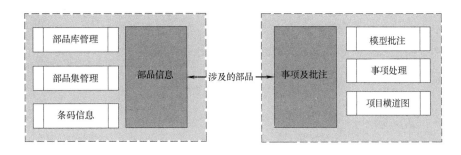

图 4.4-15　基本功能架构

（3）将 Revit 模型进行轻量化处理，以每个部品信息为单位，存储在数据库中，供各端口读取，进行清单表格查询。并提供二维码进行移动端扫码查阅进度及构件资料，以及基于平面图纸、立面的图片示意，辅助以施工阶段亮显显示及交互。

（4）提供户型模型和部品模型界面以便浏览及查询。

进度计划

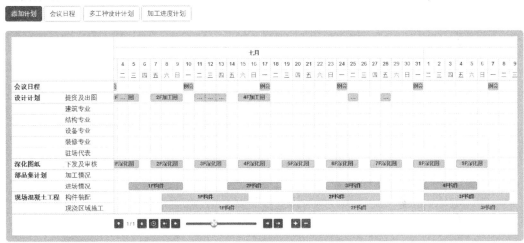

图 4.4-16　协同管理横道图界面

3. 设计协同

采用 BIM 进行全专业设计过程中，信息交流不如采用 CAD 平面图那么简单。本系统对模型轻量化后，点击相应构件或部品，即可进行模型提资，在页面显示项目基本情况，设计人员填写修改及待确认内容，在各专业确认后可在系统中同步至模型进行修改。

4. 深化设计协同

预制构件的深化图由设计单位各专业配合后出图。在系统中进行深化图审定，提供给中标厂家进行加工图、模板图、加工进度计划等内容的编制，然后在系统内可交付设计单位及业主单位进行审核确认。

5. 进度计划总控

在设计蓝图、加工图确认、下料加工、运输及现场堆放、吊装、现浇区域施工等阶段，装配式住宅与普通住宅相比，参建单位更多，流程也更为复杂。在特定时间内需要管理好各单位各阶段的工作，GDAD-PCMIS 系统将各类型信息集中汇总在时间横道图上。与传统的 Project、Excel 等相比，该时间进度是动态的，随着每个单位进行提交、修改、确认后，即会实时更新并可在页面中直接浏览，如图 4.4-16 所示。

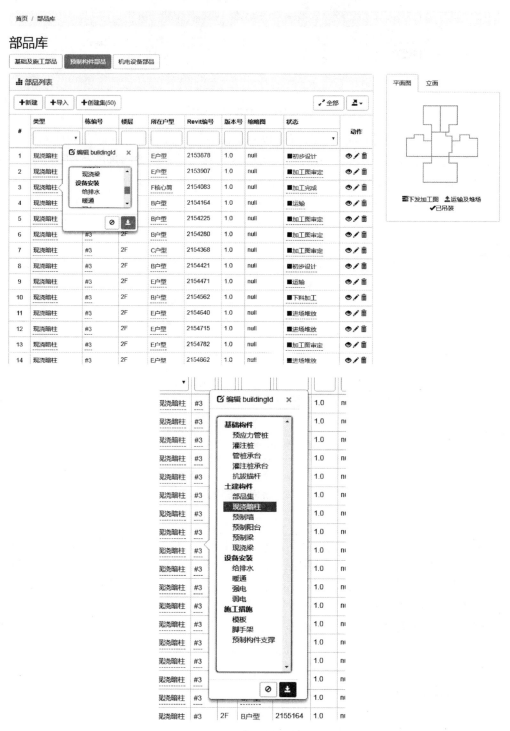

图 4.4-17　全流程资料可溯

6. 全流程资料可溯

采用 BIM 模型后，各阶段的联系单、装配式预制构件的出厂检验合格资料、运输至现场后的外观检测及进场等环节的相关资料，均可在系统内进行归档，并可以根据不同参建单位的权限进行查阅、确认、下发等操作处理，如图 4.4-17 所示。

7. 可扩展的 API 接口

由于不同参建方的职能、工作内容、参与时段、应用需求等均有所差异，如果参照制造业的做法，需要通过一个庞大的系统才可完成，这在实施过程中难度很大，其效率也未必更高。

GDAD-PCMIS 系统根据参建方在协同流程中的相关需求权限，提供 API（应用程序接口）与参建各方的管理系统对接，如业主的成本及项目管理系统、构件厂家的仓储管理系统、运输管理系统、物业单位的运维管理系统等。具体操作有：修改部品状态、创建部品集、监控数据提交、事项条目提交、读取进度计划等。可远程提交 HTTP 请求至系统服务器进行数据的交互，使建筑信息的应用进一步拓展。

第 5 章　建筑专业设计方法

装配式建筑与传统建筑的区别，不仅表现在施工工艺上，还表现在建筑设计的指导原则上。装配式建筑设计采用工业化建造的思维，要求模数化、模块化、标准化，满足工业化批量生产的要求。因此，装配式建筑的设计要求、模数协调原则、立面设计方法、节点构造方法等均与传统现浇建筑有所不同。

5.1　装配式建筑的设计要求

5.1.1　设计原则

装配式建筑的设计必须执行国家的建筑方针，必须符合国家政策、法规的要求及相关地方标准的规定，应符合建筑的使用功能和性能要求，体现以人为本、可持续发展和节能、节地、节材、节水、环境保护的指导思想。

应符合城市规划要求，并与当地的产业资源和周围环境相协调。

装配式建筑应遵循少规格、多组合的原则。应采用标准化、模块化的设计方法，做到基本单元、连接构造、构件、配件及设备管线的标准化和模块化。

预制构件的划分，应遵循受力合理、连接简单、施工方便、少规格、多组合的原则（图 5.1-1）。

图 5.1-1　标准化立面

5.1.2　建筑平面

从方案设计的角度，装配式建筑需要进行标准化和模块化设计，尤其是装配式高层住宅，其功能相对简单，各功能房间如厨房、卫生间等设计尺寸可以相对固定，在方案设计时就对其平面的尺寸和细节进行模块化设计，并参考已有的类似装配式建筑案例，对后期

118

的构件拆分和深化设计将起到至关重要的作用（图5.1-2）。

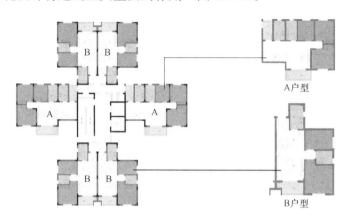

图 5.1-2 套型组合图

装配式建筑体系，运用预制墙体、预制楼梯等预制构件，注意设计时采用统一模数协调尺寸，套型、起居室和卧室可采用模数化设计。

从结构及抗震的角度考虑，建筑平面设计应以方形和矩形"点式"建筑为主，个别也可有"Y"字形。套型宜平面规整，承重墙宜上下贯通，不宜有结构转换，形体上不宜有过大凹凸变化，应符合建筑功能和结构抗震安全要求。

《装配式混凝土结构技术规程》（JGJ 1—2014）中关于装配式混凝土结构的平面形状规定与《高层建筑混凝土结构技术规程》（JGJ 3—2010）关于混凝土结构平面布置的规定一致，建筑平面尺寸及相关凸凹的比例参照下列规定：

（1）平面形状宜简单、规则、对称，质量、刚度分布宜均匀；不应采用严重不规则的平面布置。

（2）平面长度不宜过长，长宽比（L/B）宜按表5.1-1采用。

（3）平面突出部分的长度 l 不宜过长、宽度 b 不宜过小，l/B_{max}、l/b 宜按表5.1-1采用。

（4）平面不宜采用角部重叠或细腰平面布置（图5.1-3）。

平面尺寸及突出部位尺寸的比例限值　　　　　　　　　　　　表 5.1-1

抗震设防烈度	L/B	l/B_{max}	l/b
6，7度	≤6.0	≤0.35	≤2.0
8度	≤5.0	≤0.30	≤1.5

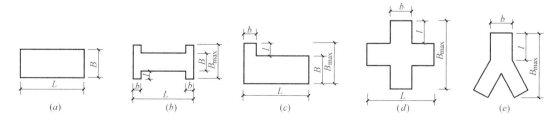

图 5.1-3 建筑平面示例

《绿色建筑评价标准》（GB/T 50378—2014）中也对平面的规则性进行了评分要求：择优选用建筑形态，建筑形体规则得 9 分，建筑形体不规则得 3 分。

一些典型的装配式建筑平面如图 5.1-4～图 5.1-8 所示。

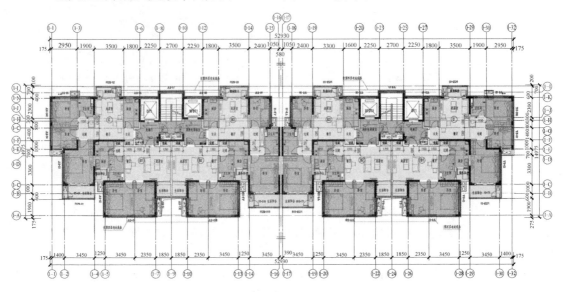

图 5.1-4　典型平面：一梯四户（1）

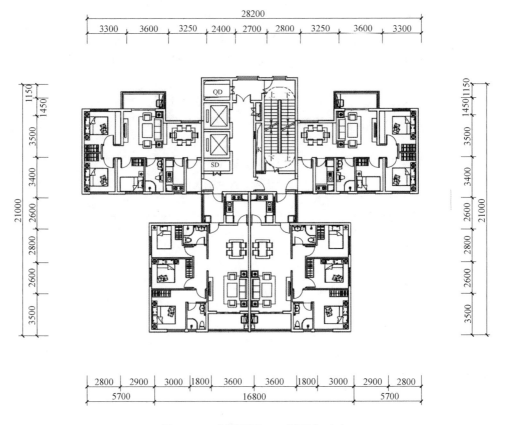

图 5.1-5　典型平面：一梯四户（2）

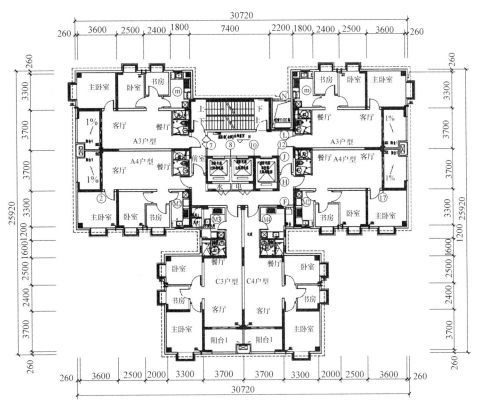

图 5.1-6　典型平面：一梯六户（远大体系）

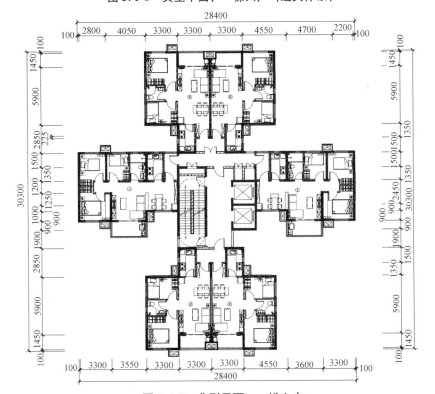

图 5.1-7　典型平面：一梯六户

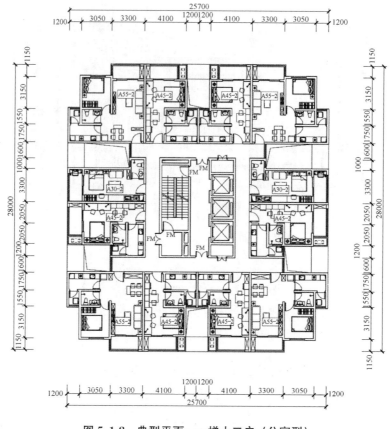

图 5.1-8　典型平面：一梯十二户（公寓型）

5.1.3　建筑立面/建筑风格

建筑风格的形成主要取决于建筑立面，随着技术的不断进步，如 GRC、金属幕墙、单元式整体幕墙的出现，使得装配式建筑可适用的范围越来越广。但从成本和装配式建筑的原则方面来考虑，装配式建筑立面设计也有其自身的规律。

装配式高层住宅的外立面设计，从成本和建设周期角度考虑，应采用标准的设计手法，通过模数协调，依据装配式建筑建造方式的特点及平面组合设计实现立面的个性化和多样化效果。

装配式建筑体系的选择，也会对立面设计产生较大的影响，如内浇外挂的体系，由于外立面构件均采用外挂版，可以全部采用反打技术，使得立面分格尺度更大更完整；竖向构件内嵌的体系，分格方式与外挂差距比较大，由于构件受结构的约束比较大，采用反打工艺时需要增加外叶板，转角构件需单独制作外叶板，立面的分隔受结构构件影响较大，分格面相对外挂体系就较小。

装配式建筑的立面设计和平面设计的原则一致，应尽量采用标准化模块的设计手法。

建筑立面不宜复杂装饰，需符合现代主义建筑"少即是多"的理念。

典型建筑立面如图 5.1-9~图 5.1-15 所示。

图 5.1-9　北京郭公庄一期公租房社区

图 5.1-10　上海浦东新区民乐保障性住房

图 5.1-11　上海市浦东新区惠南新市镇住宅楼

图 5.1-12　台湾兴隆公共住宅

图 5.1-13　南京江宁上坊保障房项目

图 5.1-14　南京上坊保障性住房 6-05 栋实景图

图 5.1-15　一个平面多个立面方案的对照（参考 15J939-1 图集）

5.1.4　建筑高度和层高

装配式建筑选用不同的结构形式，可建设的最大建筑高度也不同，结构的最大适用高度参照《装配式混凝土结构技术规程》(JGJ 1—2014) 中第 6.1.1 条的规定。

装配式建筑的层高要求与现浇混凝土建筑的层高略有不同，装配式建筑的层高除了满足基本的使用功能要求和国家规范对层高、净高的要求外，还需要考虑构件拆分后的运输、吊装、成本的因素。若建筑层高过高，导致加工、运输和吊装困难，对造价影响也较大。各层的层高也必须统一，否则会导致构件数量成倍增长。根据常规经验，装配式高层住宅的层高最低的为 2.8m，低于该值则无法满足使用需求，保障房较多采用此层高；最高一般做到 3.2m，是从构件的运输、重量、吊装和成本的因素考虑的。

5.2　模数协调

装配式混凝土建筑设计应符合《建筑模数协调标准》（GB/T 50002—2013）及厨房、卫生间等相关专项模数协调标准的规定；设计应严格按照建筑模数制要求，采用基本模数或扩大模数的设计方法实现建筑构配件、建筑组合件、建筑制品等的尺寸（度）协调。

5.2.1　基本模数

（1）水平基本模数为 1M，按 100m 进级，其幅度由 1~20M。主要用于建筑的门窗洞口和构配件截面尺寸等处。

（2）竖向基本模数为 1M，按 100m 进级，其幅度由 1~36M。主要用于建筑的层高、门窗洞口和构配件截面尺寸等处。

（3）水平扩大模数为 3M、6M、12M、15M、30M、60M 的数列。主要用于建筑的开间或柱距、进深或跨度、构配件尺寸和门窗洞口等处。

（4）竖向扩大模数为 3M、6M 的数列，分别以 300、600 进级，其进级与幅度按规范要求。主要用于建筑的高度、层高和门窗洞口等处。

（5）分模数为 1/10M、1/5M、1/2M 的数列，主要用于建筑的缝隙、构造节点、构配件截面尺寸等处。分模数不应用于确定模数化网格的距离，但根据需要可用于确定模数化网格的平移距离。

（6）水平、竖向扩大模数及分模数的进级与幅度符合《建筑模数协调标准》（GB/T 50002—2013）的要求。

5.2.2　模数协调

（1）应用模数数列调整装配整体式建筑与构配件（部品）的尺寸关系，优化建筑构配件（部品）的尺寸与种类。

（2）构配件（部品）组合时，能明确各构配件（部品）的尺寸与位置，使设计、制造与安装等各个部门配合简单，满足装配整体式建筑设计精细化、高效率和经济性要求。

（3）装配整体式建筑应采用以基准面定位的主体结构，其平面布局宜采用模数网格来表示。模数网格与主体结构构件尺寸之间可灵活叠加设置。

（4）平面模数网格根据优选设计模数确定。优选设计模数（优先尺寸）宜根据不同类型建筑的设计参数，参考所选通用性强的成品建筑部件或组合件的尺寸确定。

（5）结构模数网格根据结构参数确定。模数网格应为基本模数的倍数。

（6）对于装配整体式框架结构体系，宜采用中心线定位法。框架结构柱子间设置的分户墙和分室隔墙，一般宜采用中心线定位法。当隔墙的一侧或两侧要求模数空间时宜采用界面定位法。

5.3　立面和平面拆分方法

5.3.1　拆分原则

装配式建筑的结构拆分主要是结构设计师的工作，但建筑立面的外墙构件及涉及设备管线预埋构件的拆分，不仅要考虑结构的合理性和可实施性，更要考虑建筑功能、艺术效果、后期管理维护等。所有建筑外立面和涉及较多管线预埋的构件拆分应以建筑师为主。

外立面构件的拆分需考虑的因素包括：

（1）建筑功能的需要，如维护功能、保温功能、采光功能等。

（2）建筑艺术的要求。

（3）建筑、结构、保温、装饰一体化。

（4）对外墙或外围柱、梁、剪力墙后浇筑区域的表皮处理。

（5）构件规格尽可能少。

（6）整间墙板尺寸或重量超过了制作、运输、安装条件的许可时的对应办法。

（7）与结构设计师沟通，符合结构设计标准的规定和结构合理性。

（8）与结构设计师沟通，外墙板等构件有对应的结构可安装性等。

5.3.2　各种结构体系的拆分特点

此处的结构体系是从建筑专业出发，考虑对建筑立面形式影响较大的几个结构因素进行的划分，与从结构专业角度出发所划分略有不同。

1. 钢结构体系

钢结构体系的建筑一般采用混凝土核心筒，外围钢结构框架体系，外围钢框架的形式各有不同，如广东省建筑设计研究院推出的 U 形钢梁钢框架（SP）体系、杭萧钢构力推的钢管束结构体系等，钢结构对应的外立面形式基本有两种：一种是采用轻质外挂墙板，

如木丝绵水泥板、夹心混凝土板等；另一种是内部为砌体结构，外围采用幕墙形式的外挂水泥纤维墙板。因主体结构和外围立面关联性不大，因此受主体结构制约相对较小，外立面形式较为灵活（图 5.3-1）。

2. 内浇外挂装配式混凝土结构体系

内浇外挂装配式混凝土结构体系（简称内浇外挂体系）是前几年国内使用较多的体系，如万科、远大均采用此种体系，该体系是结构受力构件均采用传统现浇形式，和目前的结构规范不会形成冲突，结构部分的计算和传统形式差别不会太大，实施难度也相对较低；缺点是室内空间会突出结构构件，墙体的规整性较传统现浇住宅差，外挂部分也计入建筑面积，因

图 5.3-1　杭萧钢构钢管束结构体系

此，有些地方针对此类住宅给予 3% 的容积率奖励，或者将外挂部分不计入容积率面积内。此种方式比较适合做反打外立面，外立面的拆分受结构影响相对较小（图 5.3-2、图 5.3-3）。

图 5.3-2　远大内浇外挂体系现场施工图

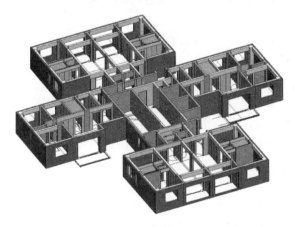

图 5.3-3　远大内浇外挂体系拆分示意图

3. 内嵌装配整体式混凝土结构体系

内嵌装配整体式混凝土结构体系不算一个严格的结构体系概念，是从建筑专业角度出发，从安装方式上对其进行的定义，如果从结构专业出发，类似于装配式剪力墙结构体系，但又不完全相同。

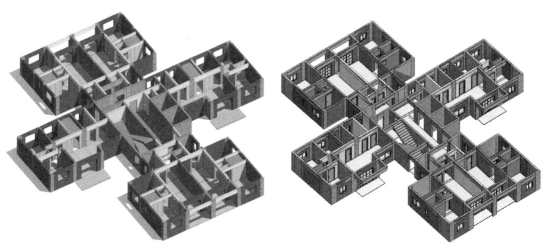

图 5.3-4　全受力外墙体系拆分示意图　　图 5.3-5　内嵌夹芯外墙体系拆分示意图

内嵌装配整体式混凝土结构体系又可细分，其中一种为全受力外墙装配整体式混凝土剪力墙结构体系（简称全受力外墙体系），如国标图集《装配式混凝土结构住宅建筑设计示例（剪力墙结构）》15J939-1 就采用此种体系，所有外墙构件均参与受力（图 5.3-4）。

另一种是内嵌夹芯外墙装配整体式混凝土剪力墙结构体系（简称内嵌夹芯外墙体系），主要受力构件的受力原理与传统受力构件类似，本书第 10 章的应用案例就采用此种体系（图 5.3-5）。

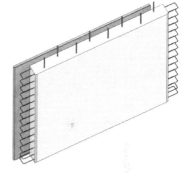

图 5.3-6　带外叶装饰板的预制
混凝土外墙

该体系外墙板与受力构件平齐，室内墙体规整，不会影响建筑面积的计算，空间体验较好。对施工的精确度要求较高。在做全装修外立面时，需伸出部分外叶板，对工厂预制和运输的要求较高，构件的外叶部分较易损坏，施工难度大（图 5.3-6）。

5.4　标准化、模块化设计

5.4.1　标准化设计的原则

（1）装配式高层住宅建筑应采用模块及模块组合的设计方法，遵循少规格、多组合的原则。

（2）装配式高层住宅建筑应采用楼电梯、公共管井、集成式厨房、集成式卫生间等模块进行组合设计。

（3）装配式高层住宅建筑应采用标准化接口。

（4）装配式高层住宅建筑的平面应符合以下规定：

1）应采用大开间大进深、空间灵活多变的布置方式。

2）平面应规则，承重构件布置应上下对齐贯通，外墙洞口宜规整有序。

3）设备与管线宜集中设置，并应进行管线综合设计。

（5）装配式高层住宅建筑立面设计应符合以下规定：

1）外墙、阳台板、空调板、外窗、遮阳设施及装饰等部品部件宜进行标准化设计。

2）装配式高层住宅建筑宜通过建筑体量、材质肌理、色彩等变化，形成丰富多样的立面效果。

3）预制混凝土外墙的装饰面层宜采用清水混凝土、装饰混凝土、免抹灰涂料和反打面砖等耐久性强的建筑材料。

5.4.2 模块化设计

模块化设计是建筑工业化不断发展的结果。它是一种新兴的建筑生产形式，既可以提高营造效率，降低成本，同时还因能够减少现场施工从而减少对环境的影响，显著地缩短工期，这是其他建筑生产方式无法做到的。模块化是一种组成构件比较复杂的建筑"总成"，但它的规格型号也不宜过多，否则不利于有效地组织生产。大规模建筑和标准化最能体现模块化建筑优势。

高层住宅建筑的模块化设计从建筑平面入手，先将建筑平面进行拆解，使其各功能形成固定的模块，再对其进行组合，可以有效地减少后期构件拆分的种类，减少部品部件的种类。

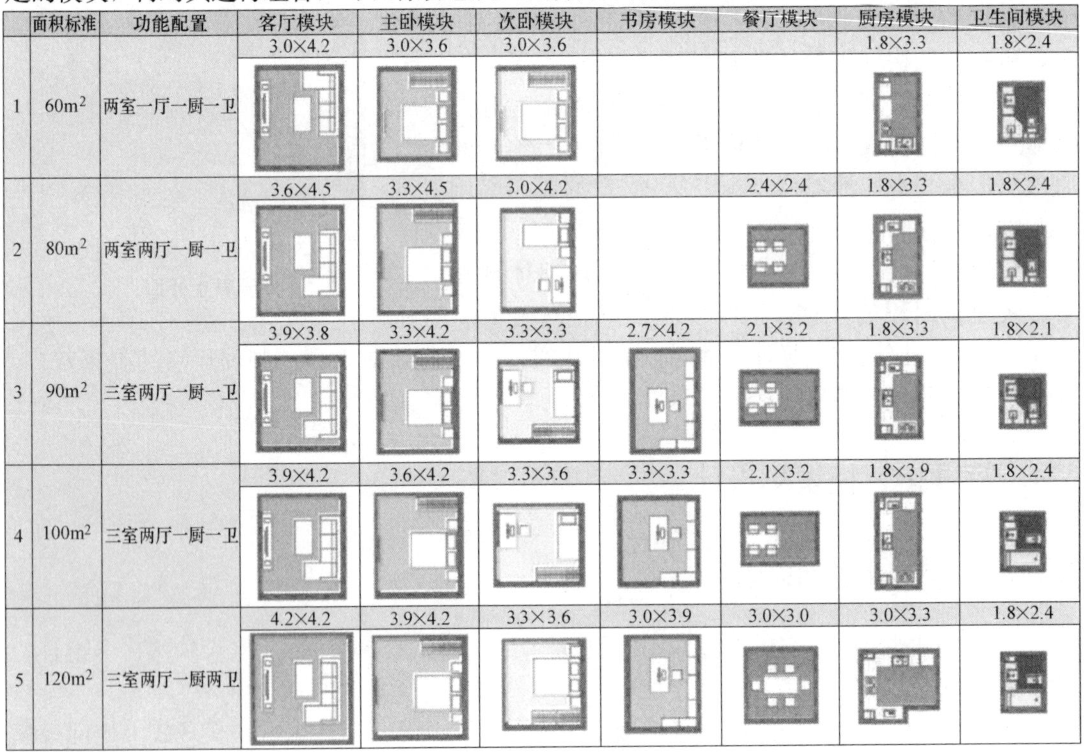

	面积标准	功能配置	客厅模块	主卧模块	次卧模块	书房模块	餐厅模块	厨房模块	卫生间模块
1	60m²	两室一厅一厨一卫	3.0×4.2	3.0×3.6	3.0×3.6			1.8×3.3	1.8×2.4
2	80m²	两室两厅一厨一卫	3.6×4.5	3.3×4.5	3.0×4.2		2.4×2.4	1.8×3.3	1.8×2.4
3	90m²	三室两厅一厨一卫	3.9×3.8	3.3×4.2	3.3×3.3	2.7×4.2	2.1×3.2	1.8×3.3	1.8×2.1
4	100m²	三室两厅一厨一卫	3.9×4.2	3.6×4.2	3.3×3.6	3.3×3.3	2.1×3.2	1.8×3.9	1.8×2.4
5	120m²	三室两厅一厨两卫	4.2×4.2	3.9×4.2	3.3×3.6	3.0×3.9	3.0×3.0	3.0×3.3	1.8×2.4

图 5.4-1　功能模块图[35]

1. 功能模块化

将各功能空间进行模块化归类，如卫生间模块、厨房模块，卧室模块、书房模块等，利用该模块进行组合，形成各种户型模块，也方便进行集成卫生间和集成厨房的布置。功能模块示例如图 5.4-1 所示。

2. 套型模块化（图 5.4-2）

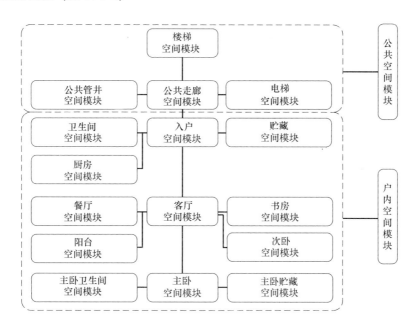

图 5.4-2　功能模块组合成套型模块的关系图[35]

根据各功能模块进行组合，可以形成典型的套型模块，套型模块是平面组合中最重要的部分，也是必须进行的设计部分。有了套型模块，就可以对其进行装配式外墙构件、叠合板、叠合梁、阳台、空调板等拆分。功能模块组合成套型模块的示例如图 5.4-3 所示。

3. 弹性模块组合

固定模块和弹性模块组合示意图如图 5.4-4 所示，固定模块和弹性模块与功能模块关系示意图如图 5.4-5 所示。对套型模块进行梳理，将其定义为弹性模块，将公共空间定义成固定模块，固定模块不变，对弹性模块进行不同的排列组合，可以形成多种户型形式（图 5.4-6）。

经过组合后的户型，构件数量减少且可控。通过长期积累，各套型模块形成成熟的拆分工艺和图纸，将减少大量的后期设计和施工的工作量，也可以降低生产制造成本，形成规模效应。

本书提供了部分套型模块和组合模块供读者参考，详见附录。

5.4.3　标准构件和部件库

1. 外墙板构件

预制外墙板从结构属性分为三种：一种是承受竖向荷载的预制剪力墙板；第二种是不

图 5.4-3　套型模块

承受直接的竖向荷载，但是包含叠合梁的预制外墙板；第三种是完全不承受结构荷载的外墙板。

预制剪力墙板为承受结构竖向荷载的构件，受结构体系的限制较大，与上下层的连接方式多为套筒灌浆连接，此部分样式受结构影响较大，建筑专业需配合结构专业（图 5.4-7）。

第二种为包含叠合梁的预制构件，叠合梁下方采用夹心保温墙板或其他轻质混凝土材料，可以减轻墙体重量（图 5.4-8）。

第三种为非受力构件，多为外挂墙板的安装形式，可选择的材料类型较多，如夹心保温墙板、木丝混凝土外墙板等，钢结构装配式建筑中较多采用此种形式的外墙板（图 5.4-9）。

从安装方式上，也可以分为两种：一种为独立于主体结构之外的外挂墙板；另一种是内嵌或和主体结构叠合浇筑的外墙板。

外挂墙板为独立于主体结构之外的构件，对于外立面设计较为有利，但是结构构件会暴露在室内，对室内空间会有一定的影响。部分省市对此种外挂墙板给予了容积率奖励或突出部分容积率减免的措施。

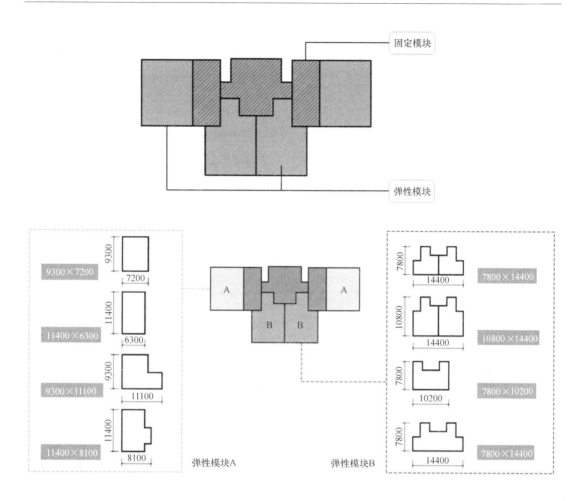

图 5.4-4　固定模块和弹性模块组合示意图[35]

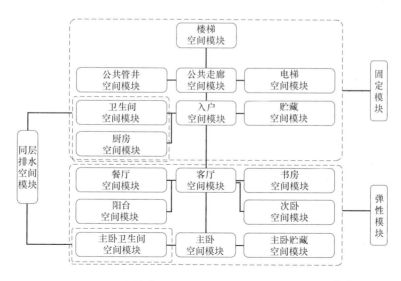

图 5.4-5　固定模块和弹性模块与功能模块关系示意图[35]

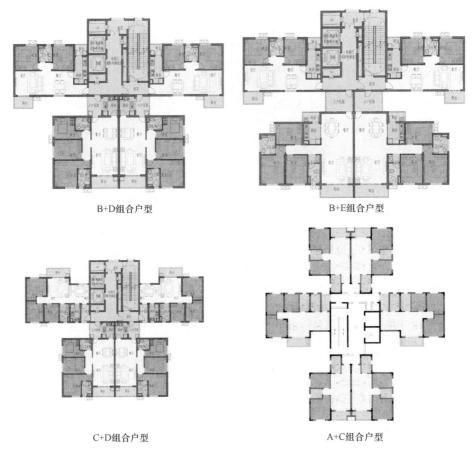

B+D组合户型   B+E组合户型

C+D组合户型   A+C组合户型

图 5.4-6　户型组合图

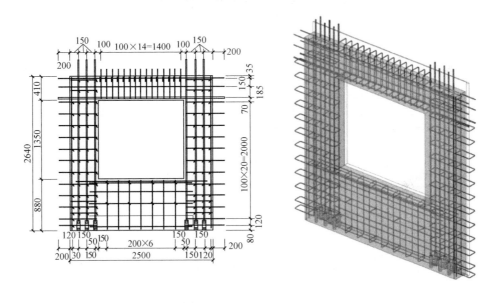

图 5.4-7　全受力体系外墙板

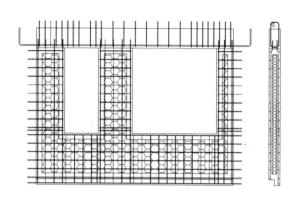
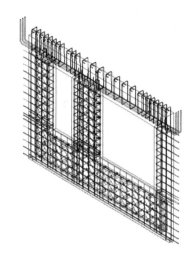

图 5.4-8　带叠合梁的夹心墙板

图 5.4-9　夹心外挂墙板

第二种内嵌的安装方式，预制构件和受力构件、现浇构件都在一个平面上完成，使得室内空间较为完整，但会增加施工难度，对构件的搭接要求更高一些。

2. 非承重内墙板构件

非承重内墙隔板种类较多，如蒸压加气混凝土板、泡沫混凝土板、混凝土夹芯板，轻钢龙骨石膏板也属于其中一种，此做法发展较早，工艺较成熟，在传统现浇的住宅中也有采用（图 5.4-10～图 5.4-13）。

3. 楼梯构件

预制楼梯是最能体现装配式优势的 PC 构件。在工厂预制楼梯远比现浇方便、精致，安装后马上就可以使用，给工地施工带来了很大的便利，提高了施工安全性。楼梯板安装一般情况下不需要加大工地塔式起重机的吨位，所以，现浇混凝土建筑和钢结构建筑也可以方便的使用（图 5.4-14）。

图5.4-10 轻质混凝土内隔墙板现场安装图

图5.4-11 轻钢龙骨石膏板墙现场安装图

图5.4-12 泡沫颗粒混凝土复合墙板

图5.4-13 空心混凝土轻质墙板

图5.4-14 楼梯构件图

预制楼梯有不带平台板的直板楼梯即板式楼梯和带平台板的折板式楼梯。板式楼梯有双跑楼梯和剪刀楼梯（图5.4-15）。

在高层住宅中，有些楼梯间无面砖面层，楼梯踏步防滑条可直接在工厂一起预制，施工现场加强保护措施，可节省大量装修成本。

预制楼梯与支撑构件有三种连接方式：一端固定铰节点一端滑动铰节点的简支方式、一端固定支座一端滑动支座的方式、两端都是固定支座的方式（图5.4-16）。

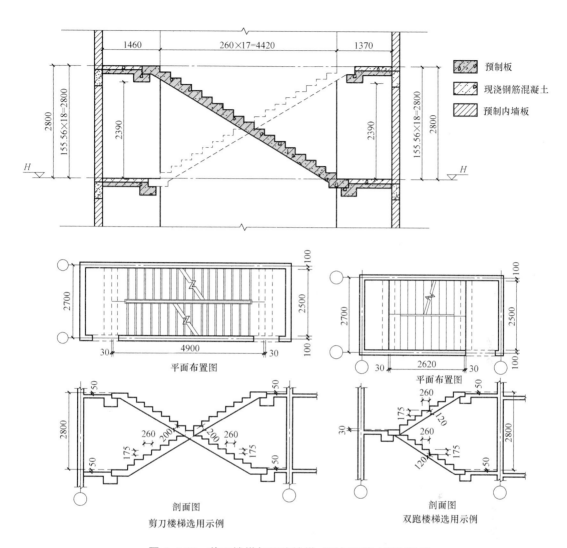

图 5.4-15　剪刀楼梯与双跑楼梯（国标图集 15G367-1）

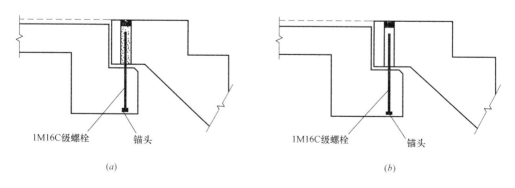

图 5.4-16　楼梯构造节点

（a）固定铰节点构造；（b）滑动铰节点构造

135

4. 阳台板构件

阳台板为悬挑板构件,有叠合式和全预制式两种类型,全预制又分为全预制板式和全预制梁式(图 5.4-17)。

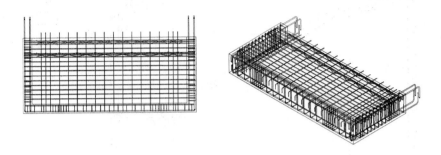

图 5.4-17　梁式阳台配筋图

5. 空调板及其他构件

空调板、遮阳板、挑檐板等均为悬挑式构件,局部可根据建筑造型进行调整,安装方式类似(图 5.4-18)。

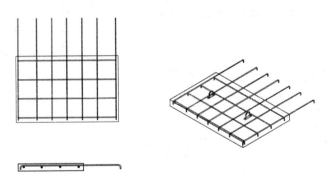

图 5.4-18　空调板示意图

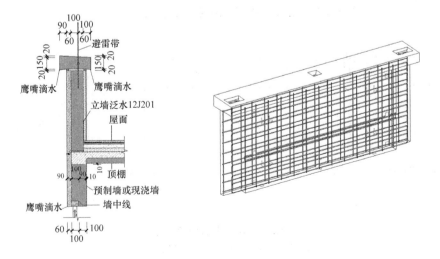

图 5.4-19　压顶式女儿墙示意图

6. 女儿墙构件

女儿墙有两种类型：一种是压顶与墙身一体化类型的倒 L 形；一种是墙身与压顶分离式（图 5.4-19）。

5.5　节点构造

5.5.1　楼地面构造

装配式高层住宅宜采用叠合楼板，叠合板的厚度不宜小于 60mm，现浇混凝土叠合层厚度不应小于 60mm，通过现场浇筑叠合层组成叠合楼板；其工序由工厂预制、现场装配、浇筑施工组成（图 5.5-1、图 5.5-2）。

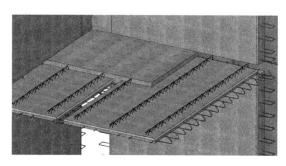

图 5.5-1　墙板与叠合楼板构造节点示意图

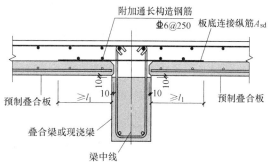

图 5.5-2　叠合梁与叠合板构造大样

5.5.2　墙体构造

装配式高层住宅的外墙需满足结构、保温、隔声、隔热、防水、防火及建筑立面造型的要求。预制外墙板接缝的处理以及构造连接节点的设计是影响外墙相关性能设计的关键因素。预制外墙板的各类接缝设计应施工方便、坚固耐久、构造合理，并应结合当地的实际情况和具体需求，选用不同的材料体系和施工安装方式。

外窗需与预制墙体一体化，窗框在混凝土浇筑时锚固其中，两者之间后填塞的缝隙，密闭性好，防渗和保温性能好（图 5.5-3）。

飘窗是南方地区比较喜欢的建筑形式，没有飘窗会影响住宅的销售。飘窗部位重量大，对结构的要求也较高，需与外墙板一起预制，是构造最复杂的外墙构件，实施难度较高（图 5.5-4）。

外墙的防水也是外墙设计中的一个重点和难点，主要焦点在接缝处，具体内容详见防水构造。

5.5.3　屋面构造

屋面部分包含女儿墙、屋面板等，屋顶的预制女儿墙有三种安装防水：（1）外挂墙板顶板附加预制盖板；（2）外挂墙板顶板做成向内的折板；（3）独立制作女儿墙构件，再加盖板。盖板的坡度、泛水和滴水细部构造等都要在预制构件中实现，减少现场施工的工作量。

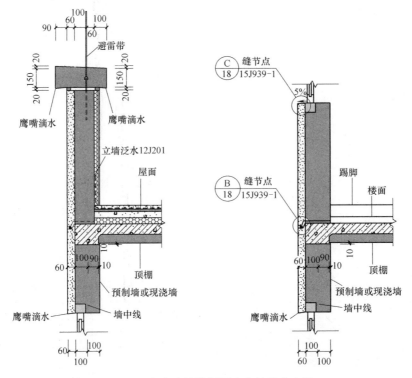

图 5.5-3 内嵌式外墙板及女儿墙构造大样

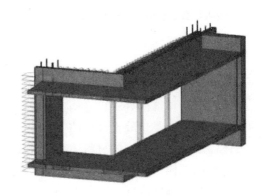

图 5.5-4 飘窗示意图

屋面板采用叠合楼板时,面层需用加钢丝网的混凝土保护层,并采用弹性较大的柔性防水,以增强防水的可靠性,屋面找平层厚度和技术要求见表 5.5-1。

屋面找平层厚度和技术要求   表 5.5-1

找平层分类	适用的基层	厚度(mm)	技术要求
水泥砂浆	整体现浇混凝土板	15~20	1:2.5 水泥砂浆
	整体材料保温层	20~25	
细石混凝土	装配式混凝土板	30~35	C20 混凝土,宜加钢筋网片
	板状材料保温层		C20 混凝土

5.5.4　防火构造

建筑内预制钢筋混凝土构件的节点外漏部位，应采取防火保护措施，且节点的耐火极限不应低于相应构件的耐火极限。预制外墙板与各层楼板、防火墙相交部位应设置防火封堵，封堵构造的耐火极限应满足《建筑设计防火规范》(GB 50016—2014) 的要求。

预制外挂墙板可作为混凝土的外围护系统，外挂墙板自身的防火性能较好，但在安装时梁、柱及楼板周围与挂板内侧一般要求留有 30～50mm 的调整间隙，需按防火规范的要求，采取相应的防火构造措施，防止火灾的蔓延。外挂墙板与周边构件之间的缝隙，与楼板、梁柱以及隔墙外沿之间的缝隙，要采用具有弹性和防火性能的材料填塞密实，要求不脱落、不开裂。

5.5.5　防水构造

防水是装配式建筑节点构造中非常重要的内容，尤其是南方多雨地区。结构施工完成后，若不解决好防渗漏的问题，不仅给住户带来各种困扰，也会加速节点钢筋的腐蚀，影响结构节点的安全。防水涉及的部位有屋面、外墙、楼地板和外窗节点等。

预制外墙板的接缝及门窗洞口等防水薄弱部位宜采用材料防水和构造防水相结合的做法，并应符合下列规定：

（1）墙板水平接缝宜采用高低缝或企口缝构造。

（2）墙板竖缝可采用平口或槽口构造。

（3）当板缝空腔需设置导水管排水时，板缝内侧应增设气密条密封构造。

装配式结构的屋面，应选用耐候性好、适应变形能力强的防水材料，同时要考虑结构变形和温差变形叠加的影响，变形超出防水层的延伸极限后会造成防水层破坏（图 5.5-5、图 5.5-6）。

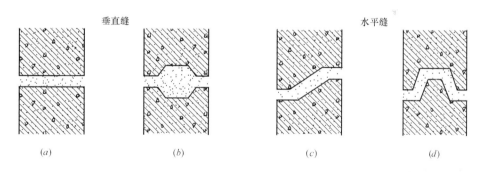

图 5.5-5　外墙缝类型
（a）平口缝；（b）槽口缝；（c）高低缝；（d）企口缝

卫生间防水也是装配式建筑中的一个重难点，日本卫生间部分采用整体式卫浴，其卫生间地板为成品构件，其本身就具有较好的防水效果。在我国整体式卫浴还处于推广阶段，还没有被用户普遍接受的整体卫浴产品，因此做好卫生间的防水就显得格外重要。目前比较常用的做法有两种：一种为整体式沉箱，整个沉箱在工厂预制，在工地现场安装；另一种是直接现浇，在装配式技术还不是特别成熟的今天，沉箱部分整体现浇是比较可靠

139

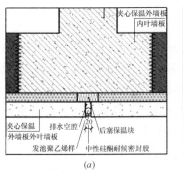
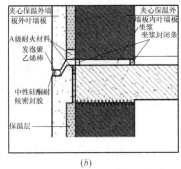
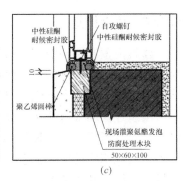

(a) (b) (c)

图 5.5-6　外墙缝构造示意图

（a）垂直缝——平口缝示例；（b）水平缝——高低缝示例；（c）预制外墙窗下口构造示例

的做法，卫生间的现浇需要处理好和装配式外墙及叠合梁的关系，保证其防水效果（图5.5-7）。

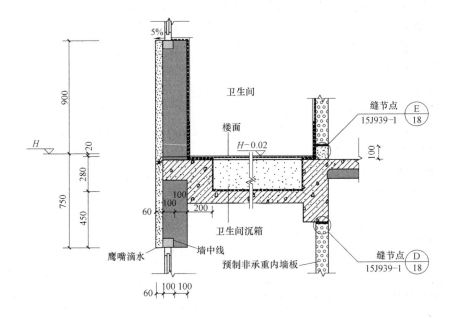

图 5.5-7　现浇卫生间沉箱及防水大样图

5.6　施工图表达

5.6.1　施工图表达注意事项

1. 图纸目录

（1）出图时，应按每层为单位，编制图纸目录，每张图纸应明确按序编号。

（2）图纸顺序为：目录、本层平面图、本层分解图。

（3）图纸字体与标注：均根据样板文件中标注样式及文字样式绘制图纸，没有特殊情况不可随意改变样板文件中设置，构件编号文字大小 180，严格要求避免尺寸标注重叠。

（4）图纸版本及修改标记：图纸修改可以版本号区分，每次修改必须在修改处做出标记，并注明版本号。简单或单一修改仍使用变更通知单。

2. 图纸幅面

（1）图纸图幅采用 A0、A1、A2、A3 四种标准，以 A3 图纸为主。图框文件发至设计人员手中，主要用于目录、变更、修改等。

（2）特殊需要可采用按长边 1/8 模数加长尺寸（按房屋建筑制图统一标准）。

（3）一个专业所用的图纸，不宜多于两种幅面（目录及表格所用 A4 幅面除外）。

3. 图层及文件交换格式

（1）采用图层的目的是用于组织、管理和交换 CAD 图形的实体数据以及控制实体的屏幕显示和打印输出。图层具有颜色、线型、状态等属性。

（2）图层组织根据不同的用途、阶段、实体属性和使用对象可采取不同的方法，但应具有一定的逻辑性，便于操作。各类实体应放置在不同的图层上，层名尽量采用中文。

（3）需调用其他工种图纸的内容，应事先向相关工种提出图面分层要求。

（4）平面图中，轴线标注和第三道尺寸应分层标注，标注门、窗洞口的细部尺寸应分层表示；厨厕洁具及其标注等单独设置图层表示；标高等尺寸也应独立分层表示；固定家具与可移动家具应分层。

（5）图层组织根据不同的用途、阶段、实体属性和使用对象可采取不同的方法，但应具有一定的逻辑性，便于操作。各类实体应放置在不同的图层上，如平面图中，轴线标注应分层标注，构件、钢筋及构件编号等信息应独立分层表示（图 5.6-1）。

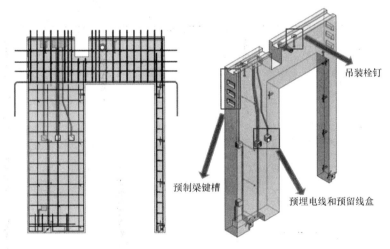

图 5.6-1 建筑构件深化图

4. 补充说明

（1）常用图例，遵照《房屋建筑制图统一标准》（GB 50001—2010）、《总图制图标准》（GB/T 50103—2010）、《建筑制图标准》（GB/T 50104—2010）图例规定。特殊情况应附图例（设备管井、消火栓、空调机）。

（2）在采用 CAD 技术绘图时，尽量用色彩（COLOR）控制绘图笔的宽度，尽量少用多义线（PLINE）等有宽度的线，以加快图形的显示，缩小图形文件。

（3）绘图文件的命名规则，CAD 文件的命名应简单、明了、易记，易于交换数据。设计图纸可按设计工种和图纸目录顺序命名。

5. 构件深化图

（1）所有预制构件以编号一侧为正视图。

（2）叠合梁：需绘制左视图（1∶25）、正视图（1∶100）、右视图（1∶25）。

（3）预制柱：需绘制正视图（1∶100）、顶视图（1∶25）、底视图（1∶25）。当预制柱一侧有预埋件的，需按正视图视角确定，绘制本侧视图，为左视图或右视图或背视图。当预制柱为变截图柱时，需绘制左视图和右视图。其中平面图上有编号的一侧对应底视图的上侧，并标注"上"字，且对应为实际预制时模台的上（只需底视图上标注"上"，其他视角不应标注，且"左、右、下"均不需标注）。

（4）叠合板：按平面图绘制正视图。

（5）内、外墙板：按编号一侧为正视图视角，绘制正视图。当有预埋件时，应绘制本侧视图，按正视图视角确定本侧为背视图或顶视图或底视图或左视图或右视图。当墙板为剪力墙或墙板有出筋时，需绘制有出筋一侧的视图。

5.6.2　建筑施工图示例

1. 平面图（图 5.6-2～图 5.6-5）

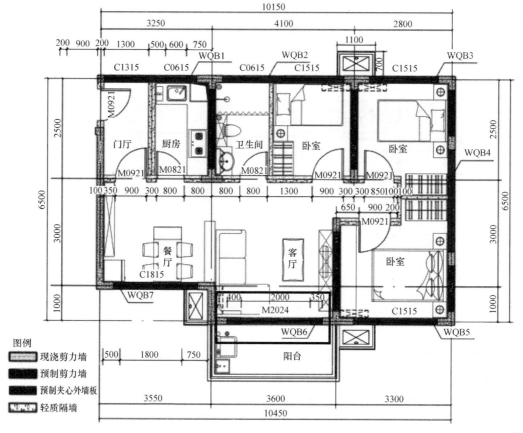

图 5.6-2　标注预制构件与轴线关系尺寸

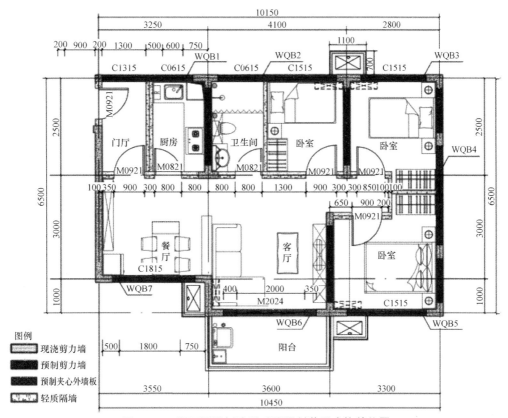

图 5.6-3　用不同图例注明采用预制装配式构件位置

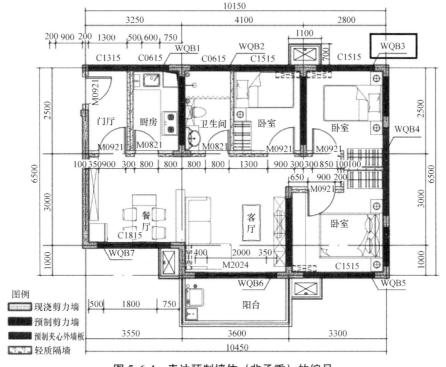

图 5.6-4　表达预制墙体（非承重）的编号

143

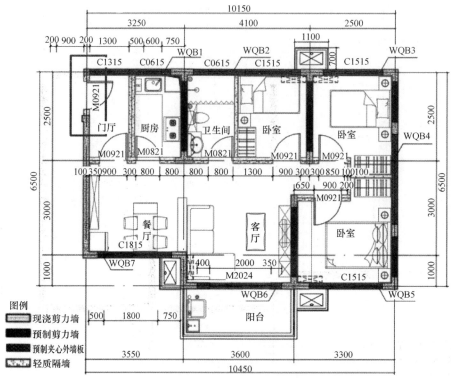

图 5.6-5 预制门窗要留 250~300mm 的墙垛，便于安装

2. 立面图（图 5.6-6）

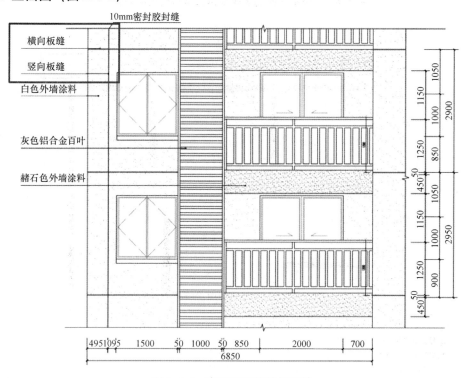

图 5.6-6 表示预制构件拼接缝

3. 剖面图（图 5.6-7）

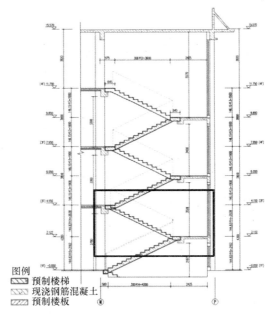

图例
　▨ 预制楼梯
　▧ 现浇钢筋混凝土
　▨ 预制楼板

图 5.6-7　表示预制梯段板的尺寸、定位及与现浇部分的连接关系

4. 大样图（图 5.6-8、图 5.6-9）

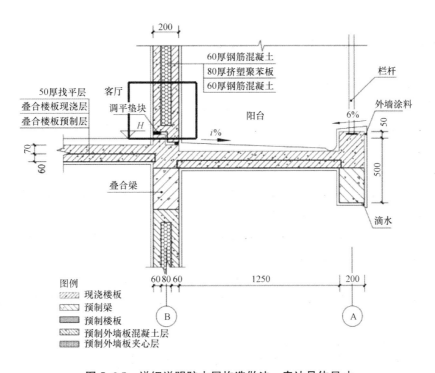

图例
　▨ 现浇楼板
　▨ 预制梁
　▨ 预制楼板
　▨ 预制外墙板混凝土层
　▨ 预制外墙板夹心层

图 5.6-8　详细说明防水层构造做法、表达具体尺寸

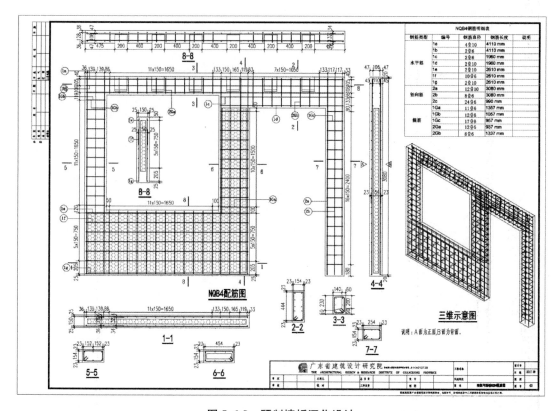

图 5.6-9 预制墙板深化设计

5.7 装配式与现浇高层住宅设计对比

装配式建筑与现浇高层建筑在建筑设计的出发点略有不同，现浇高层以建筑功能为出发点，使空间内部舒适实用；而装配式高层住宅设计不仅要求内部空间舒适实用，还要求建筑结构逻辑清晰，外立面和内部空间尽量规整，户型不宜过多，外立面尽量统一。

设计流程上，传统建筑中结构专业可以在初步设计阶段参与，而装配式建筑需要在方案阶段就参与进来，定好结构体系后，建筑专业在定好的结构体系上进行方案设计。

图纸表达上，传统现浇高层住宅主要为平面、立面、剖面和大样，装配式建筑还要增加构件控制图、构件节点连接大样等。

绘图工具上，传统建筑用 CAD 图纸绘图即可完成，装配式建筑必须采用 BIM 建模和出图，才能保证各构件的清晰逻辑。

施工交接上，传统建筑设计单位提供施工图纸，施工单位按图纸准备施工方案即可施工；装配式建筑中，施工图纸还需要提供给构件厂家进行二次深化，以适合工厂制作（表5.7-1）。

广东地区装配式高层住宅特点：

由于岭南地区的气候特点，广东的装配式高层住宅有其自身的特点，在设计、构件制作和施工过程中，与其他区域有如下不同点：

装配式建筑与传统现浇建筑对比　　　　　　　　　　　　　表 5.7-1

对比项目	传统现浇建筑	装配式建筑
设计理念	以规划和功能为重点，提供满足使用要求的设计方案；外立面以造型的美观作为判断标准	在满足规划和功能的前提下，将功能及平面模块化，用模块化的设计方式组织平面，外立面设计需在满足工艺需求和造型美观之间找到平衡点
设计流程	立项 → 设计 → 施工 → 使用	策划 → 装修；立项 → 设计 → 施工 → 使用；生产 → 更新
专业配合	方案阶段建筑为主，初步设计阶段各专业介入配合，施工图阶段各专业密切配合后各自深化并出图	方案阶段结构专业需介入，确定结构体系和拆分平面后，建筑专业完善平面和立面；初步设计阶段建筑、结构、机电各专业密切配合，需在同一个三维模型中完善图纸；施工图阶段各专业在同一模型平台上深化设计工作，并与构件工厂对接，出构件拆分大样图
绘图工具	CAD	Revit＋CAD＋协同平台
图纸表达	二维表达	二维＋三维表达
施工对接	设计完成后，业主进行施工招标；确定施工单位后，设计向施工单位技术交底，施工单位组织采购和施工	适合 EPC 操作模式，在施工图深化阶段需要跟施工单位和构件厂家对接；构件深化过程需要与构件厂家对接，确定施工工艺和细节的安装构造；构件厂家拿到深化图后需要继续进行二次深化并开模
工地服务	对施工现场进行工地服务	对构件工厂和施工现场均需要提供技术服务
工地验收	施工现场验收	对构件厂和施工现场均要进行验收

（1）平面形式上，广东地区的不同地级市有不同的规定，因为广东大部分地区属于夏热冬暖的亚热带地区，对日照的要求没有北方强烈，广州等地区是允许纯北向的住宅形式，但其比例不能超过总户数的 75％。因广东地区夏季和秋季日照较为强烈，因此尽可能避免西向的住宅。

（2）外墙保温，广东地区为夏热冬暖地区，节能计算中，珠三角区域只有东西向的混凝土墙体才需要做外保温，另外有些地区禁止采用外保温的构造形式，如广州。因此，在其他区域较常用的外墙保温构件在广东地区就不太实用，一方面与地方规定有关，另一方面会增加造价。目前广东地区采用的装配式墙板多为混凝土板或夹芯板。

（3）构件形式上，广东地区广泛使用飘窗，普通商品房几乎全部设置飘窗，飘窗构件给预制构件的制作难度和成本都有较大的影响，因此对飘窗的设计需有针对性地进行细致研究。

（4）建筑构造上，广东地区雨水多，湿度大，预制构件的建筑节点及外漏钢材的防锈处理需要着重考虑，构件拼缝需采用构造防水和材料防水的综合使用，提高其防水可靠性。

5.8　装配式高层住宅经济性分析

5.8.1　预制率和装配率计算方法

1. 预制率的计算

根据《工业化建筑评价标准》（GB/T 51129—2015）的定义，预制率是指：工业化建筑室外地坪以上的主体结构和围护结构中，预制构件部分的混凝土用量占对应构件混凝土总用量的体积比。

$$预制率=\frac{预制构件混凝土体积}{预制构件混凝土体积+现浇构件混凝土体积}\times 100\% \quad (5.8\text{-}1)$$

Revit 自动生成构件相关明细表，根据明细表工程量来编制预制率计算书。

一般以标准层为单位，分层计算，如图 5.8-1～图 5.8-3 所示。

<常规模型明细表>

A	B	C
族与类型	标记	体积
WQB+PC1: WQB	预制外墙板	2.60
WQB+PC2: WQB	预制外墙板	1.58
WQB12: WQB12	预制外墙板	0.67
WQB+PC1: WQB	预制外墙板	2.60
WQB+PC2: WQB	预制外墙板	1.58
WQB12: WQB12	预制外墙板	0.67
WQB12: WQB21	预制外墙板	1.18
WQB12: WQB21	预制外墙板	1.18
WQB+PC2: WQB	预制外墙板	1.58
WQB+PC2: WQB	预制外墙板	1.58
WQB2: WQB320	预制外墙板	0.90
WQB2: WQB320	预制外墙板	0.90
WQB2: WQB320	预制外墙板	0.84
WQB2: WQB320	预制外墙板	0.84
WQB1: WQB600	预制外墙板	0.80
WQB1: WQB600	预制外墙板	0.80
WQB1: WQB600	预制外墙板	1.64
WQB1: WQB600	预制外墙板	1.64

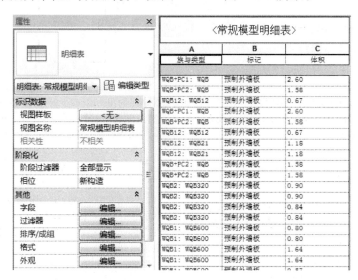

图 5.8-1　预制外围护墙板混凝土量明细表

<墙明细表 条板内隔墙>

A	B	C	D	E	F
类型	标记	长度	厚度	面积	体积
轻质隔墙 - 10	条板内隔墙	3350	100	8 m²	0.82
轻质隔墙 - 10	条板内隔墙	3050	100	5 m²	0.51
轻质隔墙 - 10	条板内隔墙	1650	100	2 m²	0.19
轻质隔墙 - 10	条板内隔墙	3000	100	5 m²	0.48
轻质隔墙 - 10	条板内隔墙	1700	100	5 m²	0.51
轻质隔墙 - 10	条板内隔墙	2150	100	3 m²	0.31
轻质隔墙 - 10	条板内隔墙	2600	100	4 m²	0.42
轻质隔墙 - 10	条板内隔墙	950	100	2 m²	0.22
轻质隔墙 - 10	条板内隔墙	950	100	2 m²	0.24
轻质隔墙 - 10	条板内隔墙	1700	100	2 m²	0.23
轻质隔墙 - 10	条板内隔墙	3250	100	8 m²	0.77
轻质隔墙 - 10	条板内隔墙	1700	100	3 m²	0.25
轻质隔墙 - 10	条板内隔墙	3000	100	5 m²	0.48
轻质隔墙 - 10	条板内隔墙	3050	100	5 m²	0.53
轻质隔墙 - 10	条板内隔墙	3350	100	8 m²	0.79
轻质隔墙 - 10	条板内隔墙	1650	100	2 m²	0.19
轻质隔墙 - 10	条板内隔墙	1700	100	5 m²	0.51
轻质隔墙 - 10	条板内隔墙	2150	100	3 m²	0.31
轻质隔墙 - 10	条板内隔墙	3250	100	8 m²	0.77
轻质隔墙 - 10	条板内隔墙	2600	100	4 m²	0.42

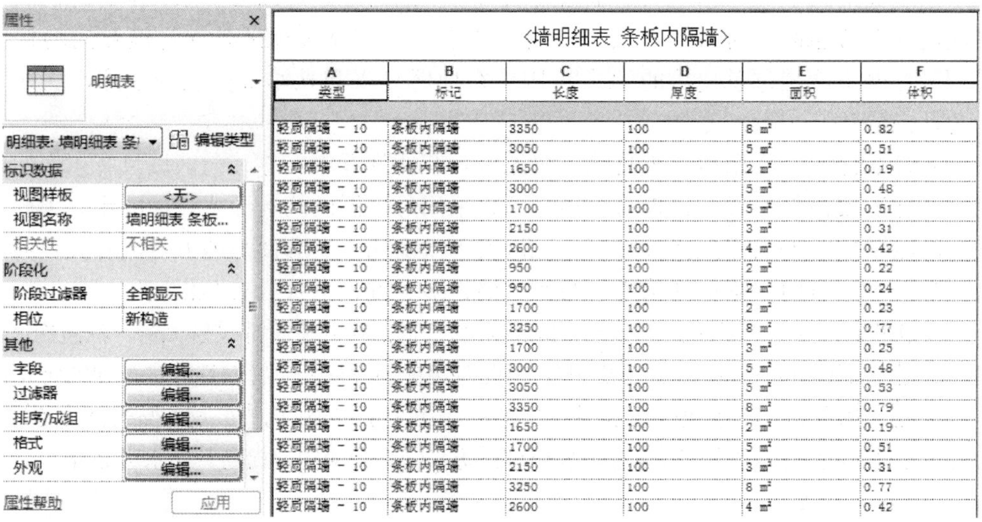

图 5.8-2　预制内隔墙混凝土量明细表

2. 标准层现浇混凝土体积统计

计算公式：

标准层现浇混凝土的体积 V=剪力墙体积 V_1+梁体积 V_2+楼板体积 V_3

剪力墙体积 V_1=平面面积 $S\times$高度 H

图 5.8-3　叠合板混凝土量明细表

梁体积 V_2＝梁截面面积 S×长度 L

楼板体积 V_3＝平面面积 S×厚度 H

预制率计算见表 5.8-1。

预制率计算表格　　　　　　　　　　　　　　　　　　表 5.8-1

	预制部分			现浇部分		
	部件名称	体积(m³)	备注	名称	体积(m³)	备注
墙体	预制夹心混凝土外墙板(包含部分飘窗)	37.66	其中 50%的量混凝土墙板计算,内墙部分免抹灰	现浇剪力墙	86.66	
	混凝土条板内隔墙(规格600mm宽)	24.33				
楼板	叠合板	14.76		现浇板及节点	41.03	
梁	叠合梁	0		现浇梁及节点	23.45	
阳台	叠合阳台	2.2		现浇阳台板面	2.21	
楼梯	预制楼梯	2.8				
合计		81.75			153.35	

预制率:81.75/(81.75＋153.35)＝34.8%

上述方法是常用的预制率计算方法，根据上述逻辑，广东省建筑设计研究院开发了能简便地计算出预制率的 Revit 插件：装配式建筑预制率及装配率计算模块，使用该模块前，需要对 Revit 模型进行处理，处理完成后，只要全选模型，便可一键计算出预制率结果（图 5.8-4），简单方便，实用性强，特别适合方案阶段的预制率计算。软件的使用方法详见第 9 章。

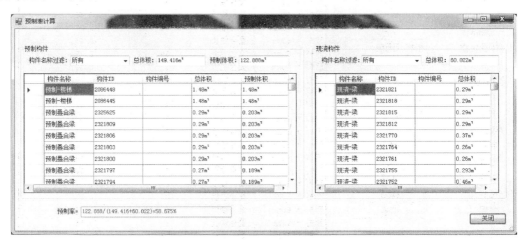

图 5.8-4　预制率模块一键计算结果

3. 装配率的计算

装配率是指工业化建筑中预制构件、建筑部品的数量（或面积）占同类构件或部品总数量（或面积）的比率。

《装配式建筑评价标准》（GB/T 51129—2017）中进一步明确了装配率的定义：单体建筑室外地坪以上的主体结构、围护墙、装修和设备管线等采用预制部品部件的综合比例。

3.0.1　装配式建筑的装配率计算和评价应以单体建筑作为计算和评价单元，并应符合下列规定：

1　单体建筑应按项目规划批准文件的建筑编号确认。

2　建筑由主楼和裙楼组成时，主楼和裙楼应按不同的单体建筑进行计算和评价；

3　单体建筑的层数不大于 3 层，且地上建筑面积不超过 $500m^2$ 时，可由多个单体建筑组成建筑组团作为计算和评价单元。

3.0.2　装配式建筑评价应符合下列规定：

1　设计阶段宜进行预评价，并应按设计文件计算装配率；

2　项目评价应在项目竣工验收后进行，并应按竣工验收资料计算装配率和确定评价等级。

3.0.3　装配式建筑应同时满足下列要求：

1　主体结构的评价分值不低于 20 分；

2　围护墙和内隔墙部分的评价分值不低于 10 分；

3　采用全装修；

4　装配率不低于 50%。

装配率计算：

1　装配式建筑的装配率应根据表 5.8-2 中评价项得分值，按下式计算：

$$Q=\frac{Q_1+Q_2+Q_3}{100-q}\times100\%$$

式中　Q——装配式建筑的装配率；

　　　Q_1——主体结构构件指标实际得分值；

　　　Q_2——围护墙和内隔墙指标实际得分值；

　　　Q_3——装修与设备管线指标实际得分值；

　　　q——评价项目中缺少的评价项分值总和。

装配式建筑评分计算表　　　　　　表 5.8-2

评价项		评价要求	评价分值	最低分值
主体结构 （Q_1） （50分）	柱、支撑、承重墙、延性墙板等竖向构件	35%≤比例<80%	20～30*	20
	梁、板、楼梯、阳台、空调板等构件	70%≤比例<80%	10～20*	
围护墙和内 隔墙（Q_2） （20分）	非承重围护墙非砌筑	比例≥80%	5	10
	围护墙与保温（隔热）、装饰一体化	50%≤比例<80%	2～5*	
	内隔墙非砌筑	比例≥50%	5	
	内隔墙与管线、装修一体化	50%≤比例<80%	2～5*	
装修与设备 管线（Q_3） （30分）	全装修	—	6	—
	干式工法楼面、地面	比例≥70%	6	
	集成厨房	70%≤比例≤80%	3～6*	
	集成卫生间	70%≤比例≤80%	3～6*	
	管线分离	70%≤比例≤80%	4～6*	

注：

1　表中带"＊"项的分值采用"内插法"计算，计算结果取小数点后一位。

2　建筑功能中缺少的评价项不得分，该项分值同时计入公式中的 q 项。

评价与等级划分：

5.0.1　当评价项目满足本标准（《装配式建筑评价标准》）第 3.0.3 条规定，且主体结构竖向构件中预制部品部件的应用比例不低于 35% 时，可进行装配式建筑等级评价。

5.0.2　装配式建筑评价等级应划分为 A 级、AA 级、AAA 级，并应符合下列规定：

1　装配率达到 60%～75% 时，评价为 A 级装配式建筑；

2　装配率达到 76%～90% 时，评价为 AA 级装配式建筑；

3　装配率达到 91% 及以上时，评价为 AAA 级装配式建筑。

参照国标计算方法，广东省建筑设计研究院开发了 Revit 插件：装配式建筑预制率及装配率计算模块，使用该模块前，需要对 Revit 模型进行处理，处理完成后，全选模型，可计算出相应的构件的数值。因装配率计算较为复杂，也涉及装修的相关评分，部分参数需要在模块中设置，将各项参数设置好后，便可计算出装配率数值。软件的使用方法详见第 9 章（图 5.8-5）。

5.8.2　高层住宅工程计量对比

现浇混凝土结构各构件工程量的计算规则执行《广东省建筑与装饰工程综合定额（2010）》。定额规定计算规则为：根据设计图示尺寸以体积计算。不扣除构件内钢筋、预埋铁件和伸入承台基础的桩头及墙、板中单个面积 0.3m² 以内的孔洞所占体积，但应扣

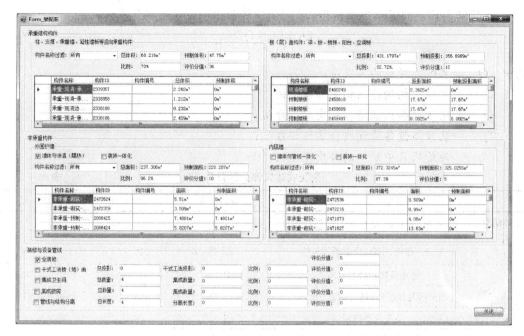

图 5.8-5 装配率模块计算结果

除梁、板、墙的后浇带体积。伸入墙内的梁头、梁垫并入梁体积内。墙垛（附墙柱）、暗柱、暗梁及墙突出部分并入墙体积计算。板伸入砖墙体内的板头并入板体积计算。楼板混凝土体积应扣除墙、柱混凝土体积。

装配式混凝土结构各构件安装工程量的计算规则执行《广东省装配式建筑工程综合定额（2017）》。定额规定计算规则为：按成品构件设计图示尺寸以实体积计算。依附于构件制作的各类保温层、饰面层的体积并入相应构件安装中计算，不扣除构件内钢筋、预埋铁件、配管、套管、线盒及单个面积小于等于 0.3m² 的孔洞、线箱等所占体积，构件外露体积亦不再增加。

工程计量时，要考虑构件间的扣减关系，不同构件之间的扣减关系如下：

1. 柱子

（1）现浇混凝土结构柱高：柱基上表面（或楼板上表面）到上一层楼板上表面（或柱帽下表面）。梁与柱连接处的混凝土并入柱子工程量中计算。

（2）装配式混凝土结构柱高：柱基上表面（或楼板上表面）到上一层梁下表面。梁与柱连接处的混凝土采用现浇形式，单独计算，混凝土强度等级与柱子相同，套用梁柱接头定额子目（图 5.8-6）。

上层柱底与下层柱子接缝处，采用灌浆连接。下层柱子钢筋伸入上层柱子，采用套筒注浆连接或浆锚连接。

2. 梁板

（1）现浇混凝土结构：

梁长：梁与柱连接时，梁长算到柱内侧面；主梁与次梁连接时，次梁算到主梁内侧面；挑檐、天沟与梁连接时，以梁外边线为分界线。

梁高：梁底到板面。

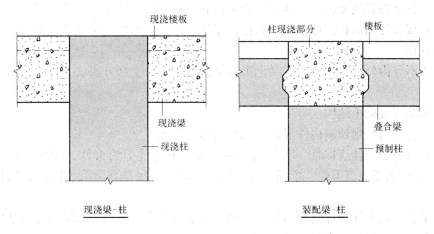

图 5.8-6 现浇和装配式混凝土结构梁柱构件关系图

板：板的厚度按设计图示尺寸，从板底到板面；梁与板相交的部分，归入梁的工程量中计算。

（2）装配式混凝土结构地下室与一层宜采用现浇形式，最顶层楼板也采用现浇形式。现浇构件的计算规则同现浇混凝土结构。其他楼层结构构件可采用预制构件，其计算规则如下：

梁长：梁与柱连接时，梁长算到柱内侧面；主梁与次梁连接时，次梁算到主梁内侧面；挑檐、天沟与梁连接时，以梁外边线为分界线。梁与柱连接部分的混凝土采用现浇形式，单独计算，混凝土强度等级与柱子相同，套用梁柱接头定额子目。主梁与次梁连接部分的混凝土采用现浇形式，单独计算，混凝土强度等级同梁板，套用叠合梁板定额子目。

梁高：梁一般采用叠合梁形式。叠合梁中预制梁高为从梁底到板底。

板：装配式混凝土结构板一般采用叠合板的形式，板由预制构件板和现浇板两部分组成。其中预制构件板厚度一般为 60mm，板与梁连接时，板算到梁的内侧面。现浇板的厚度从预制构件板面算到楼层结构面，厚度一般为 70mm（图 5.8-7）。

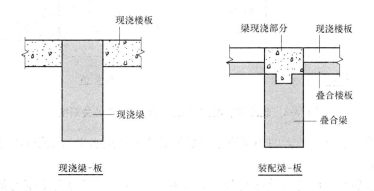

图 5.8-7 现浇混凝土和装配式结构梁板构件关系图

3. 剪力墙

剪力墙构件是差异最大的构件。

（1）现浇混凝土结构：

墙高：有梁的算到梁底，与墙同厚的梁，其工程量并入墙计算，没有梁的算到板面。

墙长：按设计图示长度计算。约束柱、端柱、暗柱、墙垛（附墙柱）及墙突出部分并入墙体积计算。

剪力墙不分内外墙，剪力墙混凝土工程量仅包含混凝土部分，墙身防水、保温等单独计算。

（2）装配式混凝土结构：

墙高：有梁的算到预制构件梁面，无梁的算到板底。

墙长：剪力墙与柱连接时，墙算到柱内侧面。剪力墙上约束柱、端柱、暗柱、墙垛（附墙柱）等均采用现浇形式，单独计算，混凝土强度等级与剪力墙相同，套用相应定额子目。

依附于剪力墙构件的各类保温层、饰面层不单独计算，并入剪力墙构件安装中，其价格亦包含在剪力墙构件的成品单价中。

剪力墙区分外墙板和内墙板分别套用不同定额。外墙板有实心剪力墙、夹心保温剪力墙和双页叠合剪力墙三种。内墙板有实心剪力墙、双页叠合剪力墙两种。

实心剪力墙墙厚按设计图示尺寸计算，套用定额时，以 200mm 以内（含 200mm）和 200mm 以外分别套用相应定额子目。夹心保温剪力墙墙厚应包含夹心保温层的厚度。双页叠合剪力墙工程量分开预制构件剪力墙和现浇构件剪力墙分别计算。

墙板或柱等预制垂直构件之间采用现浇混凝土墙连接时，当连接墙的长度在 2m 以内时，套用后浇混凝土连接墙柱定额子目；超过 2m 时，套用《广东省建筑与装饰工程综合定额（2010）》第一部分 A.4 "混凝土与钢筋混凝土工程"的相应定额子目（图 5.8-8、图 5.8-9）。

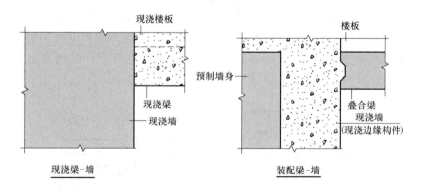

图 5.8-8 现浇和装配式混凝土结构梁墙构件关系图

预制构件剪力墙洞口上方的预制连梁一般与后浇圈梁或水平后浇带形成叠合梁。其工程量计算规则同上。

上层剪力墙底与下层剪力墙接缝处，采用灌浆连接。下层剪力墙钢筋伸入上层剪力墙，采用套筒注浆连接或浆锚连接。

4. 外挂墙板

装配式混凝土结构中外挂墙板是非承重外围护构件。其与主体结构构件的连接方式多采用螺栓连接。

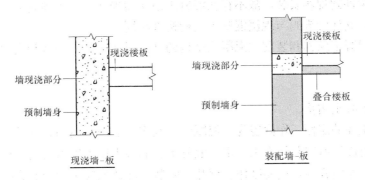

图 5.8-9　现浇和装配式混凝土结构墙板构件关系图

墙高：有梁的算到上一层梁底，无梁的算到板底。

5. 楼梯

现浇混凝土结构：楼梯按设计图示尺寸，以体积计算。楼梯梯段、休息平台、梯梁工程量归入楼梯工程量中计算。

装配式混凝土结构：预制构件楼梯工程量仅包含梯段工程量。梯梁、休息平台工程量单独计算。楼梯与现浇/叠合梯梁、现浇/叠合休息平台板之间的连接采用钢筋连接或螺栓连接。

6. 钢筋

现浇混凝土结构钢筋计算规则为：按设计长度乘以单位理论质量计算。钢筋搭接按设计、规范规定计算。墙、柱、电梯井壁的竖向钢筋；梁、楼板及地下室底板的贯通钢筋；墙、电梯井壁的水平转角钢筋，以上钢筋的连接区、连接方式、连接长度均按设计图纸和有关规范、规程、国际标准图册的规定计算。

装配式混凝土结构钢筋计算分为两部分：第一部分是预制混凝土构件中的钢筋；第二部分是后浇混凝土中的钢筋。预制混凝土构件中的钢筋包含在预制混凝土构件中，其出厂成品价格已经包含钢筋，不再另行计算。伸出预制混凝土构件的钢筋亦包含在预制混凝土构件中，不另计算。后浇混凝土构件中的钢筋按重量计算，其计算规则同现浇混凝土结构钢筋。

5.8.3　高层住宅工程计价对比

1. 价格组成

（1）现浇混凝土结构

结构构件价格主要是由混凝土、钢筋以及模板组成。计价时，混凝土、钢筋、模板分别套用各自的清单和定额。混凝土和钢筋归入分部分项工程费中计算，模板归入措施项目费中计算。现浇混凝土场外运输费包含在混凝土主材单价中，但需要单独计算混凝土泵送增加费，泵送增加费套用相应的清单定额，归入措施项目费中计算。

（2）装配式混凝土结构

预制混凝土构件价格主要是由预制混凝土构件、后浇混凝土、后浇混凝土的钢筋以及后浇混凝土的模板组成。其中，预制混凝土构件的主材费包含了预制构件的混凝土、钢筋及模板。预制混凝土构件的场外运输费包含在预制构件的主材单价中。预制混凝土构件由于是购买成品构件到现场安装，故不存在混凝土泵送增加费。对于预制混凝土构件中的后浇混凝土部分，其计价规则与现浇混凝土结构构件相同。

下文现浇混凝土结构和装配式混凝土结构的计价对比中，管理费和利润都是按同一标准计算。

2. 柱子

（1）现浇混凝土结构

现浇混凝土柱的定额工作内容为：混凝土（制作）运输、浇捣和养护。定额子目包含完成柱子混凝土浇捣所需要的人工、水、混凝土、混凝土振动器以及其他材料。

钢筋定额工作内容为：钢筋制作、绑扎、安装、浇捣混凝土时钢筋维护。定额子目包含完成钢筋制作安装所需要的人工、钢筋、镀锌低碳钢丝、低碳钢焊条、水、钢筋切断机、钢筋弯曲机、交流电焊机、对焊机及其他材料。

柱模板的定额工作内容为：模板制作、模板安装、拆除、维护、整理、堆放及场内外运输、清理模板粘结物及模内杂物、刷隔离剂等。定额子目包含完成模板安装所需要的人工、松杂板枋材、防水胶合板、圆钉、铁件、嵌缝料、隔离剂、钢支撑、载货汽车、木工圆锯机及其他材料。

（2）装配式混凝土结构

预制混凝土柱构件的定额工作内容为：支撑杆连接件预埋，结合面清理，构件吊装、就位、校正、垫实、固定，坐浆料铺筑，搭设及拆除钢支撑。定额子目包含完成预制混凝土柱构件安装所需要的人工、混凝土柱构件、垫铁、预埋铁件、垫木、斜支撑杆件、水泥砂浆以及其他材料。

后浇混凝土的定额工作内容为：混凝土接触面旧口处理、混凝土浇捣、看护、养护等。定额子目包含完成后浇混凝土浇捣所需要的人工、聚乙烯薄膜、水、混凝土及其他材料。

后浇混凝土钢筋的定额工作内容为：制作、运输、绑扎、安装、电焊、拼装等。定额子目包含完成钢筋制作安装所需要的人工、镀锌低碳钢丝、钢筋、低合金钢耐热焊条、水、钢筋弯曲机、钢筋切断机、钢筋调直机、直流电焊机、电焊机、对焊机、电焊条烘干机。

为方便对比二者单价差异，以下现浇混凝土柱的模板、钢筋等清单不单列。

现浇混凝土结构柱单价 表 5.8-3

编码	名　称	单位	工程量	综合单价（元/m³）
010502001001	现浇混凝土柱			
A4-5	矩形、多边形、异形、圆形柱			
A4-180	现浇构件螺纹钢 φ25 外			
A4-179	现浇构件螺纹钢 φ25 内			
A4-175	现浇构件圆钢 φ10 内	m³	1	1814.87
A4-181	现浇构件箍筋圆钢 φ10 内			
A21-16	矩形柱模板（周长 1.8m 外）支模高度 3.6m 内			
A26-3	混凝土泵送增加费商品混凝土（计算超高降效）			

装配式混凝土结构预制混凝土柱构件单价 表 5.8-4

编码	名　称	单位	工程量	综合单价（元/m³）
010509001001	预制混凝土柱构件			
1-1	预制混凝土构件安装柱构件			
1-29	后浇混凝土浇捣梁、柱接头			
1-27	预制混凝土构件安装套筒注浆钢筋直径＞φ18	m³	1	3315.2
1-28	预制混凝土构件安装嵌缝、打胶			
4-1	预制构件后浇混凝土模板梁、柱接头			
A26-3	混凝土泵送增加费商品混凝土（计算超高降效）			

二者单价分别见表 5.8-3 和表 5.8-4，现浇混凝土结构，柱单价约 1800 元/m³；装配式混凝土结构，预制混凝土柱构件单价约 3300 元/m³。预制混凝土柱构件单价比现浇混凝土柱高约 1500 元/m³。

3. 梁

（1）现浇混凝土结构

现浇混凝土梁的定额工作内容为：混凝土（制作）运输、浇捣和养护。定额子目包含完成梁混凝土浇捣所需要的人工、水、混凝土、混凝土振动器以及其他材料。

钢筋定额工作内容及定额子目包含内容同现浇混凝土柱。

梁模板的定额工作内容及定额子目包含内容同现浇混凝土柱。

（2）装配式混凝土结构

预制混凝土梁构件的定额工作内容为：结合面清理、构件吊装、就位、校正、垫实、固定、接头钢筋调直、搭设及拆除钢支撑。定额子目包含完成预制混凝土梁构件安装所需要的人工、混凝土梁构件、垫铁、零星卡具、松杂板枋材、钢支撑及配件、立支撑杆件以及其他材料。

后浇混凝土的定额工作内容及定额子目包含内容同装配式混凝土结构预制混凝土柱构件。

后浇混凝土钢筋的定额工作内容及定额子目包含内容同装配式混凝土结构预制混凝土柱构件。

为方便对比二者单价差异，以下现浇混凝土梁的模板、钢筋等清单不单列。

现浇混凝土结构梁单价 表 5.8-5

编码	名　称	单位	工程量	综合单价（元/m³）
010503001001	现浇矩形梁			
A4-9	单梁、连续梁、异形梁			
A4-180	现浇构件螺纹钢 φ25 外			
A4-179	现浇构件螺纹钢 φ25 内			
A4-175	现浇构件圆钢 φ10 内	m³	1	1902.93
A4-181	现浇构件箍筋圆钢 φ10 内			
A21-26	单梁、连续梁模板（梁宽 25cm 以外）支模高度 3.6m			
A26-3	混凝土泵送增加费商品混凝土（计算超高降效）			

装配式混凝土结构预制混凝土梁构件单价　　　　　　表 5.8-6

编码	名　称	单位	工程量	综合单价(元/m³)
010510001001	预制混凝土梁构件			
1-2	预制混凝土构件安装单梁			
1-29	后浇混凝土浇捣梁、柱接头			
1-27	预制混凝土构件安装套筒注浆钢筋直径>φ18	m³	1	3695.81
1-28	预制混凝土构件安装嵌缝、打胶			
4-1	预制构件后浇混凝土模板梁、柱接头			
A26-3	混凝土泵送增加费商品混凝土(计算超高降效)			

二者单价分别见表 5.8-5 和表 5.8-6，现浇混凝土结构，梁单价约 1900 元/m³；装配式混凝土结构，预制混凝土梁构件单价约 3700 元/m³。预制混凝土梁构件单价比现浇混凝土梁高约 1800 元/m³。

4. 板

（1）现浇混凝土结构

现浇混凝土板的定额工作内容为：混凝土（制作）运输、浇捣和养护。定额子目包含完成板混凝土浇捣所需要的人工、水、混凝土、混凝土振动器以及其他材料。

钢筋定额工作内容及定额子目包含内容同现浇混凝土柱。

板模板的定额工作内容及定额子目包含内容同现浇混凝土柱。

（2）装配式混凝土结构

预制混凝土板构件的定额工作内容为：结合面清理、构件吊装、就位、校正、垫实、固定、接头钢筋调直、搭设及拆除钢支撑。定额子目包含完成预制混凝土板构件安装所需要的人工、混凝土板构件、垫铁、零星卡具、松杂板枋材、钢支撑及配件、立支撑杆件以及其他材料。

后浇混凝土的定额工作内容及定额子目包含内容同装配式混凝土结构预制混凝土柱构件。

后浇混凝土钢筋的定额工作内容及定额子目包含内容同装配式混凝土结构预制混凝土柱构件。

为方便对比二者单价差异，以下现浇混凝土板的模板、钢筋等清单不单列。

现浇混凝土结构板单价　　　　　　表 5.8-7

编码	名　称	单位	工程量	综合单价(元/m³)
010505001001	现浇混凝土有梁板			
A4-14	平板、有梁板、无梁板			
A4-180	现浇构件螺纹钢 φ25 外			
A4-179	现浇构件螺纹钢 φ25 内	m³	1	1697.65
A4-175	现浇构件圆钢 φ10 内			
A4-181	现浇构件箍筋圆钢 φ10 内			
A21-26	单梁、连续梁模板(梁宽 25cm 以外)支模高度 3.6m			
A26-3	混凝土泵送增加费商品混凝土(计算超高降效)			

装配式混凝土结构预制混凝土板构件单价　　　　　表 5.8-8

编码	名　称	单位	工程量	综合单价（元/m³）
010510001001	预制混凝土梁构件			
1-4	预制混凝土构件安装整体板	m³	1	3065.15

二者单价分别见表 5.8-7 和表 5.8-8，现浇混凝土结构，板单价约 1700 元/m³；装配式混凝土结构，预制混凝土板构件单价约 3100 元/m³。预制混凝土梁构件单价比现浇混凝土梁高约 1400 元/m³。

5. 剪力墙

（1）现浇混凝土结构

现浇混凝土墙的定额工作内容为：混凝土（制作）运输、浇捣和养护。定额子目包含完成墙混凝土浇捣所需要的人工、水、混凝土、混凝土振动器以及其他材料。

钢筋定额工作内容及定额子目包含内容同现浇混凝土柱。

墙模板的定额工作内容及定额子目包含内容同现浇混凝土柱。

（2）装配式混凝土结构

预制混凝土墙构件的定额工作内容为：支撑杆连接件预埋、结合面清理、构件吊装、就位、校正、垫实、固定、接头钢筋调直、构件打磨、坐浆料铺筑、填缝料填缝、搭设及拆除钢支撑。定额子目包含完成预制混凝土墙构件安装所需要的人工、混凝土墙构件、钢板、PE 棒、垫铁、零星卡具、松杂板枋材、钢支撑及配件、立支撑杆件以及其他材料。预制墙板安装需采用橡胶气密条时，橡胶气密条材料费另行计算。

后浇混凝土的定额工作内容及定额子目包含内容同装配式混凝土结构预制混凝土柱构件。

后浇混凝土钢筋的定额工作内容及定额子目包含内容同装配式混凝土结构预制混凝土柱构件。

为方便对比二者单价差异，以下现浇混凝土墙的模板、钢筋等清单不单列。

现浇混凝土结构墙单价　　　　　表 5.8-9

编码	名　称	单位	工程量	综合单价（元/m³）
010504001001	现浇混凝土剪力墙			
A4-12	直形、弧形、电梯井墙			
A4-180	现浇构件螺纹钢 $\phi25$ 外			
A4-179	现浇构件螺纹钢 $\phi25$ 内			
A4-175	现浇构件圆钢 $\phi10$ 内	m³	1	1531.3
A4-181	现浇构件箍筋圆钢 $\phi10$ 内			
A21-27	直形墙模板墙厚（40cm 以内）支模高度 3.6m 内			
A26-3	混凝土泵送增加费商品混凝土（计算超高降效）			

二者单价分别见表 5.8-9 和表 5.8-10，现浇混凝土结构，墙单价约 1500 元/m³；装配式混凝土结构，预制混凝土墙构件单价约 3500 元/m³。预制混凝土梁构件单价比现浇混凝土梁高约 2000 元/m³。

装配式混凝土结构预制混凝土墙构件单价　　　　表 5.8-10

编码	名　　称	单位	工程量	综合单价(元/m³)
010514001001	预制混凝土剪力墙			
1-9	预制混凝土构件安装　实心剪力墙　内墙板　墙厚>200mm			
1-7	预制混凝土构件安装　实心剪力墙外墙板　墙厚>200mm			
1-32	后浇混凝土浇捣　连接墙、柱			
1-27	预制混凝土构件安装　套筒注浆　钢筋直径>φ18	m³	1	3470.79
1-28	预制混凝土构件安装　嵌缝、打胶			
4-2	预制构件后浇混凝土模板　连接墙、柱			
A26-3	混凝土泵送增加费　商品混凝土(计算超高降效)			

6. 砌块墙和预制墙板

（1）现浇混凝土结构

现浇混凝土砌块墙的定额工作内容为：运料、砌块、砂浆制作运输、砌筑块料、留洞。定额子目包含完成墙体砌筑所需要的人工、砌块材料、松杂板枋材、水泥、圆钉、水、水泥石灰砂浆以及其他材料。

（2）装配式混凝土结构

预制墙构件包括实心剪力墙、夹心保温剪力墙板、双页叠合剪力墙板、外墙面板、外挂墙板。

实心剪力墙的定额工作内容及定额子目包含的内容见表 5.8-10。

夹心保温剪力墙板、外墙面板、外挂墙板主要用于外墙面。双页叠合剪力墙板则可用于外墙板也可用于内墙板。定额工作内容和定额子目包含的内容同实心剪力墙。

上述各种形式墙体，单价分别见表 5.8-11～表 5.8-13。

现浇混凝土结构砌块墙单价　　　　表 5.8-11

编码	名　　称	单位	工程量	综合单价(元/m³)
010402001001	砌块墙			
A3-52	蒸压加气混凝土砌块内墙墙体厚度 18cm	m³	1	322.62

装配式混凝土结构夹心保温剪力墙构件单价　　　　表 5.8-12

编码	名　　称	单位	工程量	综合单价(元/m³)
010402001003	砌块墙			
1-10	预制混凝土构件安装夹心保温剪力墙外墙板墙厚≤300mm	m³	1	3751.08

装配式混凝土结构双页叠合剪力墙构件单价　　　　表 5.8-13

编码	名　　称	单位	工程量	综合单价(元/m³)
010402001002	砌块墙			
1-13	预制混凝土构件安装双页叠合剪力墙内墙板	m³	1	3703.83

现浇混凝土结构，砌块墙单价约 320 元/m³；装配式混凝土结构，夹心保温剪力墙构件单价约 3750 元/m³，双页叠合剪力墙构件单价约 3700 元/m³。夹心保温剪力墙构件和

双页叠合剪力墙构件单价比砌筑墙高约 3400 元/m³。

7. 墙、梁、板单价对比

根据上面分析得到的现浇与装配式混凝土结构的构件单方造价对比，详见表5.8-14。

现浇和装配式混凝土用结构构件单方造价表　表 5.8-14

构件名称	现浇混凝土结构(元/m³)	装配式混凝土结构(元/m³)
柱	1800	3300
剪力墙	1500	3500
梁	1900	3700
板	1700	3100
砌块墙/预制墙板	320	3750/3700

当砌块墙改为采用预制墙板时，构件单价增加最多。

5.8.4　高层住宅工程施工措施对比

1. 模板

（1）现浇混凝土结构

现浇混凝土模板，按不同构件，分别以胶合板模板、木模板、钢支撑、木支撑配制。工程量按混凝土与模板的接触面积以面积计算。板模板工程量应扣除混凝土柱、梁、墙所占的面积。模板主要采用胶合板模板，模板材料按使用10～15次摊销。

（2）装配式混凝土结构

装配式混凝土模板，包括后浇混凝土模板、铝合金模板。

后浇混凝土模板工程量计算规则与现浇混凝土模板相同，都是按后浇混凝土与模板接触面以面积计算。伸出后浇混凝土与预制构件抱合部分的模板面积不增加计算。不扣除后浇混凝土墙、板上单孔面积在 0.3m² 以内的孔洞，洞侧壁模板不增加，扣除单孔面积在 0.3m² 以外的孔洞，孔洞侧壁模板面积并入相应构件模板工程量中计算。定额中，后浇混凝土模板采用胶合板模板。

新增铝合金模板内容。铝合金模板虽然一次性投资较高，但材料重复使用次数多，且具有施工方便等特点，主要用于标准层数量多的建筑物上。铝合金模板系统由铝模板系统、支撑系统、紧固系统和附件系统构成，铝合金模板的材料按使用 90 次摊销。

现浇混凝土模板、后浇混凝土模板、铝合金模板的单价分别见表5.8-15～表5.8-17。

现浇混凝土模板单价　表 5.8-15

编码	名　称	单位	工程量	综合单价(元/m³)
011702002001	矩形柱现浇混凝土模板			
A21-16	矩形柱模板(周长 m)支模高度3.6m内 φ1.8 外	m³	1	57.94

后浇混凝土模板单价　表 5.8-16

编码	名　称	单位	工程量	综合单价(元/m³)
011702002002	矩形柱后浇混凝土模板			
A21-16	预制构件后浇混凝土模板梁、柱接头	m³	1	121.31

铝合金模板单价 表 5.8-17

编码	名　　　称	单位	工程量	综合单价(元/m³)
011702002003	矩形柱后浇混凝土模板			
4-4	铝合金模板矩形柱	m³	1	45.78

现浇混凝土模板单价约 60 元/m²；装配式混凝土结构，后浇混凝土模板单价约 120 元/m²，铝合金模板单价约 46 元/m²。

住宅工程，±0.000 以上部分，现浇混凝土模板工程量为混凝土体积的 6～7 倍。折合混凝土体积，每立方米混凝土模板造价约 360～420 元。模板使用量大，施工过程不断重复搭拆工作。装配式混凝土中，预制构件由于在工厂加工，模板不需单独计算。且构件运到现场，可直接进行安装，仅在少量的后浇混凝土部分需要计算模板造价。

2. 脚手架

（1）现浇混凝土结构

现浇混凝土结构中，脚手架包含外墙综合脚手架、里脚手架、满堂脚手架等。

外墙综合脚手架包含脚手架、平桥、斜桥、平台、护栏、挡脚板、安全网等。主要用于外墙砌筑、装饰装修工程。

里脚手架包含外墙内面装饰脚手架、内墙砌筑及装饰用脚手架、外走廊及阳台的外墙砌筑与装饰脚手架。

满堂脚手架用于室内顶棚装饰装修工程。

一般情况下，建筑工程脚手架应同时包含外墙综合脚手架、里脚手架和满堂脚手架。

（2）装配式混凝土结构

外墙预制构件包含保温及装饰面层的情况下，装配式混凝土结构不需设置外脚手架，但需考虑吊篮等工具式脚手架。装配式定额中，脚手架新增工具式脚手架。工具式脚手架可重复使用，其计算规则为按实际使用外墙外边线长度乘以外墙高度以面积计算。可以跟普通现浇式建筑通用，工程量计算方式一样。

装配式混凝土结构住宅工程，脚手架视预制构件情况而定，可节约造价 0～35 元/m²。

5.8.5　影响装配式建筑造价的主要因素

建筑工程建安工程造价是由直接费、间接费、利润、税金组成。间接费主要为企业管理费和规费。企业管理费和利润根据企业自身情况而变化。规费和税金是根据项目所在地的相关政策计算，为不可竞争费用。直接费是由人工费、材料费、机械费、措施费组成。具体关系如图 5.8-10 所示。现浇混凝土结构工程，材料费约占土建建安工程造价的 55%～60%。装配式混凝土结构工程，其材料费占比更高。因此，影响装配式建筑造价的主要因素是预制构件材料费。

预制构件材料费是由构件生产费、运输费组成。

构件生产费包含原材料费（水泥、石子、砂、钢筋等）、建设工厂费、模具摊销费、工厂设备摊销费、生产人工费、生产使用水电费、厂商利润及税金等组成。

运输费包含预制构件从生产工厂运输到项目工地现场的运输费用。

预制构件购买原材料费与现浇混凝土原材料费相同。为生产预制构件，工厂需要在前

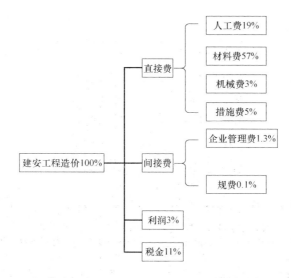

图 5.8-10　建筑工程建安工程造价组成

期投入大量资金建设工厂、制作模具、购买生产设备。因此，影响预制构件材料费的主要因素是建设工厂费、模具费和工厂设备费。一般预制厂按照产能需要先行投资 500～1000 元/m³，全部要摊销在预制构件价格之中。

降低预制构件材料费，必须研究装配整体式结构的结构形式、生产工艺，大力推进装配式建筑，提高预制构件生产量，降低摊销。

5.8.6　装配式建筑不同预制率的造价差异

本节结合广州市某保障性住房项目（图 5.8-11），通过计算标准层工程量，分析不同预制率情况下，造价的差异。

该项目为两梯六户住宅工程。标准层建筑面积 452.26m²。当楼梯、阳台板、空调板、楼板、内隔墙、梁、外墙、柱、剪力墙等构件分别采用预制构件的情况下，计算项目的预制率以及增加的单方造价。预制率计算公式见式（5.8-1）。

根据 Revit 模型，计算本项目标准层各种构件混凝土工程量见表 5.8-18。

标准层混凝土工程量分配表　　　　　　　　　　表 5.8-18

序号	预制构件名称	混凝土工程量（m³）	备注
1	楼梯	2.96	
2	阳台板	5.32	
3	空调板	0.59	
4	楼板	45.154	
5	内隔墙	41.676	
6	梁	20.738	
7	外墙	31.876	
8	剪力墙	68.216	
合计		216.53	

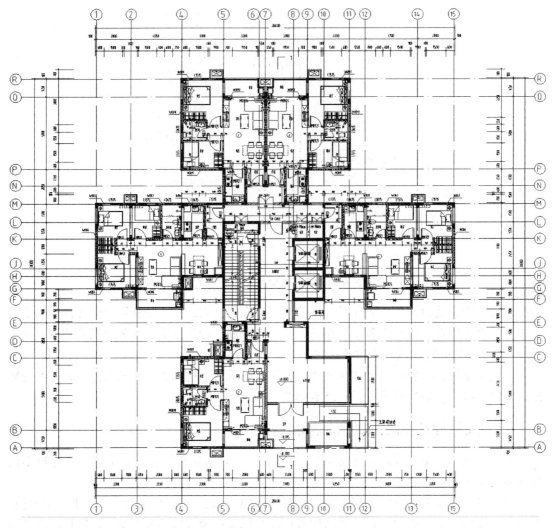

图 5.8-11　广州市某保障性住房标准层

通过广联达软件计价，得出不同构件采用预制构件时，造价增加情况，具体见表5.8-19。

预制构件单方指标增量分析表　　　　　　　　　　　　　　表 5.8-19

序号	预制构件名称	预制率	增加造价(元)	单位	备注
1	楼梯	2.07%	3.17	元/m²	
2	阳台板	3.80%	19.10	元/m²	
3	空调板	0.42%	2.12	元/m²	
4	楼板	15.79%	68.27	元/m²	
5	内隔墙	22.57%	311.58	元/m²	
6	梁	14.51%	82.21	元/m²	
7	外墙板	18.23%	240.70	元/m²	
8	剪力墙	47.71%	292.54	元/m²	
	合计		1019.69	元/m²	

可见对应某一个预制率，设计都可以有多种不同的预制构件组合形式，每种组合形式造价不同。下面通过对 15%、20%、30%、45%、60% 五种预制率进行分析，研究如何用最低的造价，满足预制率要求。

1. 预制率 15%

（1）方案一：空调板、梁采用预制构件，其余采用现场浇筑，则每平方米造价增加 84 元。

（2）方案二：楼板采用预制构件，其余采用现场浇筑，则每平方米造价增加 68 元。

预制率 15% 情况下，最经济方案为楼板采用预制构件，其余采用现场浇筑，每平方米造价增加 68 元，见表 5.8-20。

预制率 15%方案分析表   表 5.8-20

名称	方案一	方案二
预制构件组合	梁＋空调板	楼板
每平方米增加造价(元)	84	68

2. 预制率 20%

（1）方案一：梁、楼梯、阳台板采用预制构件，其余采用现场浇筑，则每平方米造价增加 104 元。

（2）方案二：楼板、空调板、阳台板采用预制构件，其余采用现场浇筑，则每平方米造价增加 89 元。

（3）方案三：外墙板、楼梯、空调板采用预制构件，其余采用现场浇筑，则每平方米造价增加 246 元。

预制率 20% 情况下，最经济方案为楼板、空调板、阳台板采用预制构件，其余采用现场浇筑，每平方米造价增加 89 元，见表 5.8-21。

预制率 20%方案分析表   表 5.8-21

名　称	方案一	方案二	方案三
预制构件组合	梁＋楼梯＋阳台板	楼板＋空调板＋阳台板	外墙板＋楼梯＋空调板
每平方米增加造价(元)	104	89	246

3. 预制率 30%

（1）方案一：梁、楼板采用预制构件，其余采用现场浇筑，则每平方米造价增加 150 元。

（2）方案二：楼梯、空调板、阳台板、内隔墙采用预制构件，其余采用现场浇筑，则每平方米造价增加 336 元。

（3）方案三：外墙板、梁采用预制构件，其余采用现场浇筑，则每平方米造价增加 323 元。

（4）方案四：楼板、外墙采用预制构件，其余采用现场浇筑，则每平方米造价增加 309 元。

（5）方案五：内隔墙、外墙采用预制构件，其余采用现场浇筑，则每平方米造价增加 552 元。

预制率 30％情况下，最经济方案为梁、楼板采用预制构件，其余采用现场浇筑，每平方米造价增加 150 元。若考虑施工现场尽量减少简单湿作业，即首先考虑隔墙采用预制构件，则每平方米造价将至少增加 336 元，见表 5.8-22。

预制率 30％方案分析表　　　　　　　　　　　　表 5.8-22

名　称	方案一	方案二	方案三	方案四	方案五
预制构件组合	楼板＋梁	内隔墙＋空调板＋阳台板＋楼梯	外墙板＋梁	外墙板＋楼板	内隔墙＋外墙板
每平方米增加造价(元)	150	336	323	309	552

4. 预制率 45％

（1）方案一：梁、楼板、内隔墙采用预制构件，其余采用现场浇筑，则每平方米造价增加 462 元。

（2）方案二：外墙、梁、楼板、空调板、楼梯采用预制构件，其余采用现场浇筑，则每平方米造价增加 394 元。

（3）方案三：外墙、内隔墙、楼板、空调板采用预制构件，其余采用现场浇筑，则每平方米造价增加 623 元。

（4）方案四：内隔墙、外墙、楼梯、梁采用预制构件，其余采用现场浇筑，则每平方米造价增加 638 元。

预制率 45％情况下，最经济方案为外墙、梁、楼板、空调板、楼梯采用预制构件，其余采用现场浇筑，每平方米造价增加 394 元。若考虑施工现场尽量减少简单湿作业，即首先考虑隔墙采用预制构件，则每平方米造价将至少增加 462 元，见表 5.8-23。

预制率 45％方案分析表　　　　　　　　　　　　表 5.8-23

名　称	方案一	方案二	方案三	方案四
预制构件组合	梁＋楼板＋内隔墙	外墙＋梁＋楼板＋空调板＋楼梯	外墙板＋内隔墙＋楼板＋空调板	内隔墙＋外隔墙＋楼梯＋梁
每平方米增加造价(元)	462	394	623	638

5. 预制率 60％

方案：外墙、内隔墙、梁、楼板、空调板、阳台板、楼梯采用预制构件，其余采用现场浇筑，则每平方米造价增加 727 元。

为使预制率达到 60％，则需要外墙、内隔墙、梁、楼板、空调板、阳台板、楼梯均采用预制构件，剪力墙采用现场浇筑，每平方米造价增加 727 元，见表 5.8-24。

预制率 60％方案分析表　　　　　　　　　　　　表 5.8-24

名　称	方　案
预制构件组合	外墙＋内隔墙＋梁＋楼板＋空调板＋楼梯＋阳台板
每平方米增加造价(元)	727

第6章 结构专业设计方法

装配式建筑对结构设计专业提出更高的要求。在设计内容上，需要增加构件拆分、构件深化设计、构件连接节点设计等内容；在设计方法上，装配式建筑的结构体系、整体计算方法、计算参数取值均与传统现浇建筑有所不同。同时，装配式结构设计要求全面应用BIM技术，才能达到精细化设计的目的。

6.1 装配式混凝土结构体系

6.1.1 装配式混凝土结构体系分类

装配式混凝土结构体系按照结构形式分为装配整体式框架结构、装配整体式剪力墙结构、装配整体式框架—现浇剪力墙结构、装配整体式框架—现浇核心筒结构、装配整体式部分框支剪力墙结构。

1. 装配整体式框架结构

装配整体式框架结构是指框架梁、柱、板等受力构件采用预制装配式构件，通过节点后浇连接，使得承载力和变形满足要求的结构。该体系工业化程度高，可达80%预制比例，内部空间大，使用空间可灵活改变；框架梁、柱构件便于标准化、定型化，以及大规模工业化生产制作；施工简便且效率较高。研究表明，合理的构造措施和可靠的节点连接可使装配整体式框架结构等同现浇混凝土框架结构。

装配整体式框架结构的缺点是室内梁柱外露，影响空间利用和观感；由于是柔性结构，在强震下，结构产生较大水平位移导致严重非结构性破坏；对于高层住宅，梁、柱的内力增加明显，材料消耗和成本变大，限制了其在高层住宅建筑中的应用。

2. 装配整体式剪力墙结构

装配整体式剪力墙结构是指剪力墙全部或部分预制装配，节点部位后浇并达到变形和承载力要求的剪力墙结构。

装配整体式剪力墙结构包括多层预制剪力墙结构（又称预制装配式大板结构）、部分预制剪力墙结构和全预制剪力墙结构。内墙现浇、外墙部分或全部预制、连接节点部分现浇的剪力墙结构，称为部分预制剪力墙结构；内外墙均为预制、只有连接节点部分现浇的剪力墙结构，称为全预制剪力墙结构。装配整体式剪力墙结构特点是整体性好，侧向变形小，无梁柱外露，工业化程度高。高层住宅建筑中应用广泛。

装配整体式剪力墙缺点是剪力墙间距小，布置不灵活；成本高、施工难度大；墙体间连接构造复杂，其抗震性能难以完全等同于现浇结构；预制构件质量大，对设备要求高。

3. 装配整体式框架—剪力墙结构

装配整体式框架—剪力墙结构是指主体结构的框架和剪力墙全部或部分采用预制装配式构件，节点通过后浇混凝土连接的框架—剪力墙结构。

167

该体系主要特点是工业化程度高，可结合框架结构和剪力墙结构的优点，结构抗侧力刚度增大、侧移少；平面灵活布置，有较大空间。无论使用还是受力、变形，都是一种较好的结构体系。

装配整体式框架—剪力墙结构缺点是梁柱外露，围护结构构造相对复杂，对主筋灌浆锚固的要求较高。

根据外墙是否受力的特征，装配整体式剪力墙结构可分为三类：内浇外挂装配式混凝土剪力墙结构体系、全受力外墙装配整体式混凝土剪力墙结构体系、内嵌夹芯外墙装配整体式混凝土剪力墙结构体系。

1. 内浇外挂装配式混凝土剪力墙结构体系

内浇外挂装配式混凝土结构体系的内墙采用现浇混凝土，外墙挂预制混凝土复合墙板。内部主体结构受力构件采用现浇，周边围护的非主体结构构件采用工厂预制，运至现场外挂安装就位后，在节点区与主体结构构件整体现浇。

该体系工厂化程度较高，外墙挂板带饰面可减少现场的湿作业，施工缩短装修工期，但是外墙挂板在温度和地震作用下的变形和裂缝问题、板缝防水问题处理要十分谨慎。

2. 全受力外墙装配整体式混凝土剪力墙结构体系

全受力外墙装配整体式混凝土剪力墙结构体系即内外墙均为预制、只有连接节点部分现浇的剪力墙结构，该体系内外剪力墙均为结构受力构件，抗震性能较好，适用于高烈度区。其特点是工厂化程度很高，大量减少了现场湿作业、标准化程度高、施工周期短。缺点是全预制剪力墙外墙，刚度很大导致地震力也增大，同时增加了结构自重及工程造价。

3. 内嵌夹芯外墙装配整体式混凝土剪力墙结构体系

内嵌夹芯外墙装配整体式混凝土剪力墙结构体系是指外墙部分采用预制剪力墙板，对于开窗开洞处外墙采用不受力的夹芯板制作并挂于其上方的梁下的结构体系。该体系介于上述两种体系之间，同时也结合了两种体系的优点，采用工厂预制的夹芯板，既减少了现场湿作业工作量，且比全受力外墙自重轻，适合中低烈度区域装配式建筑。

6.1.2 装配式结构构件类型

装配式建筑构件种类主要有：外墙板、内墙板、预制柱、预制梁、预制板、阳台、空调板、预制楼梯等（图6.1-1）。

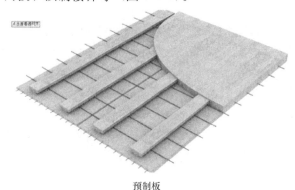

预制板   桁架钢筋叠合板

图6.1-1 预制构件类型（一）

预制柱

预制柱

预制梁

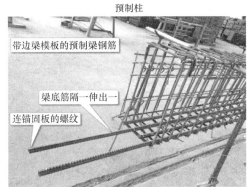

预制梁

预制墙

预制墙

预制楼梯

预制阳台

图 6.1-1　预制构件类型（二）

6.1.3 适用的最大高度及抗震等级

装配整体式结构构件的抗震设计，最大适用高度见表 6.1-1。应根据设防类别、烈度、结构类型和房屋高度采用不同的抗震等级，并应符合相应的计算和构造措施要求。丙类装配整体式结构的抗震等级应按表 6.1-2 确定。

装配整体式混凝土结构房屋的最大适用高度（m）　　　表 6.1-1

结构类型	抗震设防烈度			
	6 度	7 度	8 度(0.2g)	8 度(0.3g)
装配整体式框架结构	60	50	40	30
装配整体式框架—现浇剪力墙结构	130	120	100	80
装配整体式框架—现浇核心筒结构	150	130	100	90
装配整体式剪力墙结构	130(120)	110(100)	90(80)	70(60)
装配整体式部分框支剪力墙结构	110(100)	90(80)	70(60)	40(30)
装配整体式框架—斜撑结构	110	100	70	—

丙类装配整体式结构的抗震等级　　　表 6.1-2

结构类型		6 度		7 度			8 度		
装配整体式框架结构	高度(m)	≤24	>24	≤24	>24		≤24	>24	
	框架	四	三	三	二		二	一	
	大跨度框架	三		二			一		
装配整体式框架—现浇剪力墙结构	高度(m)	≤60	>60	≤24	>24 且≤60	>60	≤24	>24 且≤60	>60
	框架	四	三	四	三	二	三	二	一
	剪力墙	三	三	三	二	二	二	二	一
装配整体式剪力墙结构	高度(m)	≤70	>70	≤24	>24 且≤70	>70	≤24	>24 且≤70	>70
	剪力墙	四	三	四	三	二	三	二	二
装配整体式部分框支剪力墙结构	高度(m)	≤70	>70	≤24	>24 且≤70	>70	≤24	>24 且≤70	
	现浇框支结构	二	二	二	二	一	二	一	
	底部加强部位剪力墙	三	二	三	二	一	二	一	
	其他区域剪力墙	四	三	四	三	二	三	二	

乙类装配整体式结构应按本地区抗震设防烈度提高一级的要求加强其抗震措施；当本地区抗震设防烈度为 8 度且抗震等级为一级时，应采取比一级更高的抗震措施；当建筑场地为 I 类时，仍可按本地区抗震设防烈度的要求采取抗震构造措施。

6.1.4 楼盖形式

根据《装配式混凝土建筑技术标准》（GB/T 51231—2016）第 5.5.1、5.5.2 条，装配式整体式混凝土结构的楼盖宜采用叠合楼盖，但高层装配整体式混凝土结构中，结构转换层和作为上部结构嵌固部位的楼层宜采用现浇楼盖，屋面层和平面受力复杂的楼层宜采用现浇楼盖。叠合楼盖包括桁架钢筋混凝土叠合板、预制平板底板混凝土叠合板、预制带肋底板混凝土叠合板、叠合空心楼板等。目前国内装配式建筑最为常用的是桁架钢筋混凝土叠合板。

现浇楼板具有结构整体性好、抗震性能好的优点，但是费工费时费料。预制楼板可实现建筑构件工业化，但整体性差、抗渗性差。桁架钢筋混凝土叠合板能将二者的优点结合在一起，钢筋桁架可提高预制部分的刚度和增加预制部分及现浇部分交接面的抗剪强度，同时具有施工速度快、工期短、预制构件重量轻、整体性好、节省模板、对吊装能力要求较低等优点。

6.2　装配式结构整体有限元分析

6.2.1　计算单元和单元剖分

1. 杆单元

预制柱、叠合梁和现浇梁为一维构件，采用直线杆单元或曲杆单元来模拟。根据约束条件不同，空间杆件单元可分为两端固接、一端固接一端铰接、两端铰接和两端部分刚接（主要用于干连接时）4 种情况。由于高层结构中部分叠合梁和现浇梁的截面尺寸较大，剪切变形的影响是不可忽视的，空间杆单元单刚矩阵中应考虑剪切变形的影响。

2. 墙单元

现浇剪力墙和预制剪力墙外墙板采用既有平面内刚度（膜单元），又有平面外刚度（板单元）的壳单元，在预制剪力墙外墙板上任意位置都可开洞口。

3. 板单元

叠合板和现浇板可采用刚性板、壳单元（膜单元＋板单元）、膜单元和板单元模拟，膜单元只有平面内刚度，板单元只有平面外刚度。

4. 单元剖分

有限元分析前需要对构件进行剖分，一般地，预制柱、现浇剪力墙、预制剪力墙外墙板和设置弹性板的叠合板需要剖分，对于长度大于 2m 的叠合梁和现浇梁也需要进行剖分。

根据壳单元特性可知，膜元部分对剖分不敏感，但板元部分对剖分敏感，剖分长度减小时，位移增大，因此对板单元剖分尺寸不宜过大，否则板刚度偏大。墙单元尺寸一般取 1m 便可取得较好计算精度，剖分尺寸不宜大于 2m，避免剪力墙平面外刚度过大。装配式结构体系单元的剖分尺寸可参考表 6.2-1。

单元剖分尺寸　　　　　　　　　　　　　　　　表 6.2-1

结构体型	杆单元	墙单元	板单元
装配整体式框架结构			
装配整体式剪力墙结构			
装配整体式框架—现浇剪力墙结构	1.0～2.0m	1.0～2.0m	0.5～1.0m
装配整体式框架—现浇核心筒结构			
装配整体式部分框支剪力墙结构	转换梁：1.0m 其他：1.0～2.0m	框支剪力墙：1.0m 其他：1.0～2.0m	

6.2.2　计算参数

1. 内力调整

《装配式混凝土结构技术规程》第 6.3.1 条中有如下规定：当同一层内既有预制又有现浇抗侧力构件时，地震状况下宜对现浇抗侧力构件在地震作用下的弯矩和剪力进行适当放大。《装配式混凝土结构技术规程》第 8.1.1 条中有如下规定：抗震设计时，对同一层内既有现浇墙肢也有预制墙肢的装配整体式剪力墙结构，现浇墙肢水平地震作用弯矩、剪力宜乘以不小于 1.1 的增大系数。

2. 周期折减系数

主体结构计算时，应计入外墙板对结构刚度的影响，一般采用周期折减的方法考虑其对结构刚度的影响。装配式混凝土结构体系常见的外墙板包括预制剪力墙外墙板、外挂墙板、内嵌夹芯外墙板，其中预制剪力墙外墙板参与结构的整体受力分析，外挂墙板和内嵌夹芯外墙板不参与结构的整体受力分析。当采用预制剪力墙外墙板时，由于其参与结构的整体受力分析，周期折减系数取 1.0；外挂墙板根据支承形式分为点支承外挂墙板和线支承外挂墙板，当采用点支承式外挂墙板时，周期折减可取 1.0，当采用线支承外挂墙板时，周期折减系数可取 0.8～1.0；当采用内嵌夹芯外墙板时，由于内嵌夹芯外墙板的两侧与主体结构连接，刚度比线支承外挂墙板明显大，周期折减系数可取 0.65～0.85，见表 6.2-2。

| | 周期折减系数取值范围 | 表 6.2-2 |

体系名称		建议周期折减系数
内浇外挂装配式混凝土结构体系	点支承式	1.0
	线支承式	0.8～1.0
全受力外墙装配整体式混凝土剪力墙结构体系		1.0
内嵌夹芯外墙装配整体式混凝土剪力墙结构体系		0.65～0.85

3. 梁刚度放大系数

根据不同工程的研究分析，统计不同梁高，板厚和有效翼缘计算宽度下对梁刚度放大系数的影响发现，梁高和板厚的变化对梁刚度放大系数影响较小，有效翼缘计算宽度对梁刚度放大系数影响较大。由于装配式混凝土结构体系的梁有效翼缘计算宽度变化不大，因此不同装配式混凝土结构体系中梁刚度放大系数可近似取 1.6～2.0，边梁刚度放大系数取 1.3～1.5。

4. 保护层厚度

现浇混凝土结构的钢筋保护层厚度从受力钢筋的箍筋外皮算起。装配式混凝土结构的墙或梁采用套筒灌浆连接的保护层厚度从套筒的箍筋算起，在取相同的钢筋保护层厚度情况下，装配式构件纵筋面积应大一些。因此对采用套筒注浆连接的预制构件，由于构件的计算条件发生了变化，即 h_0 变小，需按实际受力筋合力点计算，保证预制构件具有足够的承载能力。

6.2.3　剪力墙结构整体控制指标

1. 单位面积重量

对于不同的结构体系，结构的单位重量存在一定的差异。一般情况下，剪力墙结构标准层单位重量范围为 $13 \sim 16 \mathrm{kN/m^2}$。

2. 竖向位移

在考虑模拟施工的情况下，一般是底部楼层和顶部楼层的竖向位移较小，中部楼层的竖向位移较大。准永久组合作用下的楼面混凝土梁构件竖向弹性挠度一般小于 $1/600$，如竖向变形大于 $1/600$，需检查构件刚度是否偏小。

3. 稳定性

普通高层结构的刚重比一般都满足《高层建筑混凝土结构技术规程》第 5.4.4 条要求，即刚重比大于 1.4，对于侧向刚度偏弱的超高层结构，刚重比有可能成为控制指标。

4. 侧向刚度

一般来说，结构的下层层高与上层层高相差小于 30% 时，结构的侧向刚度一般能满足规范限值要求。当结构的下层层高比上层层高大 30%～50% 时，可通过调整下层结构的构件尺寸满足刚度比要求。当结构的下层层高比上层层高大 50% 以上时，对于一般剪力墙结构，可通过伸长部分墙肢长度，增加竖向构件等措施解决刚度比的问题。

5. 振型参与质量

一般情况下，结构振型数取结构层数的 2～3 倍，结构的振型参与质量能够满足规范 90% 的限值要求，但当结构存在软弱楼层或在顶部存在小塔楼时，需要增加结构的振型数，直至结构的振型参与质量满足 90% 为止。

6. 层间位移角

在广东地区，层间位移角限值可按广东省标准《高层建筑混凝土结构技术规程》(DBJ 15-92-2013) 控制层间位移角。一般来说，地震烈度越低，层间位移角越容易满足规范限值要求，高烈度地区高层结构的层间位移角难以满足要求时，可通过加设消能减震、隔震措施，减小结构的变形。

7. 位移比

对于高层结构，在考虑偶然偏心影响的规定水平地震力作用下，楼层竖向构件最大的水平位移和层间位移，A 级高度高层建筑不宜大于该楼层平均值的 1.2 倍，不应大于该楼层平均值的 1.5 倍；B 级高度高层建筑、超过 A 级高度的混合结构及复杂高层建筑不宜大于该楼层平均值的 1.2 倍，不应大于该楼层平均值的 1.4 倍。当楼层的最大层间位移角不大于《高层建筑混凝土结构技术规程》限值的 40% 时，该楼层竖向构件的最大水平位移和层间位移与该楼层平均值的比值可适当放松，但不应大于 1.6。

6.2.4　围护结构影响分析

下面分析围护结构对装配式高层住宅剪力墙结构的影响。

围护结构外墙板主要包括外挂墙板（图 6.2-1a）和内嵌夹芯外墙板（图 6.2-1a）两种。由于围护结构外墙板不参与结构整体承载力计算，仅考虑其对结构整体刚度的影响。通过案例分析发现，由于外挂墙板和内嵌夹芯外墙板不参与结构的整体抗震设计，如建模中输入了外挂墙板和内嵌夹芯外墙板，将使框架梁或连梁在地震作用下的弯矩减小 5%～15% 和 30%～40%，配筋减少 5%～20% 和 30%～50%，结构偏于不安全，因此进行构件承载力计算时，不应在计算模型中输入外墙板，周期折减系数也宜根据实际外墙板对整体结构的刚度贡献进行取值，见表 6.2-2。

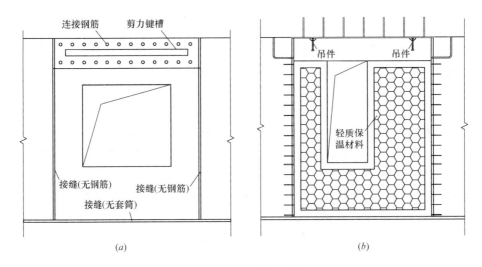

图 6.2-1 外挂墙板和内嵌夹芯外墙板立面示意图
(a) 外挂墙板；(b) 内嵌夹芯外墙板

6.2.5 楼梯影响分析

对于装配式混凝土剪力墙结构，分别计算考虑楼梯刚度和不考虑楼梯刚度两个模型，对比分析发现：考虑楼梯刚度和不考虑楼梯刚度的结构整体计算指标相差约 1%，差别较小，可以忽略不计，远离楼梯的构件内力基本一致，而靠近楼梯附近的构件有一定的影响，考虑楼梯刚度的模型构件配筋约增加 4%。

因此在实际的工程中，楼梯可不参与结构的整体刚度计算，仅考虑楼梯的荷载作用。

6.2.6 温度效应分析

1. 主体结构温度效应

当装配式混凝土结构的平面长度大于 40m 时，与分布于结构两侧的剪力墙相连的楼板，剪力墙对其水平变形的约束十分强，温度效应较显著，温度下降时楼板收缩导致水平构件受拉。当平面长度增加 1 倍，楼板最大温度应力增加约 1.4 倍，说明平面长度越长，温度效应影响越大，导致超长楼盖开裂，因此对于分缝后平面长度大于 40m 的装配式混凝土结构，宜考虑温度作用下对周边剪力墙及楼板的影响。

当装配式混凝土结构的高度超过 150m 时，在温度变化作用下会产生较大的变形差异，特别是基础对底部竖向构件所产生的约束作用影响较大。考虑温度作用后，底部竖向构件的内力增加 5%～10%。因此，对于超高层装配式混凝土结构，宜考虑温度作用对底部楼层构件内力的影响。

2. 围护结构温度效应

由于装配式混凝土结构的外墙板与主体结构的材料不同，存在温差。一般来说，水平或竖向缝宽随温差的增加而增加，温差每增加 5℃，水平或竖向缝宽度增加 0.9mm，因此，对于温差超过 5℃ 的外墙板，需考虑温度作用对外墙板的水平或竖向缝宽影响。

6.3　装配式结构连接设计

6.3.1　节点连接主要形式

1. 湿式连接

湿连接需要在连接的两构件之间浇筑混凝土或灌注水泥浆。为确保连接的完整性，浇筑混凝土前，从连接的两构件伸出钢筋或螺栓，焊接或搭接或机械连接。在通常情况下，湿连接是预制结构连接中常用且便利的连接方式，结构整体性能更接近于现浇混凝土。

2. 牛腿连接

牛腿连接是梁—柱干式连接中比较普遍的连接方式。明牛腿节点主要应用于预制装配式钢筋混凝土多层厂房中（图 6.3-1）。这种节点施工方便，刚性好，受力可靠。但其做法在建筑上影响了美观，且占用空间。

为了避免影响空间和利于建筑美观，可以把柱子的牛腿做成暗牛腿（图 6.3-2）。但用暗牛腿的做法给结构性能带来了影响。如果梁的一半高度能够承受剪力，则另一半梁高就能够用于做出柱子的牛腿，而要使牛腿的轮廓不突出梁边，则梁端和牛腿的配筋是比较复杂的。

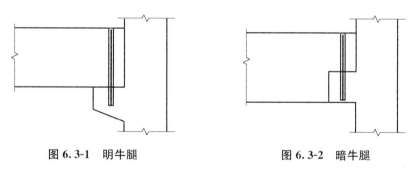

图 6.3-1　明牛腿　　　　　　　图 6.3-2　暗牛腿

当剪力较大时，则一半的梁高不足以承担全梁的剪力，这时可以用型钢做成的牛腿（图 6.3-3）。可以减小暗牛腿的高度，相应地增加梁端缺口梁的高度，以增加缺口梁梁端的抗剪能力。

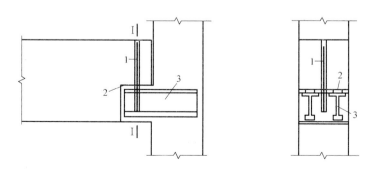

图 6.3-3　型钢暗牛腿

1—后加和灌浆的销；2—氯丁橡胶板；3—型钢

3. 焊接连接

这是美国干式连接方法之一。焊接连接不必进行养护，可以节省工期，避免了现场现浇混凝土（图 6.3-4）。

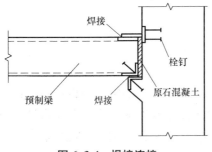

图 6.3-4　焊接连接

4. 螺栓连接

螺栓连接的接头，安装迅速利落，缺点是螺栓位置在预制时必须制作特别准确，运输以及安装时为了避免受弯，必须进行极为细致的保护。螺栓连接可以传递弯矩和剪力，其承载能力取决于钢板和螺栓的材性，主要靠钢板和混凝土表面的摩擦传力。

5. 榫式接头

榫式接头是把柱端做成榫头并伸出钢筋，是一种常用的连接形式。榫头坐落于下柱的顶端，经校正就位后，把上、下柱伸出的钢筋相互焊接，加上箍筋，支模后浇筑混凝土，使上、下柱连成一个整体。这种接头主要靠榫头和焊接钢筋受力。

6. 其他连接方式

目前国外也有一些其他的连接方式，如用于预制楼梯、电梯井或其他墙体结构的拉应力区的紧固连接法；用于连接预制墙板或连接预制墙板和柱子的墙体竖缝连接环连接法；用于梁柱连接的长锚杆连接；将预制柱安插在另一个预制杯口基础，并用混凝土或者其他砂浆填充的含插法等。

6.3.2　节点构造

15G310-1 和 15G310-2 两本图集对装配式混凝土结构的预制板、预制梁、预制墙的节点（共计 147 种）构造作了详细说明，尽管节点数量很多，但是归纳起来主要分为板板相接、梁梁相接、墙墙相接、梁墙相交、板梁相交、板墙相交、梁墙相交这几大类，而在这几大类中，根据单双向板、主次梁、构造和约束边缘构件等构件的不同又可以细分多种节点连接类型。

本节对两本图集细分的构件连接方式进行了归纳，阅读时逻辑更加清晰。

1. 15G310-1 装配式混凝土结构连接节点构造（楼盖和楼梯）

（1）板连接节点见表 6.3-1。

板连接节点　　　　　　　　　　　　　　　　表 6.3-1

序号	节点类型	种类
1	"双向板—双向板"连接	5
2	"边梁—板"连接	2
3	"中间梁—板"连接	6
4	"边墙—板"连接	4
5	"中间墙—板"连接	12
6	"单向板—单向板"连接	4
7	"悬挑板"连接	5
合计		38

（2）梁连接节点见表6.3-2。

梁连接节点　　　　　　　　　　　　　　　　　　　表 6.3-2

序号	节点类型	种类
1	"梁—梁"连接	3
2	"主梁—次梁"边节点连接	6
3	"主梁—次梁"中间节点连接	9
4	"搁置式主次梁"连接	6
5	"边墙—梁"平面外连接	2
6	"中间墙—梁"平面外连接	4
合计		30

2. 15G310-2 装配式混凝土结构连接节点构造（剪力墙）

（1）预制墙的竖向接缝见表6.3-3。

预制墙的竖向接缝　　　　　　　　　　　　　　　　表 6.3-3

序号	节点类型	种类
1	"预制墙—预制墙"连接	9
2	"预制墙—现浇墙"连接	6
3	"预制墙—后浇边缘暗柱"连接	3
4	"预制墙—后浇端柱"连接	4
5	"预制墙—全后浇构造边缘转角墙"连接	4
6	"预制墙—部分后浇构造边缘转角墙"连接	6
7	"预制墙—约束边缘转角墙"连接	3
8	"预制墙—全后浇构造边缘翼墙"连接	12
9	"预制墙—部分后浇构造边缘翼墙、预制墙贯通"连接	6
10	"预制墙—约束边缘翼墙"连接	3
11	"预制墙在十字墙处"连接	4
合计		60

（2）预制墙的水平接缝见表6.3-4。

预制墙的水平接缝　　　　　　　　　　　　　　　　表 6.3-4

序号	节点类型	种类
1	预制墙水平接缝连接	12
合计		12

（3）连梁（及楼屋面梁）与预制墙的连接构造见表6.3-5。

连梁（及楼屋面梁）与预制墙的连接构造　　　　　　表 6.3-5

序号	节点类型	种类
1	连梁（及楼屋面梁）与预制墙的连接构造	7
合计		7

6.3.3 预制构件接缝计算

装配式混凝土结构中的接缝主要是指预制构件之间的接缝和预制构件与现浇及后浇混凝土之间的结合面，包括梁端接缝、柱顶柱底接缝、剪力墙竖向接缝和水平缝、叠合楼板叠合板端竖向接缝等。

1. 正截面承载力计算

接缝是装配式混凝土结构的关键部位，关于接缝承载力，《装配式混凝土结构技术规程》第6.5.1条规定：装配整体式结构中，接缝的正截面承载力应符合现行国家标准《混凝土结构设计规范》(GB 50010—2010) 的规定，因此对装配式混凝土结构接缝进行正截面承载力计算，并不会因接缝的验算额外增加钢筋。

2. 斜截面承载力计算

装配式混凝土结构接缝的受剪承载力应符合《装配式混凝土结构技术规程》式 (6.5.1-1)～式 (6.5.1-3) 的规定。

(1) 对于底部加强区剪力墙，由于剪力墙接缝受剪承载力应符合 $\eta_j V_{uma} \leqslant V_{uE}$ 的要求，底部加强区剪力墙竖向钢筋明显大于不考虑接缝计算时的计算配筋；对于非底部加强区剪力墙，一般情况下考虑剪力墙接缝受剪承载力计算，不会因接缝的验算额外增加剪力墙竖向钢筋。

(2) 对于跨高比大于5的框架梁，一般情况下考虑框架梁接缝受剪承载力计算，不会因接缝的验算额外增加框架梁纵向钢筋；对于跨高比小于5的框架梁，由于框架梁剪力墙较大，并且梁接缝受剪承载力应符合 $\eta_j V_{uma} \leqslant V_{uE}$ 的要求，容易出现因考虑梁接缝受剪承载力计算而使梁纵向受力钢筋增加，设计时应予以注意。

6.3.4 节点可靠性分析

装配式建筑目前采用等同现浇的原则进行结构设计。对于常用装配整体式剪力墙结构，预制构件和现浇构件连接时的各类构造措施，以及墙身中存在水平和竖向接缝，均导致装配式剪力墙结构受力性能与现浇剪力墙结构相比存在一些差异。

本节选取装配式剪力墙结构中常用的四类典型节点进行精细有限元计算，包括剪力墙拼接节点 (图 6.3-5)、墙梁平面内搭接节点 (图 6.3-6)、搁置式主次梁连接节点 (图 6.3-7)、墙梁平面外搭接节点 (图 6.3-8)，并分别使用有限元分析软件 ANSYS 和 ABAQUS 对其进行承载能力的分析。

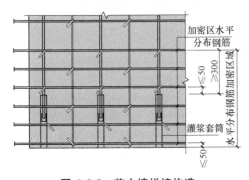

图 6.3-5　剪力墙拼接构造

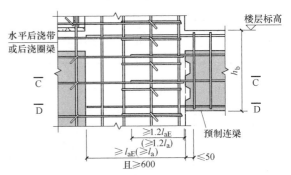

图 6.3-6　预制墙连梁平面内连接构造

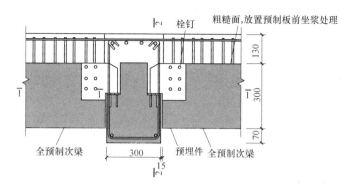

图 6.3-7　搁置式主次梁连接构造

以上四种典型节点的计算模型选自某高层剪力墙结构保障房项目。结构平面布置及三维模型如图 6.3-9 所示，采用盈建科软件对装配式和现浇剪力墙结构整体进行计算。

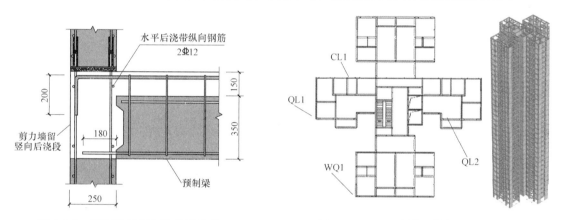

图 6.3-8　预制墙梁平面外连接构造

图 6.3-9　平面布置及节点位置示意图

1. 预制剪力墙接缝有限元分析

预制和现浇剪力墙 WQ1 墙身配筋结果如图 6.3-10（a）、图 6.3-10（b）、图 6.3-10（c）所示。预制和现浇的配筋结果主要有两点差异：

墙身配筋率不同。预制剪力墙虽然钢筋用量较多，但是除现浇边缘构件和套筒钢筋穿

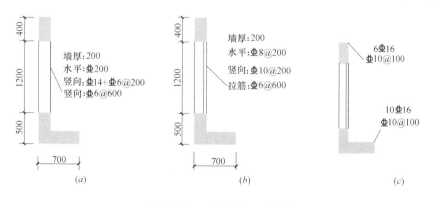

图 6.3-10　小震下 WQ1 配筋

（a）预制剪力墙墙身配筋；（b）现浇剪力墙墙身配筋；（c）边缘构件配筋

过接缝连接外，其余钢筋均未上下连接。WQ1 边缘构件在预制和现浇模型中计算配筋结果一致，如图 6.3-10（c）所示。

构造要求不同。《装配式混凝土结构技术规程》（JGJ 1—2014）要求自套筒底部至套筒顶部并向上延伸 300mm 的范围内，预制剪力墙套筒附近分布钢筋应加密，且套筒上端第一道水平分布钢筋距离套筒顶部不应大于 50mm。

（1）有限元建模方法

由于是首层剪力墙，因此固接墙底部节点，首先施加结构恒载和活载，剪力墙的轴压比为 0.48，为防止应力集中导致局部单元扭曲的现象，剪力墙上部建立了 20mm 厚的刚性层，在刚性单元中施加位移荷载。

水平接缝通过 ANSYS 中的接触单元来模拟其影响。当水平接缝连接可靠时，接触面可采用固定连接。当分析水平接缝对墙身的影响时，接缝处的接触面采用库仑摩擦模型。程序通过接触单元 Conta174 的实常数 COHE 定义刚进入滑动时的等效剪应力，ANSYS 对 COHE 的解释是没有法向压力时开始滑动的摩擦应力值，本质上即抗剪粘结强度。

（2）剪力墙承载力分析结果

假设预制剪力墙底部与基础粘结牢固。在轴压比为 0.48 和 0.60 的情形下，施加位移荷载后得到的预制和现浇剪力墙荷载位移曲线如图 6.3-11 所示。从图 6.3-11 中结果可知，预制和现浇剪力墙两者承载能力大致相同。

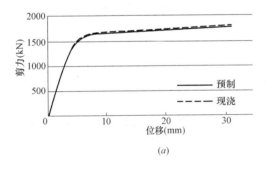
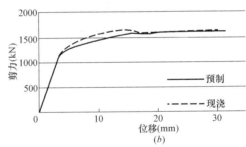

图 6.3-11 WQ1 荷载位移曲线

（a）轴压比 0.48；（b）轴压比 0.60

现浇剪力墙与预制剪力墙屈服模式类似。层间位移角约为 1/738 时，剪力墙（C50）边缘应力达到 35.2MPa，此时混凝土塑性应变分布如图 6.3-12（a）所示。对应的钢筋应力如图 6.3-12（b）所示，左下角受拉区钢筋应力最大为 220.0MPa，未屈服。继续加载，当受拉区钢筋达到屈服强度后剪力墙承载力不再增加，现浇剪力墙屈服模式与预制剪力墙一致。

（3）剪力墙水平接缝分析

上述分析是基于水平接缝连接足够牢固，下面针对剪力墙水平接触面的粘结力进行分析。将剪力墙与下部基础的固接连接改为库仑摩擦连接，通过设置实常数 COHE 来对初始粘结力进行定义，摩擦系数取 0.4。

轴压比为 0.48 时不同粘结力下 WQ1 荷载位移曲线如图 6.3-13 所示。

当抗剪粘结强度为 4MPa 时，如图 6.3-13 中"粘结力 4"曲线所示，才能保证装配式

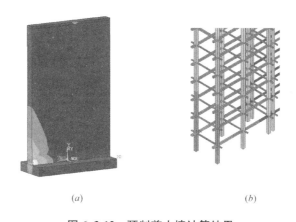

(a)　　　　　　　　　　　　　　(b)

图 6.3-12　预制剪力墙计算结果

（a）钢筋屈服前塑性应变；（b）钢筋屈服前钢筋应力

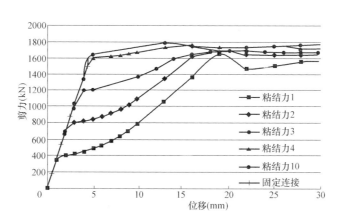

图 6.3-13　不同粘结力下 WQ1 荷载位移曲线

剪力墙与整体现浇剪力墙性能一致。因此预制剪力墙水平接缝应保证具有足够的贯穿结合面的抗剪钢筋，并且要保证钢筋与套筒连接处的施工质量，从而保证剪力墙接缝处的粘结力。

（4）小结

在水平接缝可靠的情况下，预制与现浇剪力墙的屈服模式、承载能力和刚度相差不大。

装配式剪力墙水平接缝的初始粘结力对接缝性能影响较大。按照《装配式混凝土结构技术规程》（JGJ 1—2014）中的相关规定，在保证足够的穿透结合面的抗剪钢筋和良好的施工质量（如套筒内浆料密实）下，水平接缝具有足够的抗剪强度，上下剪力墙连接可认为具有足够的可靠性。

2. 墙梁面内连接节点有限元分析

（1）模型建立

取 QL1 节点，进行拆分后各构件详图如图 6.3-14 所示。其中，GHJ2、GHJ5 为墙 Q1 的边缘构件，GHJ2、GHJ8 为墙 Q2 的边缘构件，KL 为连接双肢墙的框梁。

墙体混凝土采用 C40，框架梁采用 C30。

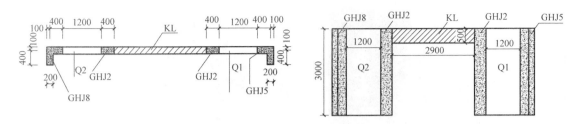

图 6.3-14 双肢墙梁节点详图

装配式节点和现浇节点受力钢筋配筋量相同，部分边缘构件及框架梁配筋见表 6.3-6。

剪力墙墙身 Q1 和 Q2 配筋为双层双向钢筋网，水平分布钢筋为 $\Phi 8@200$，竖向分布钢筋为 $\Phi 10@200$，拉筋为 $\Phi 6@600 \times 600$。

结构配筋信息   表 6.3-6

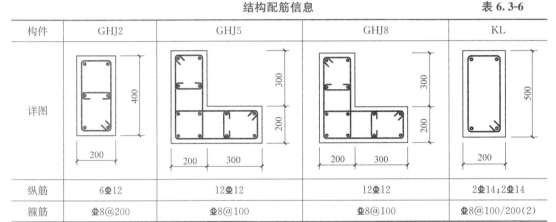

构件	GHJ2	GHJ5	GHJ8	KL
详图				
纵筋	6Φ12	12Φ12	12Φ12	2Φ14；2Φ14
箍筋	Φ8@200	Φ8@100	Φ8@100	Φ8@100/200(2)

根据图集《装配式混凝土结构连接节点构造》（15G310-2）选取如图 6.3-15 所示尺寸进行预制节点构造，预制连梁中预留两根纵筋在墙体后浇段内锚固。

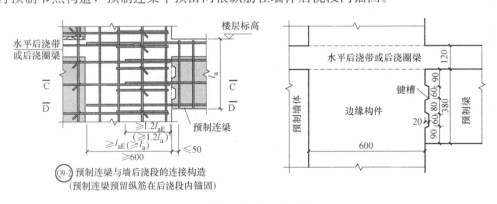

图 6.3-15 节点构造尺寸详图

模型边界条件为墙底固接。共设置两个分析步加载：

Step-1，施加恒载作用；Step-2，恒载保持作用的同时，施加地震作用力。

（2）现浇与装配式节点在不同地震荷载下受力分析

当预制构件与现浇构件连接完好时，计算其在不同地震荷载下的响应分析。

1）小震下地震作用

如图 6.3-16 所示，在小震荷载工况下，两组结构钢筋应力及混凝土构件应力均在屈服极限以下，预制结构略大于现浇构件，最大应力主要集中在边缘构件及梁墙连接处。

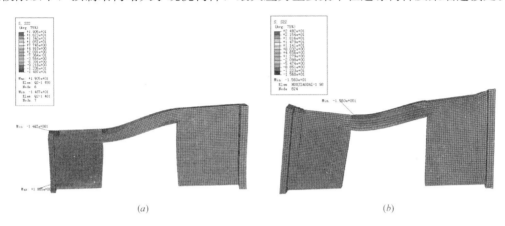

图 6.3-16 混凝土构件应力分布（小震）

（a）现浇结构（max=−14.87MPa）；（b）预制结构（max=−15.6MPa）

2）中震下地震作用

如图 6.3-17 所示，在中震工况下，两组结构钢筋应力及混凝土构件应力均在屈服极限以下，预制结构略大于现浇构件，最大应力集中在梁墙连接处。

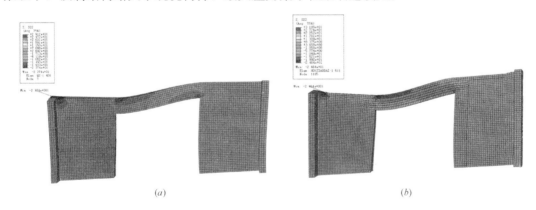

图 6.3-17 混凝土构件应力分布（中震）

（a）现浇结构（max=−23.7MPa）；（b）预制结构（max=−24.6MPa）

3）大震下地震作用

如图 6.3-18 所示，在大震工况下，边缘构件 GHJ2 底部混凝土压碎，预制结构变形较大，继续加载连梁上部混凝土也被压碎。

（3）开裂状态

对两组剪力墙分别施加沿墙体方向侧向水平位移，剪力墙损伤如图 6.3-19 所示。

由图 6.3-19 可以得知，层间位移达到 3.2mm 时，剪力墙根部出现损伤开裂，最终加载至 4.8 mm 时，剪力墙中部裂缝贯通，承载能力逐渐下降。

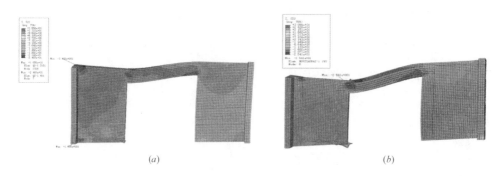

图 6.3-18 混凝土构件应力分布（大震）

(a) 现浇结构（max=−26.8MPa）；(b) 预制结构（max=−26.8MPa）

图 6.3-19 构件裂缝开展

(a) 现浇结构；(b) 装配式结构

从破坏形态可知，现浇结构和装配式结构有一定的差异性，由于现浇结构墙梁连接处模型共节点，所以剪力墙根部的受拉钢筋最先屈服，然后沿着裂缝开展的方向逐渐扩展，并伴随着墙梁连接处的受拉钢筋屈服；而装配式墙梁节点连接处发生有摩擦滑移，钢筋存在剪切变形，使得墙梁连接处的受拉钢筋最先屈服。

由于预制梁端定义了滑移接触面，使得整体刚度略低于现浇结构，因而整体延性较好，裂缝开展滞后于现浇结构，相同层间位移下，裂缝开展宽度也较现浇结构更小。

采集部分数据列于表 6.3-7。两组节点中现浇墙梁节点刚度、承载力均略大于预制节点，承载能力最大时对应的层间位移角小于预制节点。

两组墙梁结构信息对比 表 6.3-7

墙梁节点类型	现浇	预制	相差百分比
屈服前层间刚度（kN/mm）	1033	987	4.6%
最大层间剪力（kN）	3611	3319	8.8%
峰值层间位移（mm）	4.39	4.58	4.3%
峰值层间位移角（rad）	1/655	1/683	4.3%

（4）小结

装配式节点连接完好时，受力情况与现浇构件基本一致：小震荷载下均不发生破坏，钢筋未屈服，试件有较大变形能力；中震荷载下，仍不发生破坏，梁墙节点处受拉钢筋达到屈服；大震荷载下，构件破坏，剪力墙边缘构件底部首先发生局部受压破坏，其次梁墙节点处混凝土受压破坏。

通过对两组梁墙节点施加水平侧向力，得到两组节点受力性能接近，由于预制构件和现浇构件之间存在一定的滑移面，所以现浇节点刚度和承载能力略大于装配式节点。

为实现装配式结构与现浇结构等同设计，应按照《装配式混凝土结构连接节点构造》（15G310-2）中所示，在墙梁连接处采取严格的构造措施保证接合面处的抗剪能力，如连接区域钢筋锚固长度以及抗剪槽口的拼接。

3. 搁置式主次梁连接节点有限元分析

主次梁连接构造参考图集《装配式混凝土结构连接节点构造》（15G310-2）确定（图6.3-7）。主次梁上部均留出了 130mm 高的现浇层。主梁截面尺寸为 300mm×500mm（预制部分截面尺寸为 300mm×370mm），跨度为 6m。次梁截面尺寸为 200mm×430mm（预制部分截面尺寸为 200mm×300mm），跨度为 4m。

混凝土均采用 C30，钢筋均采用 HRB400。主梁顶部和底部均配置 4Φ25，次梁顶部和底部均配置 2Φ25。箍筋均选用Φ8 双肢箍，非加密区间距为 100mm，节点连接位置处加密区间距为 50mm。

（1）有限元模型

考虑两种工况来建立模型：施工阶段与正常使用阶段。施工阶段，现浇层混凝土不能形成强度，因此施工阶段模型中没有现浇层，而正常使用阶段考虑了现浇层混凝土的影响。整个模型包含主梁、次梁、牛担板和垫板。

主梁及次梁对称面处均设置了对称约束，主梁两个端面处设置为固定铰约束，通过将端面与参考点耦合并约束参考点平动自由度的方式来实现。考虑施工最不利工况（次梁一侧预制板已搭好，而另一侧还未安装预制板），通过在梁顶面施加竖直向下的偏心均布荷载来产生扭转。

（2）施工阶段计算结果

取牛担板与垫板接触位置处远离偏心荷载的最外侧一点（图 6.3-20）的翘起高度作为衡量是否发生扭转破坏的指标，绘出偏心线荷载与翘起高度的关系曲线如图 6.3-21 所示。由图可见，偏心荷载作用下，梁体的扭转破坏属于突然性的"失稳"破坏。其发生扭

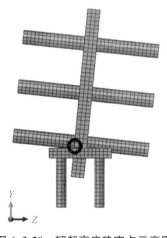

图 6.3-20　翘起高度确定点示意图

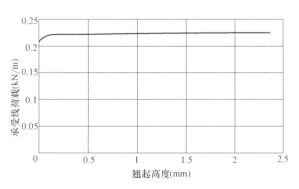

图 6.3-21　偏心线荷载与翘起高度关系曲线

185

转破坏所对应的最大线荷载约为 0.2kN/m。

由上述分析可见，单牛担板连接方式存在抗扭能力弱的缺点。为了改进牛担板连接方式的抗扭能力，作者提出了一种改进的牛担板连接形式。两块牛担板之间的净距设为 50mm。牛担板的厚度由单块的 12mm 改为两块的 10mm。材料模型、边界条件、加载方式与前述相同。

同样取牛担板与垫板接触位置处远离偏心荷载的最外侧一点（图 6.3-22）的翘起高度作为衡量是否发生扭转破坏的指标，绘出偏心线荷载与翘起高度的关系曲线如图 6.3-23 所示。由图可确定扭转失稳前承受的最大线荷载为 1.5kN/m，较原单板连接方式承载能力（0.2kN/m）有较大的提高。假定预制板自重荷载平均传递给两侧次梁，则对于 1.5m 宽、0.06m 厚预制板，其跨度不超过 2m 时双牛担板模型可以承受其自重产生的扭转荷载而不发生偏转。

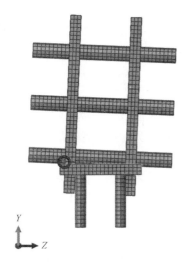

图 6.3-22　双牛担板模型中翘起高度确定点示意图

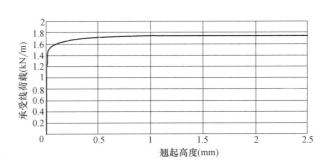

图 6.3-23　双牛担板中偏心线荷载与翘起高度关系曲线

正常使用阶段的扭转破坏由混凝土损伤所控制，最大承载力时钢筋及牛担板连接处均未出现塑性变形。图 6.3-24 给出了两种情况下的扭矩—转角关系曲线，可见正常使用阶段两者抗扭承载力差别不大。图 6.3-24 中还给出了按照混凝土结构设计规范计算得到的抗扭承载力设计值（$T_{规范}$）。

（3）小结

通过对单牛担板和双牛担板装配式节点施工阶段和正常使用阶段的模拟结果分析，得到以下结论：

在施工阶段，单牛担板节点抗扭承载能力较弱，在施工时应对其上搁置的预制板做有效支撑避免出现次梁的扭转偏位。双牛担板节点抗扭承载能力有一定增强，

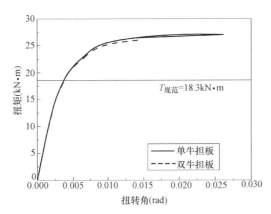

图 6.3-24　两种连接方式下扭转角—扭矩关系

在注意预制板施工工序（次梁左右预制板间隔放置）的前提下，对跨度小于 2m 的预制板可以省去底部支护。

正常使用阶段，单牛担板和双牛担板节点扭转破坏均由混凝土损伤所控制，最大承载力时钢筋及牛担板连接处未出现塑性变形。两种节点的扭转角—扭矩关系曲线基本一致。

4. 墙梁平面外连接节点

墙梁连接构造参考图集《装配式混凝土结构连接节点构造》（15G310-2）确定（图6.3-8）。墙厚为 250mm，墙高为 3m。预制梁截面尺寸为 200mm×500mm（预制部分截面尺寸为 200mm×350mm），跨度为 2m。

墙梁混凝土均采用 C30，钢筋均采用 HRB400。梁顶部和底部均配置 2⏀15，梁中部架立筋选用 2⏀10，梁箍筋选用⏀8@100。

（1）有限元模型建立

采用对称建模，钢筋使用 embedded 单元埋入整体模型，现浇层和预制层之间通过定义接触来考虑其相互作用，取摩擦系数 $f=0.2$、0.4、0.6 以及全粘结（tie）模拟粘结程度的强弱。

计算结果显示墙体混凝土本身的材料非线性行为不会成为控制破坏的因素，故采用弹性模型来模拟墙身混凝土。梁在加载时会产生混凝土开裂等破坏形式，故将混凝土部分改用混凝土损伤塑性模型（CDP）模拟，钢筋选用弹塑性模型。

（2）计算结果

在端部施加 20mm 的竖直向下的位移来进行加载。计算得到的剪力墙应力云图与应变云图如图 6.3-25 所示。由图可见，梁墙交接处的下部应力集中，最大压应力为 19MPa，小于 C30 混凝土的抗压强度标准值 20.1MPa，表明极限承载力下剪力墙混凝土不会出现受压破坏。最大拉应变出现于墙背面，最大值为 $3×10^{-4}$，超过了 C30 混凝土的峰值拉应变 $0.95×10^{-4}$，表明极限承载力下此位置处已出现轻微开裂。

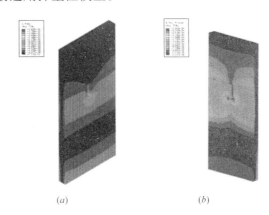

图 6.3-25　剪力墙应力与应变云图（全粘结模型）

(a) Mises 应力（$f=19$MPa）；(b) 最大主应变（$\varepsilon=3e^{-4}$）

计算得到的不同摩擦下的梁混凝土 Mises 应力云图如图 6.3-26 所示。由图可见考虑截面滑移与不考虑截面滑移的应力传递路径差别较大，但摩擦系数取值对于应力分布影响

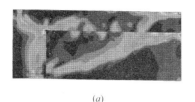

(a)　　　　(b)　　　　(c)

图 6.3-26　梁混凝土 Mises 应力云图

(a) $f=0.2$；(b) $f=0.6$；(c) 全粘结

不大。各种情况下混凝土应力较大的位置均为梁跨中截面上部。梁墙节点位置处混凝土应力相对较小。

各种粘结情况下的荷载—位移曲线如图6.3-27所示。由图可见随着界面摩擦系数的增加，相同变形下梁所承担的荷载也逐渐增加。

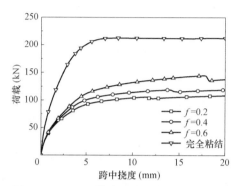

图6.3-27　不同粘结强度下荷载—位移曲线

（3）小结

不同界面粘结情况下的墙梁节点在节点连接处受力性能均能满足强度要求，最终控制破坏的是连梁跨中截面的抗弯承载能力。

不同界面摩擦系数下模拟结果显示，预制与现浇截面之间的结合程度对于梁受力性能有较大的影响。良好的界面粘结可以显著提高梁的承载能力。

6.4　结构拆分设计

6.4.1　楼板拆分

1. 影响楼板拆分的因素

（1）规范长度限制对楼板拆分的影响

规范要求非预应力叠合板最大跨度是6m，因此，若楼板某一边长度大于6m，则必须拆分。如果两边长都不大于6m，则原则上并非一定要进行拆分。由于高层住宅，除客厅外，一般楼板跨度不会超过6m，因此，除客厅外，规范的长度限制并非楼板是否要拆分的限制因素。

（2）吊装重量限制对楼板拆分的影响

假设吊车的最大载重为6t，则对应于不同的厚度的叠合板，其允许的最大面积见表6.4-1。由表可知，6t吊装重量对应的极限楼板面积已超过大部分住宅楼板的面积，因此，对于高层住宅来说，吊装重量不是楼板拆分的限制因素。

楼板重量表　　　　　　　　　　　　　　　　　　　　　表6.4-1

面积（m²）	厚度（m）	密度（kN/m³）	重量（t）
40	0.06	25	6
34	0.07	25	6
30	0.08	25	6

（3）单向板底筋对楼板拆分的影响

因为涉及配筋问题，而楼板有最小配筋率的要求，因此需要先看在通常荷载和最小配筋率的条件下，单向板能有多大跨度。计算结果见表 6.4-2（表中 E 表示三级钢，计算时单向板边界条件为两端固接，混凝土强度等级为 C30）。由表可见，厚度 140mm 的叠合楼板，按构造配筋可支撑的跨度达 5.8m，几乎达到叠合板跨度的限值，因此，若楼板确定需要拆分，可直接按单向板进行拆分，既能够减少预制构件的种类，又基本不会增加用钢量。并且，使用单向板的话，由于住宅内不同楼板的荷载基本一致，因此同一跨度的单向板一般来说底筋相同，因此能减少标准构件的种类。

楼板底筋控制因素分析表 表 6.4-2

板厚(mm)	120	130	140	150
楼面荷载(kN)	恒 1.5 活 2.0	恒 1.5 活 2.0	恒 1.5 活 2.0	恒 1.5 活 2.0
构造底筋	E8@200(251)	E8@150(335)	E8@150(335)	E8@150(335)
最大面筋	E12@200	E12@150	E12@150	E12@150
两端固接对应跨度(m)	4.8	5.5	5.8	6.1
最大跨度控制因素	配筋	挠度	挠度	挠度
两端铰接对应跨度(m)	2.7	3.0	3.2	3.3
最大跨度控制因素	挠度	挠度	挠度	挠度

（4）大板、小板何者优先

从上面讨论可知，对于高层住宅，楼板尺寸、吊装重量对楼板拆分的影响不大，因而楼板的拆分比较自由。一般来说，将楼板拆成几块大板或者将楼板拆成多块小板，都能满足运输、吊装的要求，此时，为了减少吊装的次数，宜优先采用大板。

从优化标准件数量的角度上讲，楼板拆分不一定能减少标准件数量，因为住宅本身房间数量少，且一般不同房间面积不相同，造成同一户型内的楼板尺寸一般都不一致，因而楼板拆分实际上只会增加标准件的数量，因此，在能不进行拆分的情况下，楼板应尽量不拆分。

（5）单向板、双向板何者优先

从受力的角度上讲，双向板受力性能较好，但对于高层住宅来讲，房间荷载不大，正常跨度的单向叠合板一般采用构造配筋即可，因而使用双向板并不能真正减少配筋。

从构件制作的角度上讲，单向板更优，因为叠合板的胡子筋对模具有特殊要求，双向板四边都有胡子筋，而单向板仅两边有胡子筋，单向叠合板的制作会更加方便。

从优化标准件数量的角度上讲，单向板受力简单，且高层住宅不同房间的荷载一般是一致的，因而同一跨度的单向板底筋一般来说是一致的，有利于优化标准件的数量。

从施工的角度上讲，单向板仅两边有胡子筋，可减少钢筋碰撞问题，更容易施工。

因而，拆分时宜以单向板为先。

2. 楼板拆分的总体原则

（1）在板的次要受力方向拆分，也就是板缝应当垂直于板的长边。

（2）在板受力小的部位分缝。

（3）板的宽度不超过运输超宽的限制（一般为 2.5m）和工厂生产线模台宽度的限制（一般为 3.2m）。

（4）尽可能统一或减少板的规格，宜取相同宽度。

（5）有管线穿过的楼板，拆分时须考虑避免与钢筋或桁架筋的冲突。

（6）顶棚无吊顶时，板缝应避开灯具、接线盒或吊扇位置。

考虑到方便吊装、尽量统一构件种类和方便配筋的要求，对于高层住宅，尚需要满足以下原则：

（1）在满足吊装要求和运输要求的前提下，尽量不拆分。

（2）楼板拆分以单向板为最优先。

（3）同一标准层内尽量统一楼板拆分后的尺寸。

3. 楼板拆分规则

假定楼板尺寸为 $A \times B$，则：

$A \leqslant 2500$mm 且 $B \leqslant 2500$mm（小板），不拆分，如图 6.4-1（a）所示；

2500mm$< A \leqslant$3200mm，3200mm$< B \leqslant$6000mm（大板），按短边拆分，按单向板拆分，如图 6.4-1（b）所示；

3200mm$< A \leqslant$6000mm 且 3200mm$< B \leqslant$6000mm（大板），按短边拆分，按单向板拆分，如图 6.4-1（c）所示；

$A \leqslant 2500$mm，2500mm$< B \leqslant$3200mm（狭长板），拆分增加的预制构件的数量$\leqslant 1$ 种，则进行拆分，否则不拆分，如图 6.4-1（d）所示。

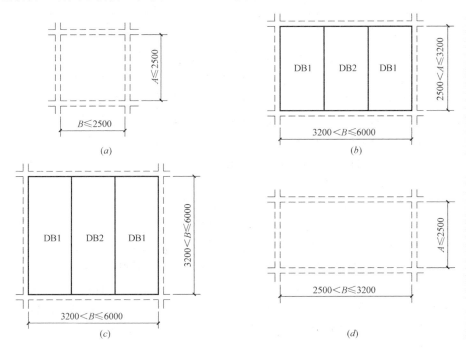

图 6.4-1 楼板拆分规则

（a）小板不拆分；（b）按短边拆分；（c）按短边拆分；（d）按是否增加构件数判断拆分

4. 单向板拆分方法

单向板有两种拼接方式：采用密缝拼接或者后浇小接缝（30~50mm）。两种方法在构造上差异不大，使用后浇小接缝，需要在接缝中多放置一根钢筋。因而，单向板拆分可优先采用密缝拼接的方法。

但是如果拆分前楼板出现如 3250 之类的非整数，可通过设置后浇小接缝去掉尺寸的非整数部分，使得剩下的部分可以拆分成尺寸一致的构件，以减少构件数，如长度为 3250 的楼板，若不设置拼缝，则需拆分为 1600＋1650（图 6.4-2a），若在中间设置一道密缝，则可拆成：1600＋50＋1600（图 6.4-2b），叠合板宽度统一为 1600。

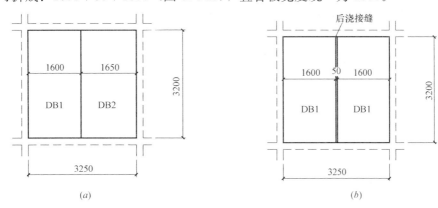

(a)   (b)

图 6.4-2　单向叠合板接缝拼接做法对比

(a) 不设置后浇接缝的情况；(b) 设置后浇接缝的情况

5. 双向板拆分方法

双向板一般采用后浇带形式的接缝，典型接缝形式如图 6.4-3 所示，图集上也给出了双向板密缝拼接时的节点构造，如图 6.4-4 所示。若采用后浇带形式的接缝，后浇带宽度≥200mm，且大于等于板厚。

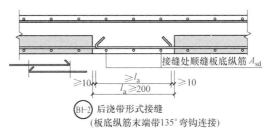

图 6.4-3　典型接缝形式

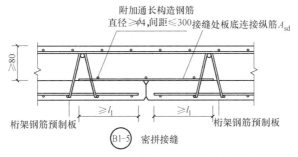

图 6.4-4　双向板密缝拼接时的节点构造

双向板拆分时，可先按短边进行拆分，之后在双向板之间留出一定宽度的后浇带，后浇带宽度按照"使双向板标准件数量最少"的原则确定。

6.4.2 梁拆分

1. 梁拆分原则

结构梁常用的拆分方法为：梁端拆分取为梁墙交界面，遇有次梁搭接的情况，主次梁连接处也要进行拆分，主梁和次梁采用后浇段连接，后浇段范围根据主梁底筋搭接长度确定。

2. 吊装重量对梁长度的限制

对不同截面、不同长度的梁进行重量统计，统计结果见表 6.4-3。从表可以看出，对于高层住宅，假设限定的吊装重量为 6t，则吊装重量一般不会成为梁拆分的限制因素。

梁重量计算表　　　　　　　　　　　　　　　　　　　　　　　　　表 6.4-3

梁宽（m）	梁高（m）	梁长（m）	密度（kN/m³）	重量（t）
0.2	0.4	30	25	6
0.2	0.5	24	25	6
0.2	0.6	20	25	6

3. 单梁拆分

对于高层住宅，单梁拆分位置设置在梁端。预制梁高度一般取：梁高－楼板厚度，是否设置凹槽以及凹槽尺寸根据《装配式混凝土结构技术规程》第 7.3.1 条确定。

抗剪键设置按《装配式混凝土结构技术规程》第 7.2.2、7.2.3 条计算后确定。

单梁拆分时，其拆分面一般取为与剪力墙边缘构件区的交界面，如图 6.4-5 所示。

4. 主次梁拆分

主次梁交界处，需要对主梁进行拆分，主次梁交界区域为现浇区，现浇区长度按主梁底筋搭接长度确定，如图 6.4-6 所示。

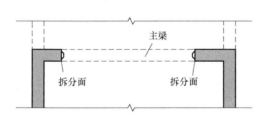

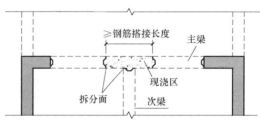

图 6.4-5　单梁拆分交界面　　　　　　　图 6.4-6　主次梁拆分

当主梁与两个方向的次梁皆有连接，且次梁间距较小时，两根次梁中间区域可全部设置为现浇区，如图 6.4-7 所示。

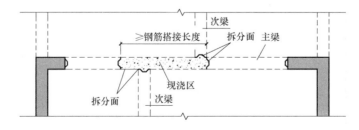

图 6.4-7　两根次梁之间区域全部设置为现浇区

6.4.3　剪力墙拆分

剪力墙通常可划分为边缘构件区和墙身区域，如图 6.4-8 所示。对于装配式高层住宅，墙身区域可采用预制，边缘构件区一般不预制，剪力墙拆分实际上是确定墙身区域的长度，将剪力墙拆分为边缘构件区和墙身区域两部分。

由于边缘构件区和墙身区域的划分并不影响结构计算，因此，只要边缘构件区域的长度满足规范要求，剪力墙墙身区域的长度就可以比较自由地确定。并且，由于墙身区域是预制的，为了方便工厂进行标准化制造，在满足边缘构件区长度的前提下，可通过调整边缘构件区的长度（通常是加长），使墙身区域的规格尽量少。

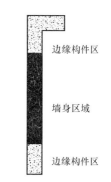

图 6.4-8　剪力墙拆分示意图

对于一般情况，剪力墙拆分可按照以下几个步骤：

（1）初步布置剪力墙位置，进行结构整体计算和调整。

（2）剪力墙位置提资建筑专业，与建筑专业协调确定最终墙位。

（3）根据规范和计算要求确定边缘构件区的尺寸，非边缘构件区部分即为墙身。

（4）统计墙身规格数量，根据实际情况归并尺寸差别较小的墙身，将长度较大的墙身缩短。

（5）根据墙身尺寸优化结果修改边缘构件区长度。

设计中还需要考虑以下几点特殊情况：

（1）从结构受力角度，核心筒部分的剪力墙、受力较大的剪力墙、关键部位的剪力墙应尽量采用现浇。

（2）预制外墙比较短且全部都开窗或者门洞时，预制外墙可以与相邻剪力墙的边缘构件一起预制，将现浇部位向内移，以减少装配构件的个数，如图 6.4-9 所示。

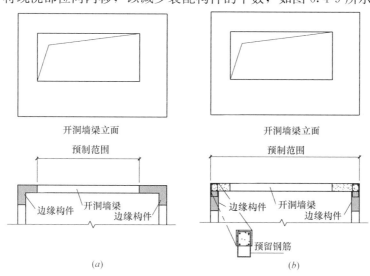

图 6.4-9　预制外墙与相邻边缘构件一起预制

（a）原设计；（b）优化设计

（3）如果预制长度太短，且剪力墙边缘构件上没有与之平面外搭接的梁，在满足起吊总重量的前提下，该范围的剪力墙可以与边缘构件及外隔墙带梁一起预制，减少装配构件的个数，如图 6.4-10 所示。

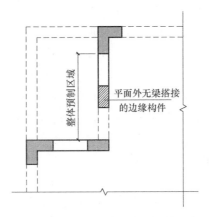

图 6.4-10　剪力墙与边缘构件及梁墙一起预制

（4）外墙一侧有剪力墙与之垂直相交时，在满足起吊总重量的前提下，可将隔墙连成一块，剪力墙现浇部位向内移，以减少装配构件的个数，如图 6.4-11 所示。

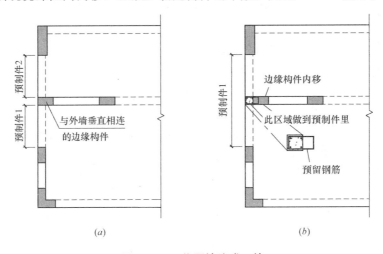

图 6.4-11　将隔墙连成一块

（a）原设计；（b）优化设计

6.5　结构 PC 构件设计

6.5.1　PC 剪力墙的设计

装配整体式剪力墙结构的结构计算分析方法与现浇剪力墙结构基本相同。《装配式混凝土结构技术规程》（JGJ 1—2014）规定：抗震设计时，对同一层内既有现浇墙肢也有预制墙肢的装配整体式剪力墙结构，现浇墙肢水平地震作用弯矩、剪力宜乘以不小于 1.1 的增大系数。

1. 剪力墙水平缝计算

《装配式混凝土结构技术规程》（JGJ 1—2014）规定：在地震设计状况下，剪力墙的水平接缝的受剪承载力设计值应按下式计算：

$$V_{uE} = 0.6 f_y A_{sd} + 0.8 N$$

式中　　N——与剪力设计值 V 相应的垂直于水平结合面的轴向力设计值，压力时取正，拉力时取负；

　　　　A_{sd}——垂直穿过水平结合面所有钢筋的面积。

2. 剪力墙构件脱模设计

PC 剪力墙构件脱模设计包括脱模强度确定、脱模吊点设计、在脱模荷载作用下构件承载力验算。

（1）脱模强度

《装配式混凝土结构技术规程》规定：PC 剪力墙构件脱模时混凝土立方体抗压强度应满足设计强度，且不应低于 $15N/mm^2$。这个规定是基本要求。PC 剪力墙构件的脱模强度与构件重量和吊点布置有关，需根据计算确定。

（2）脱模荷载

脱模时 PC 剪力墙构件和吊具所承受的荷载，包括模具对混凝土构件的吸附力和构件在动力作用下的自重。《装配式混凝土结构技术规程》规定：预制构件进行脱模验算时，等效静力荷载标准值应取构件自重标准值乘以动力系数与脱模吸附力之和，且不宜小于构件自重标准值的 1.5 倍。

动力系数与脱模吸附力应符合下列规定：动力系数不宜小于 1.2；脱模吸附力应根据构件和模具的实际情况取用，且不宜小于 $1.5kN/m^2$。

（3）脱模吊点设计

脱模吊点设计包括吊点布置、吊点构造、承载力验算。

3. 剪力墙构件吊点设计

（1）吊点类别

除脱模环节外，PC 剪力墙构件在翻转、吊运和安装工作状态下需要设置吊点。

"平躺着"制作的剪力墙板，脱模后或需要翻转 90°立起来，或需要翻转 180°将表面朝上。流水线上有自动翻转台时，不需要设置翻转吊点；在固定模台或流水线没有翻转平台时，需设置翻转吊点，并验算翻转工作状态的承载力。

吊运工作状态是指构件在车间、堆场和运输过程中由起重机吊起移动的状态。一般而言，剪力墙板的吊运节点与脱模节点共用，或与翻转节点共用，或与安装节点共用。

安装吊点是构件安装时用的吊点，构件的空间状态与使用时一致。剪力墙板安装节点为专门设置的安装节点，与脱模吊点和吊运吊点共用，其吊点方式一般有内埋螺母及吊钉两种（图 6.5-1）。

（2）吊点荷载（翻转、运输、吊运、安装）

《装配式混凝土结构技术规程》规定：预制构件在翻转、运输、吊运、安装等短暂设计状况下的施工验算，应将构件自重标准值乘以动力系数后作为等效静力荷载标准值。构件在运输、吊运时，动力系数宜取 1.5；构件翻转及安装过程中就位、临时固定时，动力

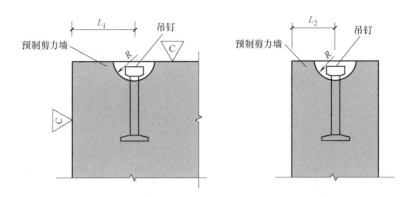

图 6.5-1　剪力墙板吊装预埋件（吊钉）示意图

系数可取 1.2。

（3）吊点位置与计算简图

吊点位置的设计需考虑四个主要因素：受力合理、重心平衡、与钢筋和其他预埋件互不干扰、制作与安装便利。

有翻转台翻转的剪力墙板，脱模、翻转、吊运、安装吊点共用，可在墙板上边设立吊点，也可在墙板侧边设立吊点。一般设置 2 个，也可以设置两组，以减小吊点部位的应力集中。

无翻转平台的剪力墙板，脱模、翻转和安装节点都需要设置。脱模节点在板的背面，设置 4 个；安装节点与吊运节点共用，与有翻转台的剪力墙板的安装节点一样；翻转节点则需要在剪力墙板底边设置，对应安装节点的位置。

异形剪力墙板、洞口位置偏心剪力墙板等，需要根据重心计算布置安装节点，避免偏心。

因剪力墙板截面较大，在竖直吊运和安装环节基本不需要验算。

需要翻转和水平吊运的剪力墙板按 4 点简支板计算。

在进行吊点结构验算时，不同的工作状态混凝土强度等级的取值不一样，见表 6.5-1。

不同的工作状态混凝土强度等级的取值　　　　　　　　　　　　　表 6.5-1

工作状态	混凝土强度等级取值
脱模和翻转吊点验算	取脱模时混凝土达到的强度,或按 C15 混凝土计算
吊运和安装吊点验算	取设计混凝土强度等级的 70% 计算

（4）吊点规格的确定

吊点规格的确定按照以下步骤：

1）选定埋件的类型，初步估算吊点数量。

2）画出相应的计算简图，计算出正负弯矩幅值最小时的吊点位置。

3）根据吊点位置的设计原则进行微调，得出吊点的初步位置。

4）根据此时吊点的位置，按照荷载取值及构件的强度取值进行验算。

5）若不满足要求，可采取增加吊点数量或调整吊点位置等措施，重新进行验算。

　　6）若满足要求，则根据此时吊点的反力，查阅埋件的相关表格，选取合适的规格尺寸。

　　（5）吊点构造

　　吊点构造设计需考虑以下原则：

　　1）预埋螺母、螺栓和吊钉的专业厂家有根据试验数据得到的计算原则和构造要求，结构设计师选用时除了应符合这些要求外，还应当要求工厂使用前进行试验验证。

　　2）吊点距离混凝土边缘的距离不应小于 50mm，且应符合厂家的要求。

　　3）采用钢筋吊环时，应符合《混凝土结构设计规范》关于预埋件的有关规定。

　　4）较重构件的吊点宜增加构造钢筋，也可布置双吊点。

　　5）脱模吊点既受拉又受剪，对混凝土还有劈裂作用。翻转吊点宜增加构造钢筋。

　　图 6.5-2 是预制剪力墙板模板图示例，图 6.5-3 是预制剪力墙板配筋图示例。

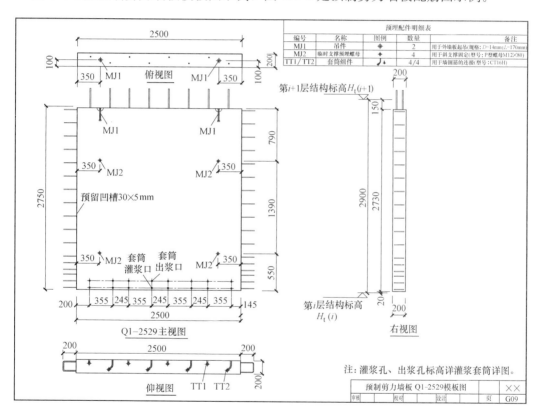

图 6.5-2　预制剪力墙板模板图

6.5.2　PC 框架的设计

　　《装配式混凝土结构技术规程》（JGJ 1—2014）关于装配整体式框架结构的一般规定包括以下内容：

　　（1）装配整体式框架结构可按现浇混凝土框架结构进行设计。装配整体式框架结构是指 PC 梁、柱构件通过可靠的方式进行连接并与现场后浇混凝土、水泥基灌浆料形成整体，也就是用所谓的"湿连接"形成整体，设计等同于现浇。至于用预埋螺栓或者预埋钢

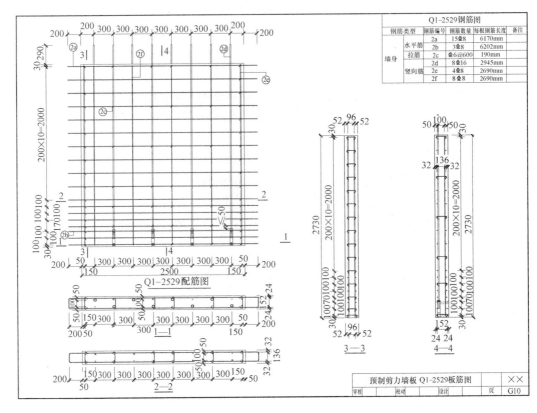

图 6.5-3 预制剪力墙板配筋图

板焊接，即所谓的"干连接"，不是装配整体式，不能视为等同于现浇。

（2）装配整体式框架结构中，预制柱的纵向钢筋连接应符合以下规定：当房屋高度不大于 12m 或者层数不超过 3 层时，可采用套筒连接、浆锚搭接、焊接等连接方式；当房屋高度大于 12m 或层数超过 3 层时，宜采用套筒灌浆连接。

（3）装配整体式框架结构中，预制柱水平接缝处不宜出现拉力。

1. 梁柱节点核心区验算

对一、二、三级抗震等级的装配整体式框架，应进行梁柱节点核心区抗震受剪承载力验算；对四级抗震等级可不进行验算。梁柱节点核心区抗震受剪承载力验算和构造应符合《混凝土结构设计规范》（GB 50010—2010）和《建筑抗震设计规范》（GB 50011—2010）中有关规定。装配整体式结构节点核心区的抗震要求与现浇相同。

2. 叠合梁设计

混凝土叠合梁的设计应符合《装配式混凝土结构技术规程》（JGJ 1—2014）和《混凝土结构设计规范》（GB 50010—2010）中的有关规定。

当叠合梁符合《混凝土结构设计规范》（GB 50010—2010）的各项构造要求时，其叠合面的受剪承载力应符合下列规定：

$$V \leqslant 1.25 f_t b h_0 + 0.85 f_{yv} \frac{A_{sv}}{s} h_0$$

3. 叠合梁端竖向接缝受剪承载力

叠合梁端竖向接缝主要包括框架梁与节点区的接缝、梁自身连接的接缝以及次梁与主梁的接缝等几种类型。叠合梁端竖向接缝受剪承载力的组成主要包括：新旧混凝土接合面的粘结力、键槽的抗剪能力、后浇混凝土叠合层的抗剪能力、梁纵向钢筋的销栓抗剪作用。

《装配式混凝土结构技术规程》（JGJ 1—2014）关于竖向接缝抗剪承载力不考虑新旧混凝土接合面的粘结力，取混凝土抗剪键槽的受剪承载力、后浇层混凝土的受剪承载力、穿过结合面的钢筋的销栓抗剪作用之和。地震往复作用下，对后浇层混凝土部分的受剪承载力进行折减，参照混凝土斜截面受剪承载力设计方法，折减系数取 0.6，示意图如图 6.5-4 所示。

叠合梁端竖向接缝的受剪承载力设计值应按下列公式计算：

持久设计工况

$$V_u = 0.07 f_c A_{cl} + 0.10 f_c A_k + 1.65 A_{sd} \sqrt{f_c f_y}$$

地震设计工况

$$V_u = 0.04 f_c A_{cl} + 0.06 f_c A_k + 1.65 A_{sd} \sqrt{f_c f_y}$$

式中　A_{cl}——叠合梁端截面后浇混凝土叠合层截面面积；

A_k——各键槽的根部截面面积之和，按后浇键槽根部截面和预制键槽根部截面分别计算，并取二者的较小者；

A_{sd}——垂直穿过结合面所有钢筋的面积，包括叠合层内的纵向钢筋。

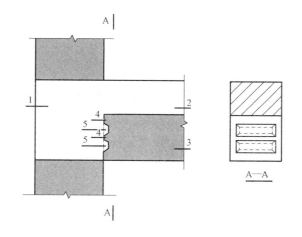

图 6.5-4　叠合梁端受剪承载力计算参数示意

1—后浇节点区；2—后浇混凝土叠合层；3—预制梁；4—预制键槽根部截面；5—后浇键槽根部截面

4. 叠合梁构件脱模设计

叠合梁构件脱模设计包括脱模强度确定、脱模吊点设计、在脱模荷载作用下构件承载力验算。

叠合梁构件脱模强度和脱模荷载的规定同剪力墙构件，在此不再重复叙述。

叠合梁构件脱模吊点设计包括吊点布置、吊点构造、承载力验算。

5. 叠合梁构件吊点设计

除脱模环节外，叠合梁构件在吊运和安装工作状态下也需要设置吊点（无需设置翻转吊点）。

吊运工作状态是指构件在车间、堆场和运输过程中由起重机吊起移动的状态。一般而言，叠合梁的吊运节点与脱模节点、安装节点共用同一节点。

安装吊点是构件安装时用的吊点，构件的空间状态与使用时一致。叠合梁的安装节点与脱模吊点和吊运吊点共用，其吊点方式一般有内埋螺母及吊钉（常用）两种（图 6.5-5）。

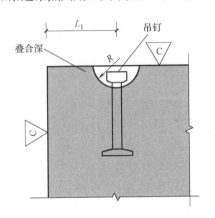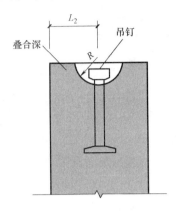

图 6.5-5　叠合梁吊装预埋件（吊钉）示意图

梁吊点数量和间距根据梁断面尺寸和长度，通过计算确定。梁吊点数量为 2 个或两组时，按照带悬臂的简支梁计算，其计算简图如图 6.5-6 所示；多个吊点时，按带悬臂的多跨连系梁计算。

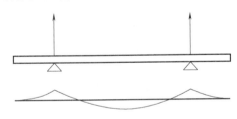

图 6.5-6　叠合梁脱模吊点计算简图

梁的吊点宜适当多设置。边缘吊点距梁端距离应根据梁的高度和负弯矩筋配置情况经过验算确定，且不宜大于梁长的 1/4。

当梁的平面形状或断面形状为非规则形状时，吊点位置应通过中心平衡计算确定。

叠合梁构件吊点设计的其他内容同剪力墙板，在此不再重复叙述。

图 6.5-7 是叠合梁构件深化图示例。

6.5.3　PC 楼板的设计

《装配式混凝土结构技术规程》（JGJ 1—2014）规定：叠合楼板应按现行国家标准《混凝土结构设计规范》（GB 50010—2010）进行设计，并符合下列规定：

（1）叠合板的预制板厚度不宜小于 60mm，后浇混凝土叠合层厚度不应小于 60mm。

（2）当叠合板的预制板采用空心板时，板端空腔应封堵。

（3）跨度大于 3m 的叠合板，宜采用钢筋混凝土桁架筋叠合板。

（4）跨度大于 6m 的叠合板，宜采用预应力混凝土叠合板。

（5）厚度大于 180mm 的叠合板，宜采用混凝土空心板。

1. 叠合板类型

叠合板设计分为单向板和双向板两种类型，根据接缝构造、支座构造和长宽比确定。《装配式混凝土结构技术规程》（JGJ 1—2014）规定：当预制板之间采用分离式接缝时，

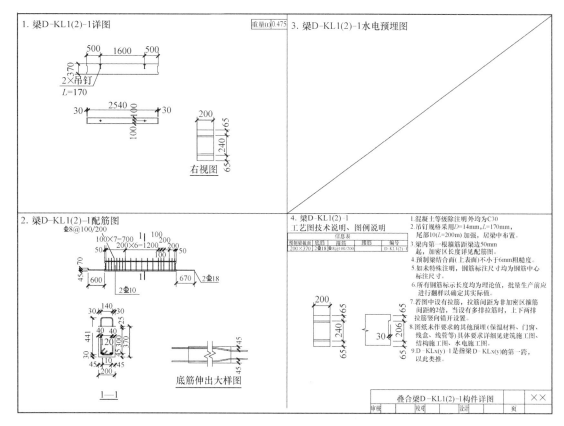

图 6.5-7　叠合梁构件深化图

宜按单向板设计。对长宽比不大于 3 的四边支承叠合板，当其预制板之间采用整体式接缝或无接缝时，可按双向板计算。叠合板的预制板布置形式如图 6.5-8 所示。

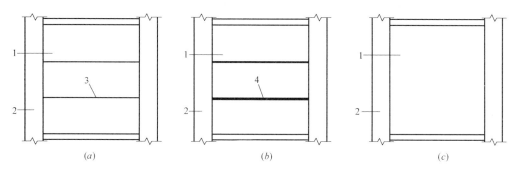

图 6.5-8　叠合板的预制板布置形式示意

（a）单向叠合板；（b）带接缝的双向叠合板；（c）无接缝的双向叠合板

1—预制板；2—梁或墙；3—板侧分离式接缝；4—板侧整体式接缝

2. 叠合板计算

（1）《装配式混凝土结构技术规程》（JGJ 1—2014）未给出叠合楼板计算的具体要求，其平面内抗剪、抗拉和抗弯设计验算可按常规现浇楼板进行。

（2）叠合面及板端连接处

辽宁省《装配整体式混凝土结构技术规程》（DB21/T 1868—2010）给出了叠合板的

叠合面及板端连接处的抗剪强度验算的规定。

对叠合面未配置抗剪钢筋的叠合板，叠合面受剪强度应符合下式要求：

$$\frac{V}{bh_0} \leqslant 0.4 (\text{N/mm}^2)$$

式中　V——竖向荷载作用下支座剪力设计值（N）。

（3）预制板的板端与梁、剪力墙连接处，叠合板端竖向接缝的受剪承载力应符合下式要求：

$$V \leqslant 1.65 A_{sd} \sqrt{f_c f_y (1-\alpha^2)}$$

式中　V——竖向荷载作用下单位长度内板端边缘剪力设计值；

A_{sd}——垂直穿过结合面的所有钢筋的面积，当钢筋与结合面法向夹角为 θ 时，乘以 $\cos\theta$ 折减；

α——板端负弯矩钢筋拉应力标准值与钢筋强度标准值之比。

钢筋的拉应力可按下式计算：

$$\sigma_s = \frac{M_s}{0.87 h_0 A_s}$$

式中　M_s——按标准组合计算的弯矩值；

h_0——计算截面的有效高度，当预制底板内的纵向受力钢筋伸入支座时，计算截面取叠合板厚度；当预制底板内的纵向受力钢筋不伸入支座时，计算截面取后浇叠合层的厚度；

A_s——板端负弯矩钢筋的面积。

3. 叠合板支座节点设计

关于叠合楼板的支座，《装配式混凝土结构技术规程》（JGJ 1—2014）规定：

（1）叠合板支座处，预制板内的纵向受力钢筋宜从板端伸出并锚入支承梁或墙的后浇混凝土中，锚固长度不应小于 $5d$（d 为纵向受力钢筋直径），且宜过支座中心线。

（2）单向叠合板的板侧支座处，当预制板内的板底分布钢筋伸入支承梁或墙的后浇混凝土中时，锚固长度不应小于 $5d$（d 为纵向受力钢筋直径），且宜过支座中心线；当板底分布钢筋不伸入支座时，宜在紧邻预制板面的后浇混凝土叠合层中设置附加钢筋，附加钢筋截面面积不宜小于预制板内的同向分布钢筋面积，间距不宜大于 600mm，在板的后浇混凝土叠合层内锚固长度不应小于 $15d$，在支座内锚固长度不应小于 $15d$（d 为附加钢筋直径），且宜过支座中心线（图 6.5-9）。

4. 接缝构造设计

（1）分离式接缝

《装配式混凝土结构技术规程》（JGJ 1—2014）规定：单向叠合板板侧的分离式接缝宜配置附加钢筋，并应符合下列规定：接缝处紧邻预制板顶面宜设置垂直于板缝的附加钢筋，附加钢筋伸入两侧后浇混凝土叠合层的锚固长度不应小于 $15d$（d 为附加钢筋直径）；附加钢筋截面面积不宜小于预制板中该方向钢筋面积，钢筋直径不宜小于 6mm，间距不宜大于 250mm（图 6.5-10）。

（2）整体式接缝

《装配式混凝土结构技术规程》（JGJ 1—2014）规定：双向叠合板板侧的整体式接缝

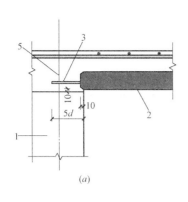
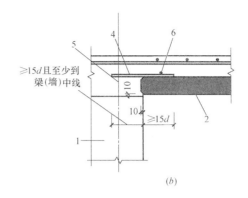

(a) (b)

图 6.5-9　叠合板端及板侧支座构造示意

（a）板端支座；（b）板侧支座

1—支承梁或墙；2—预制板；3—纵向受力钢筋；4—附加钢筋；5—支座中心线；6—附加通长构造筋

宜设置在叠合板的次要受力方向上且宜避开最大弯矩截面，可设置在距支座 $0.2L \sim 0.3L$ 尺寸的位置（L 为双向板次要受力方向净跨度）。接缝可采用后浇带形式，并应符合下列规定：后浇带宽度不宜小于 200mm；后浇带两侧板底纵向受力钢筋可在后浇带中焊接、搭接连接、弯折锚固；当后浇带两侧板底纵向受力钢筋在后浇带中弯折锚固时，应符合下列规定：叠合板厚度不应小于 $10d$，且不应

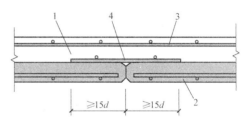

图 6.5-10　单向叠合板侧分离式拼缝构造示意

1—后浇混凝土叠合层；2—预制板；
3—后浇层内钢筋；4—附加钢筋

小于 120mm（d 为弯折钢筋直径的较大值）；接缝处预制板侧伸出的纵向受力钢筋应在后浇混凝土叠合层内锚固，且锚固长度不应小于 l_a；两侧钢筋在接缝处重叠的长度不应小于 $10d$，钢筋弯折角度不应大于 $30°$，弯折处沿接缝方向应配置不少于 2 根通常构造钢筋，且直径不应小于该方向预制板内钢筋直径。

（3）板拼缝构造大样

图 6.5-11～图 6.5-14 给出了楼板整体式接缝的构造大样。

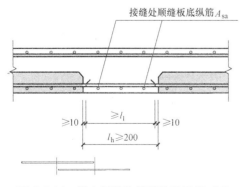

图 6.5-11　叠合板整体拼缝构造示意（1）

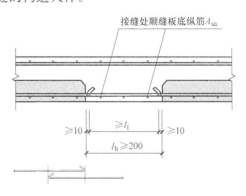

图 6.5-12　叠合板整体拼缝构造示意（2）

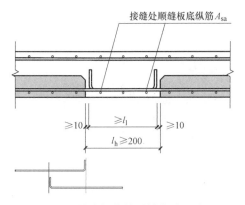

图 6.5-13 叠合板整体拼缝构造示意（3）

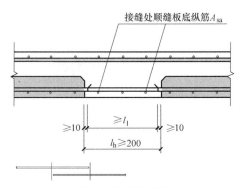

图 6.5-14 叠合板整体拼缝构造示意（4）

5. 有桁架钢筋的普通叠合板

非预应力叠合板用桁架筋主要起抗剪作用，《装配式混凝土结构技术规程》（JGJ 1—2014）规定：桁架钢筋混凝土叠合板应满足下列要求：

（1）桁架钢筋沿主要受力方向布置。

（2）桁架钢筋距板边不应大于 300mm，间距不宜大于 600mm。

（3）桁架钢筋弦杆钢筋直径不宜小于 8mm，腹杆钢筋直径不宜小于 4mm。

（4）桁架钢筋弦杆混凝土保护层厚度不应小于 15mm（图 6.5-15）。

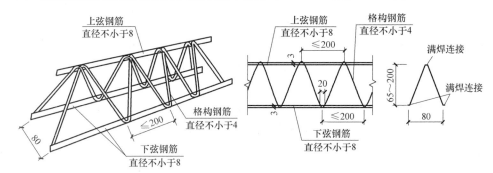

图 6.5-15 预制板设置桁架钢筋示意

6. 没有桁架钢筋的普通叠合板

《装配式混凝土结构技术规程》（JGJ 1—2014）规定：

（1）当未设置桁架钢筋时，在下列情况下，叠合板的预制板与后浇混凝土叠合层之间应设置抗剪构造钢筋：1）单向叠合板跨度大于 4.0m 时，距支座 1/4 跨范围内；2）双向叠合板短向跨度大于 4.0m 时，距四边支座 1/4 短跨范围内；3）悬挑叠合板；4）悬挑叠合板的上部纵向受力钢筋在相邻叠合板的后浇混凝土锚固范围内。

（2）抗剪构造钢筋宜采用马镫形状，间距不大于 400mm，钢筋直径 d 不应小于 6mm。

（3）马镫钢筋宜伸到叠合板上、下部纵向钢筋处，预埋在预制板内的总长度不应小于 15d，水平段长度不应小于 50mm。

7. 叠合板构件脱模设计

叠合板构件脱模设计的规定同剪力墙构件，在此不再重复叙述。

8. 叠合板构件吊点设计

叠合板构件在吊运和安装工作状态下需要设置吊点（无需设置翻转吊点）。

吊运工作状态是指构件在车间、堆场和运输过程中由起重机吊起移动的状态。一般而言，叠合板的吊运节点与脱模节点、安装节点共用同一节点。

安装吊点是构件安装时用的吊点，构件的空间状态与使用时一致。叠合板的安装节点为专门设置的安装节点，与脱模吊点和吊运吊点共用。对于无桁架钢筋的叠合楼板其吊点方式一般有内埋螺母及钢筋吊环（常用）两种；而有桁架钢筋的叠合楼板，可将桁架钢筋用做吊点预埋件，但一般需在吊点位置设置加强钢筋。

叠合楼板吊点数量和间距根据板的厚度、长度和宽度通过计算确定。

国家 PC 叠合板标准图集规定，跨度在 3.9m 以下、宽 2.4m 以下的板，设置 4 个吊点；跨度为 4.2～6m、宽 2.4m 以下的板，设置 6 个吊点。

边缘吊点距板的端部不宜过大。长度小于 3.9m 的板，悬臂段不大于 600mm；长度为 4.2～6m 的板，悬臂段不大于 900mm。

4 个吊点的楼板可按简支板计算；6 个以上吊点的楼板计算可按无梁板，用等代梁经验系数法转换为连续梁计算。

有桁架钢筋的叠合楼板和有架立筋的预应力叠合楼板，用桁架筋作为吊点时，宜在吊点两侧横担 2 根加强筋，垂直于桁架钢筋，长度可取 280mm，直径可同楼板分布筋。

叠合板构件吊点设计其他内容同剪力墙板，在此不再重复叙述。

图 6.5-16 是叠合板构件深化图示例。

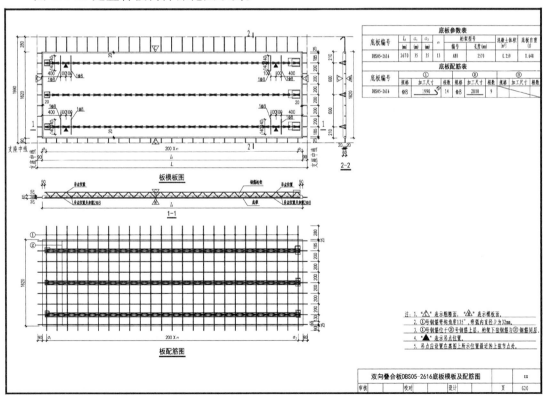

图 6.5-16　叠合板构件深化图

6.6 非结构 PC 构件设计

6.6.1 外挂墙板设计

1. PC 外挂墙板结构设计

（1）连接节点布置

PC 墙板的结构设计首先要进行连接节点的布置，因为墙板以连接节点为支座，结构设计计算在连接节点确定之后才能进行。

（2）墙板结构设计

墙板自身的结构设计包括墙板结构尺寸的确定、作用及作用组合计算、配置钢筋、结构承载能力和正常使用状态的验算、墙板构造设计等。

（3）连接节点结构设计

设计连接节点的类型、连接方式；作用及作用组合计算；进行连接节点结构计算；设计适应主体结构变形的构造；连接节点的其他构造设计。

（4）制作、堆放、运输、施工环节的结构验算与构造设置

包括脱模、翻转、吊运、安装预埋件的设置；制作、施工环节荷载作用下墙板承载能力和裂缝验算等。

关于外挂墙板设计的一般规定、作用与作用组合的规定详见《装配式混凝土结构技术规程》（JGJ 1—2014）10.1 节及 10.2 节。

2. 连接节点的设计

外墙挂板连接节点不仅要有足够的强度和刚度保证墙板与主体结构可靠连接，还要避免主体结构位移作用于墙板形成内力，其设计要求可归纳如下：

（1）将墙板与主体结构可靠连接。

（2）保证墙板在自重、风荷载、地震作用下的承载能力和正常使用。

（3）在主体结构发生位移时，墙板相对于主体结构可以"移动"。

（4）连接节点部件的强度与变形满足使用要求和规范规定。

（5）连接节点位置有足够的空间可以放置和锚固连接预埋件。

（6）连接节点位置有足够的安装作业的空间，安装便利。

外挂墙板承受水平方向和竖直方向两个方向的荷载与作用，连接节点分为水平支座和重力支座。

水平支座只承受水平作用，包括风荷载、水平地震作用和构件相对于安装节点的偏心形成的水平力，不承受竖向荷载。水平支座有固定支座与活动支座两种，而活动支座又分为滑动支座和转动支座。

重力支座承受重力和竖向地震作用，同时也承受水平荷载。重力支座有固定支座与活动支座两种，而活动支座又分为滑动支座和转动支座。

外挂墙板连接节点与主体结构连接的布置，其基本准则如下：

（1）墙板连接节点须布置在主体结构构件柱、梁、楼板、结构墙体上。

（2）当布置在悬挑楼板上时，楼板悬挑长度不宜大于 600mm。

（3）连接节点在主体结构的预埋件距离构件边缘不应小于 50mm。

（4）当墙板无法与主体结构构件直接连接时，必须从主体结构引出二次结构作为连接的依附体。

3. 墙板结构计算

（1）墙板结构设计要求

外挂墙板必须满足构件在制作、堆放、运输、施工各个阶段和整个使用寿命期的承载能力的要求，保证强度和稳定性；还要控制裂缝和挠度。

墙板的结构设计相关构造原则，在《装配式混凝土结构技术规程》10.3 节中已有详细规定，在此不作详述。

（2）计算简图

外挂墙板的结构计算主要是验算水平荷载作用下的板承载能力和变形；竖直荷载主要是对连接节点和内外叶板的拉结件作用。

外挂墙板是以连接节点为支承的板式构件，以 4 点支撑板为例，其计算简图如图 6.6-1 所示。

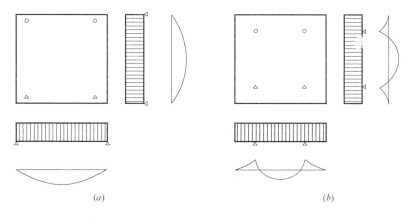

图 6.6-1 外挂墙板计算简图

（a）支座在边缘；（b）支座在板内

长宽比较大的墙板，长边内力分布比较均匀，可直接按照简支板计算；短边内力因支座距离较远而分布不均匀，支座板带比跨中板带分担更多的荷载，应当对内力进行调整。支座板带承担 75% 的荷载，跨中板带承担 25% 的荷载。

有窗户洞口的墙板，窗户所承受的风荷载应当被窗边墙板所分担。

（3）计算内容

墙板结构计算内容包括：配筋和墙板承载力验算、挠度验算、裂缝宽度计算。

（4）墙板结构构造设计

墙板结构构造设计主要有以下方面：PC 外挂墙板周围宜设置一圈加强筋；PC 外挂墙板洞口转角处应设置 45°加强筋；PC 外挂墙板连接节点预埋件处应设置构造加强筋；L 形墙板转角部位应设置构造加强筋；PC 外挂 L 形墙板转角部位应设置构造加强筋；较长的 PC 外挂墙板，宜设置板肋。

图 6.6-2 是外挂墙板构件模板图示例，图 6.6-3 是外挂墙板构件配筋图示例。

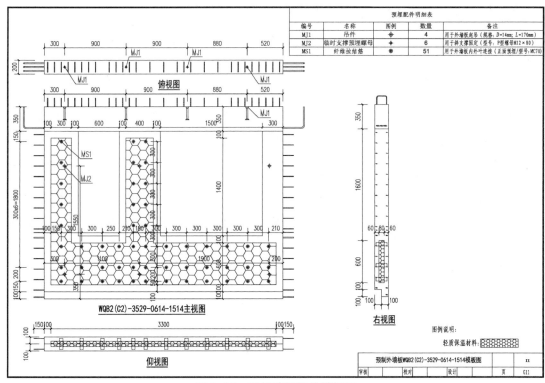

图 6.6-2 外挂墙板构件模板图

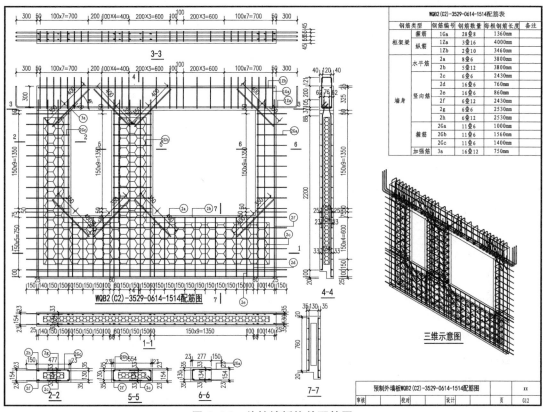

图 6.6-3 外挂墙板构件配筋图

6.6.2 预制外墙板设计

本节所说的预制外墙板，是指在内嵌夹芯外墙装配整体式混凝土剪力墙结构体系中的内嵌夹芯外墙板。其不作为承重墙使用，位于外框架梁的下部，不同于外挂墙板，是内嵌式的墙板。

根据楼层的层高及构件厂的台模尺寸，预制外墙板可分为梁墙一体式外墙板及梁墙分离式外墙板。梁墙一体式外墙板是指外墙板和框架梁作为一个构件进行设计，在构件厂生产时已经浇筑在一起。梁墙分离式外墙板是指外墙板和框架梁分为两个构件进行设计，在构件厂生产时，按两个部件分别生产。在条件允许的情况下，宜尽量选用梁墙一体式的外墙板。

1. 预制外墙板结构设计内容

（1）墙板结构设计

墙板自身的结构设计包括墙板结构尺寸的确定、作用及作用组合计算、配置钢筋、结构承载能力和正常使用状态的验算、墙板构造设计等。

（2）连接节点结构设计

设计连接节点的类型、连接方式；作用及作用组合计算；进行连接节点结构计算；设计应对主体结构变形的构造；连接节点的其他构造设计。

（3）制作、堆放、运输、施工环节的结构验算与构造设置

包括脱模、翻转、吊运、安装预埋件的设置；制作、施工环节荷载作用下墙板承载能力和裂缝验算等。

2. 连接节点的设计要求

预制外墙板连接节点不仅要有足够的强度和刚度保证墙板与主体结构可靠连接，还要避免主体结构位移作用于墙板形成内力，其设计要求同外挂墙板。

相对外挂墙板，内嵌式的预制外墙板，其与主体结构的节点连接做法相对成熟，可参考现浇结构的做法。

对于梁墙一体式的外墙板，其主要受力连接为梁钢筋与墙柱的连接。两侧的连接则通过墙体的水平分布筋伸出预制构件 $15d$（d 为伸出钢筋的直径）的长度，与现浇墙柱连接。墙板下部则仅需通过灌浆连接。

对于梁墙分离式的外墙板，其墙体两侧及墙体下部的连接同梁墙一体式的外墙板。上部连接则通过预制梁构件下部预埋套筒，用连接钢筋连接。

3. 墙板结构计算

预制外墙板必须满足构件在制作、堆放、运输、施工各个阶段和整个使用寿期的承载能力的要求，保证强度和稳定性；还要控制裂缝和挠度。相关构造规定同外挂墙板。

预制外墙板的结构计算主要是验算水平荷载作用下的板承载能力和变形；竖直荷载主要是对连接节点和内外叶板的拉结件作用。

对于无洞口墙板可按简支板计算。

长宽比较大的墙板，长边内力分布比较均匀，可直接按照简支板计算；短边内力因支座距离较远而分布不均匀，支座板带比跨中板带分担更多的荷载，应当对内力进行调整。支座板带承担 75% 的荷载，跨中板带承担 25% 的荷载。

有窗户洞口的墙板，窗户所承受的风荷载应当被窗边墙板所分担。

6.6.3 楼梯设计

预制楼梯有不带平台板的直板式楼梯和带平台板的折板式楼梯。板式楼梯有双跑楼梯和剪刀楼梯。剪刀楼梯一层楼一跑，长度较长；双跑楼梯一层楼两跑，长度短。

1. PC 楼梯与支承构件的连接方式

PC 楼梯与支撑构件连接有三种方式：一端固定铰节点一端滑动铰节点的简支方式、一端固定支座一端滑动支座的方式和两端都是固定支座的方式。

装配式建筑结构，楼梯与主体结构的连接宜采用简支或一端固定一端滑动的连接方式，不参与主体结构的抗震体系。

（1）简支支座

此方式为《装配式混凝土结构技术规程》建议的楼梯连接方式，其规定：预制楼梯与支承构件之间宜采用简支连接。采用简支连接时，应符合下列规定：

预制楼梯宜一端设置固定铰，另一端设置滑动铰，其转动及滑动变形能力应满足结构层间位移的要求且预制楼梯端部在支承构件上的最小搁置长度应符合《装配式混凝土结构技术规程》第 6.5.8 条的规定。

预制楼梯设置滑动的端部应采用防止滑落的构造措施。

（2）固定与滑动支座

预制楼梯上端设置固定端，与支承结构现浇混凝土连接。下端设置滑动支座，放置在支承体系上。

（3）两端固定支座

预制楼梯上下两端都设置固定支座，与支承结构现浇混凝土连接。

2. 梯板结构计算

梯板的配筋计算同现浇楼梯，在此不再详述。

《装配式混凝土结构技术规程》关于楼梯纵向钢筋有如下规定：

预制板式楼梯的梯段板底应配置通长的纵向钢筋。板面宜配置通长的纵向钢筋；当楼梯两端均不能滑动时，板面应配置通长的钢筋。

对于简支楼梯板，板底受拉，只在支座处弯矩为零。故《装配式混凝土结构技术规程》规定应配置通长钢筋。简支板的板面受压，但考虑在吊装、运输、安装过程中受力复杂，所以《装配式混凝土结构技术规程》建议宜配置通长钢筋。

当楼梯板两端都是固定节点时，有了负弯矩，板面有拉应力，故《装配式混凝土结构技术规程》规定此时应配置通长钢筋。

3. 楼梯安装节点设计

楼梯安装节点的类型包括：固定铰节点（图 6.6-4）、滑动铰节点（图 6.6-5）、固定端节点（图 6.6-6）、滑动支座节点（图 6.6-7）。

4. 构造设计

（1）移动缝的构造

为避免楼梯在地震作用下与结构梁或墙体相互作用形成约束，在楼梯的滑动段，应留出移动空间（图 6.6-8）。

（2）与侧墙的构造

预制楼梯一般不与侧墙相连。

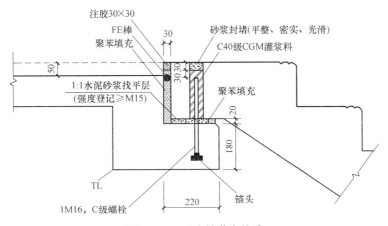

图 6.6-4 固定铰节点构造

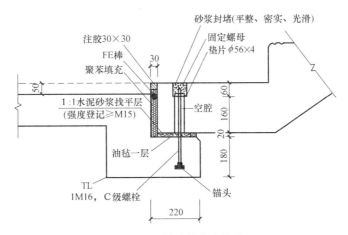

图 6.6-5 滑动铰节点构造

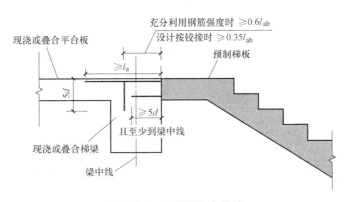

图 6.6-6 固定端节点构造

（3）防止滑落构造

防止滑落构造如图 6.6-9 所示。

（4）清水混凝土表面构造

PC 楼梯一般做成清水混凝土表面，上下面都必须光洁，宜采用立模生产。由于没有表面抹灰层，楼梯防滑槽等建筑构造在楼梯预制时应一并做出。

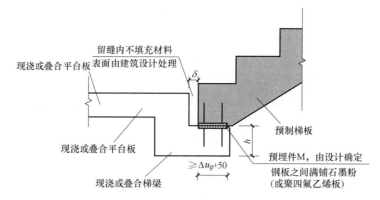

图 6.6-7 滑动支座节点构造

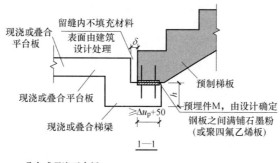

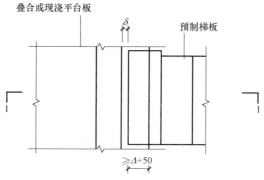

图 6.6-8 楼梯移动缝构造

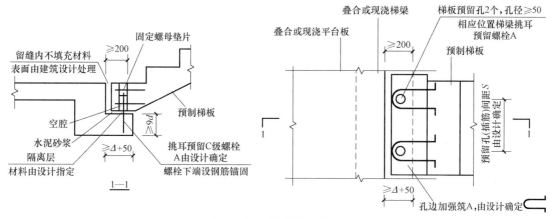

图 6.6-9 防止滑落构造

图 6.6-10 是楼梯安装图示例，图 6.6-11 是楼梯模板图示例，图 6.6-12 是楼梯配筋图示例。

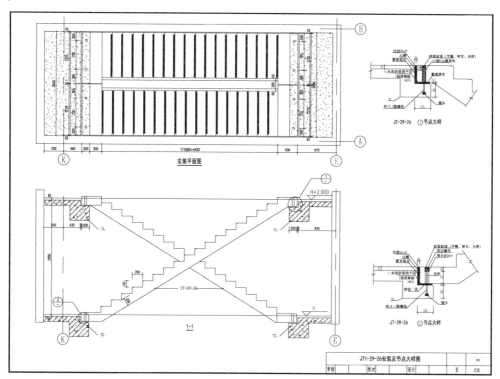

图 6.6-10　楼梯安装图

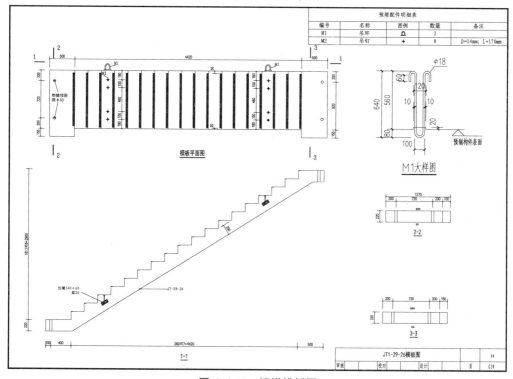

图 6.6-11　楼梯模板图

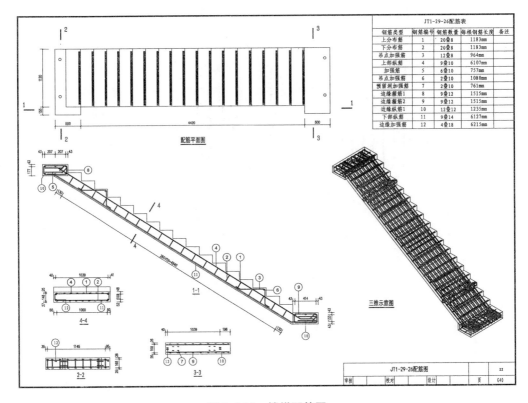

图 6.6-12　楼梯配筋图

6.6.4　阳台设计

阳台板为悬挑板式构件，有叠合式和全预制式两种类型，全预制又分为全预制板式和全预制梁式。关于阳台板等悬挑板，应满足《装配式混凝土结构技术规程》第 6.6.10 条的相关规定。

1. 阳台板计算

阳台板的计算模型分为梁式和板式两种。

全预制梁式阳台，可在整体计算模型中，按悬挑梁挑出的阳台计算。

叠合式阳台和全预制板式阳台其计算模型可按悬挑板构件进行计算。

2. 预制阳台板连接节点

（1）叠合式阳台板连接节点如图 6.6-13 所示。

（2）全预制板式阳台板连接节点如图 6.6-14 所示。

（3）全预制梁式阳台板连接节点如图 6.6-15 所示。

3. 阳台板构造设计其他要求

（1）预制阳台板与后浇混凝土结合处应做粗糙面。

（2）阳台设计时应预留安装阳台栏杆的孔洞和预埋件等。

（3）预制阳台板安装时需设置支撑。

图 6.6-16 是阳台构件模板图示例，图 6.6-17 是阳台构件配筋图示例。

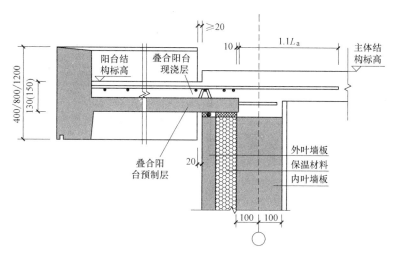

图 6.6-13　叠合式阳台板连接节点

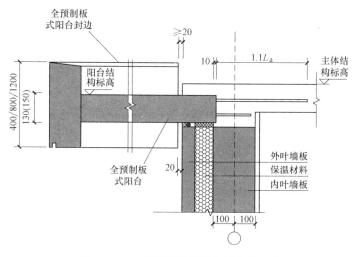

图 6.6-14　全预制板式阳台板连接节点

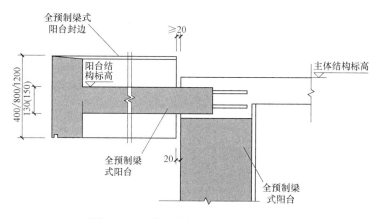

图 6.6-15　全预制梁式阳台板连接节点

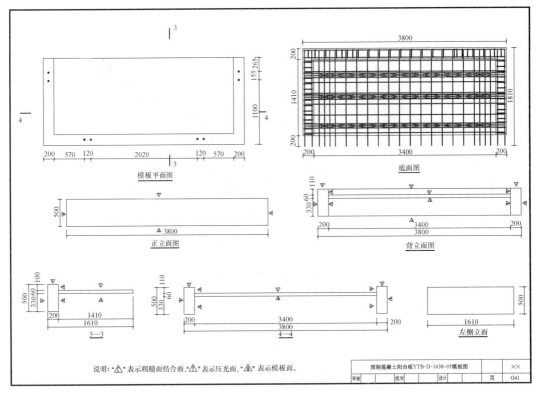

图 6.6-16　阳台构件模板图

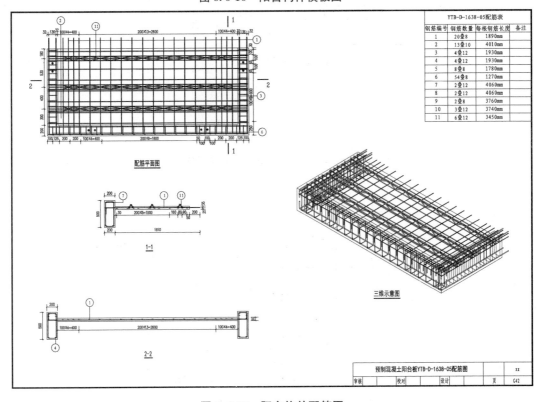

YTB-D-1638-05配筋表			
钢筋编号	钢筋数量	每根钢筋长度	备注
1	20Φ8	1890mm	
2	13Φ10	4010mm	
3	4Φ12	1930mm	
4	4Φ12	1930mm	
5	8Φ8	1780mm	
6	54Φ8	1270mm	
7	2Φ12	4060mm	
8	2Φ12	4060mm	
9	2Φ8	3760mm	
10	3Φ12	3740mm	
11	6Φ12	3450mm	

图 6.6-17　阳台构件配筋图

6.6.5 空调板、挑檐板设计

空调板、挑檐板等与阳台板同属于悬挑式板式构件，计算简图与节点构造和阳台板一样（图 6.6-18）。其结构布置原则是同一高度必须有现浇混凝土层。

预制钢筋混凝土空调板的吊件可根据相应的标准和规范进行设计，当采用普通吊环作为构件时，吊环应采用 HPB300 级钢筋制作，严禁采用冷加工钢筋，吊点可设置为两个。

预制钢筋混凝土空调板所用铁艺栏杆的预埋件宜采用 Q235-B 钢材，也可采用其他材料的预埋件，当采用其他材料的预埋件时，可根据相应的标准和规范进行设计。预埋件位置由具体设计确定，预埋件表面应做防腐处理。

预制钢筋混凝土空调板选用时，排水孔数量、位置、尺寸由具体设计确定，预制钢筋混凝土空调板安装后，在建筑面层施工时需要增加适当的坡度以利于排水，低端在排水孔一侧，坡度由具体设计确定。

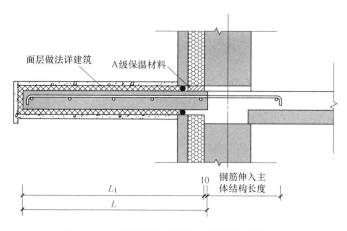

图 6.6-18 预制钢筋混凝土空调板连接节点

6.6.6 女儿墙设计

本节的 PC 女儿墙结构设计是剪力墙结构女儿墙（图 6.6-19）；外挂墙板女儿墙结构设计同外挂墙板设计。

女儿墙类型一般有：压顶与墙身一体化类型的倒 L 形及墙身与压顶分离式两种。

预制女儿墙设计高度为从屋顶结构标高算起，到女儿墙压顶的顶面为止，即其设计高度＝女儿墙墙体高度＋女儿墙压顶高度＋接缝高度。

预制女儿墙设计荷载分为永久荷载及可变荷载。永久荷载为其自重（包括墙身及压顶）；可变荷载包括风荷载及施工和检修荷载，施工和检修荷载一般按 1kN/m 设计。

预制女儿墙裂缝控制等级为三级，在使用阶段最大裂缝宽度允许限值为 0.2mm。

剪力墙后浇段延伸至女儿墙墙顶（压顶下）作为女儿墙的支座，女儿墙下端的浆锚连接仅作为构造连接。预制女儿墙与后浇混凝土结合面做成粗糙面，且凹凸应不小于 4mm。

女儿墙压顶按照构造配筋，与墙身的连接可采用螺栓连接（图 6.6-20）。

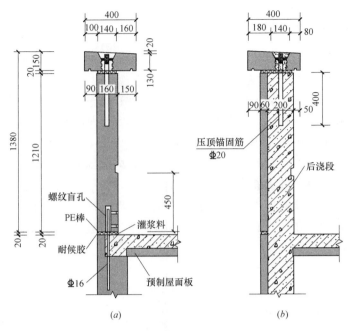

图 6.6-19　预制女儿墙墙身及支座处剖面示意图

（*a*）预制女儿墙墙身；（*b*）支座

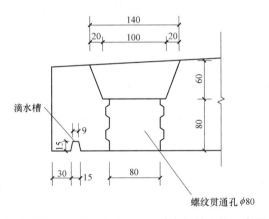

图 6.6-20　预制女儿墙压顶与墙身螺栓连接示意图

6.6.7　飘窗设计

整体式飘窗有两种类型：一种是组装式，墙体与闭合性窗户板分别预制，然后组装在一起；一种是整体式，整个飘窗一体预制完成。

整体式飘窗的计算要点：

（1）整体式飘窗墙体部分和剪力墙基本一样，只是荷载中增加了悬挑出墙体的偏心荷载，包括重力荷载和活荷载。

（2）整体式飘窗悬挑窗台板部分与阳台板、空调板等悬挑板的计算简图一样。

（3）整体式飘窗安装吊点的设置须考虑偏心因素。

（4）组装式飘窗须设计可靠的连接节点。

6.7　装配式与现浇高层住宅设计对比

6.7.1　规范对比

表 6.7-1 列出了装配式与现浇高层住宅的相关规范要求对比。

装配式与现浇高层住宅规范要求对比　　　　　　　表 6.7-1

对比项目	现浇高层住宅	装配式高层住宅
房屋的最大适用高度	《高层建筑混凝土结构技术规程》(JGJ 3—2010)第 3.3.1 条	《装配式混凝土结构技术规程》(JGJ 1—2014)第 6.1.1 条
适用的最大高宽比	《高层建筑混凝土结构技术规程》(JGJ 3—2010)第 3.3.2 条	《装配式混凝土结构技术规程》(JGJ 1—2014)第 6.1.2 条
结构的抗震等级	《高层建筑混凝土结构技术规程》(JGJ 3—2010)第 3.9 条	《装配式混凝土结构技术规程》(JGJ 1—2014)第 6.1.3、6.1.4 条
平面尺寸及突出部位尺寸的比值限值	《高层建筑混凝土结构技术规程》(JGJ 3—2010)第 3.4.3 条	《装配式混凝土结构技术规程》(JGJ 1—2014)第 6.1.5 条
抗震性能设计	《高层建筑混凝土结构技术规程》(JGJ 3—2010)第 3.11 条	
构件及节点承载力设计	《混凝土结构设计规范》(GB 50010—2010)、《建筑抗震设计规范》(GB 50011—2010)	《混凝土结构设计规范》(GB 50010—2010)、《建筑抗震设计规范》(GB 50011—2010)、《混凝土结构工程施工规范》(GB 50666—2011)、《装配式混凝土结构技术规程》(JGJ 1—2014)第 6.1.5 条
楼盖设计	《混凝土结构设计规范》(GB 50010—2010)	
结构作用及作用组合	《建筑结构荷载规范》(GB 50009—2012)、《建筑抗震设计规范》(GB 50011—2010)、《高层建筑混凝土结构技术规程》(JGJ 3—2010)	《建筑结构荷载规范》(GB 50009—2012)、《建筑抗震设计规范》(GB 50011—2010)、《高层建筑混凝土结构技术规程》(JGJ 3—2010)、《混凝土结构工程施工规范》(GB 50666—2011)
位移角限值	《建筑抗震设计规范》(GB 50011—2010)第 5.5.1 条	《装配式混凝土结构技术规程》(JGJ 1—2014)第 6.3.3 条

1. 框架、框架—剪力墙、剪力墙结构适用高度

《装配式混凝土结构技术规程》和《高层建筑混凝土结构技术规程》关于装配式混凝土结构建筑与现浇混凝土结构建筑最大适用高度的比较见表 6.7-2。

2. 框架结构、框架—剪力墙结构、剪力墙结构高宽比

《装配式混凝土结构技术规程》、《高层建筑混凝土结构技术规程》关于高宽比的规定见表 6.7-3。

3. 构件构造要求

装配式建筑与现浇建筑在结构构件的构造上局部有不同的规定，见表 6.7-4。

装配式混凝土结构与现浇混凝土结构最大适用高度比较（m）　　　表 6.7-2

结构体系	非抗震设计		抗震设防烈度							
			6 度		7 度		8 度(0.2g)		8 度(0.3g)	
	《高层建筑混凝土结构技术规程》	《装配式混凝土结构技术规程》	《高层建筑混凝土结构技术规程》	《装配式混凝土结构技术规程》	《高层建筑混凝土结构技术规程》	《装配式混凝土结构技术规程》	《高层建筑混凝土结构技术规程》	《装配式混凝土结构技术规程》	《高层建筑混凝土结构技术规程》	《装配式混凝土结构技术规程》
框架结构	70	70	60	60	50	50	40	40	35	30
框架—剪力墙结构	150	150	130	130	120	120	100	100	80	80
剪力墙结构	150	140(130)	140	130(120)	120	110	100	90(80)	80	70(60)
框支剪力墙结构	130	120(110)	120	110(100)	100	90(80)	80	70(60)	50	40(30)
框架—核心筒	160	/	150	/	130	/	100	/	90	/
筒中筒	200	/	180	/	150	/	120	/	100	/
板柱—剪力墙	110	/	80	/	70	/	55	/	40	/

注：1. 表中，框架—剪力墙结构剪力墙部分全部现浇。

2. 装配整体式剪力墙结构和装配整体式框支剪力墙结构，在规定的水平力作用下，当预制剪力墙结构底部承担的总剪力大于该层总剪力的 50% 时，其最大适用高度应当适当降低；当预制剪力墙构件底部承担的总剪力大于该层总剪力 80% 时，最大适用高度应取表中括号内数值。

装配式混凝土结构与现浇混凝土结构高宽比比较　　　表 6.7-3

结构体系	非抗震设计		抗震设防烈度			
			6、7 度		8 度	
	《高层建筑混凝土结构技术规程》	《装配式混凝土结构技术规程》	《高层建筑混凝土结构技术规程》	《装配式混凝土结构技术规程》	《高层建筑混凝土结构技术规程》	《装配式混凝土结构技术规程》
框架结构	5	5	4	4	3	3
框架—剪力墙结构	7	6	6	6	5	5
剪力墙结构	7	6	6	6	5	5
框架—核心筒	8	/	7	/	6	/
筒中筒	8	/	8	/	7	/
板柱—剪力墙	6	/	5	/	4	/

装配式建筑与现浇建筑构造对比　　　表 6.7-4

对比项目	装配式建筑	现浇建筑
水平分布筋	当采用套筒灌浆连接时，自套筒底部至套筒顶部并向上延伸 300mm 范围内，预制剪力墙的水平分布筋应加密，加密区水平分布筋的最大间距和最小直径见表 6.7-5，套筒上端第一道水平分布钢筋距离套筒顶部不应大于 50mm《装配式混凝土结构技术规程》(JGJ 1—2014)第 8.2.4 条规定：	无水平分布筋加密的要求

续表

对比项目	装配式建筑	现浇建筑
竖向钢筋	《装配式混凝土结构技术规程》(JGJ 1—2014)第8.3.5条规定:上下层预制剪力墙的竖向钢筋,当仅部分连接时,被连接的同侧钢筋间距不应大于600mm,且在剪力墙构件承载力设计和分布钢筋配筋率计算中不得计入不连接的分布钢筋,不连接的竖向分布钢筋直径不应小于6mm。按上述说明,对一、二级抗震的剪力墙无专门的加强措施,允许钢筋在同一截面连接 连接的竖向分布筋 ≤600 不连接的竖向分布筋 ≤600	《高层建筑混凝土结构技术规程》(JGJ 3—2010)第7.2.18条规定:剪力墙的竖向和水平分布钢筋的间距均不宜大于300mm,直径不应小于8mm。第7.2.20-2条规定:剪力墙竖向及水平分布筋采用搭接连接时,一、二级剪力墙的底部加强部位,接头位置应错开,同一截面连接的钢筋数量不宜超过总数量的50%,错开净距不宜小于500mm,其他情况剪力墙的钢筋可在同一截面连接 ≤300 ≤300
边缘构件区设置	《装配式混凝土结构技术规程》(JGJ 1—2014)第8.2.5条规定:端部无边缘构件的预制剪力墙,宜在端部配置2根直径不小于12mm的竖向构造钢筋;沿该钢筋竖向应配置拉筋,拉筋直径不宜小于6mm、间距不宜大于250mm	《高层建筑混凝土结构技术规程》(JGJ 3—2010)第7.2.14条规定:剪力墙两端和洞口两侧应设置边缘构件
构造边缘构件区范围	《装配式混凝土结构技术规程》(JGJ 1—2014)第8.3.1-2条规定:楼层内相邻预制剪力墙之间应采用整体式接缝连接,当接缝位于纵横墙交接处的构造边缘构件区域时,构造边缘构件宜全部采用后浇混凝土,设置长度为突出墙身≥200mm 转角墙 (≥200, ≥400, ≥200, ≥400) 有翼墙 (≥200, ≥b_f、≥b_w且≥400, b_f, b_w)	《高层建筑混凝土结构技术规程》(JGJ 3—2010)第7.2.16条规定:边缘构件区长度为突出墙身300mm 转角墙 (300, 300) 有翼墙 (300, b_f, b_w)
墙底接缝	《装配式混凝土结构技术规程》(JGJ 1—2014)第8.3.4条规定:预制剪力墙底部接缝宜设置在楼面标高处,并应符合下列规定:(1)接缝高度宜为20mm;(2)接缝宜采用灌浆料填实;(3)接缝处后浇混凝土上表面应设置粗糙面	无设置接缝

加密区水平分布钢筋的要求 表6.7-5

抗震等级	最大间距(mm)	最小直径(mm)
一、二级	100	8
三、四级	150	8

6.7.2　整体计算指标及构件承载力对比

装配式混凝土结构与现浇结构在内力调整、受剪承载力、周期折减系数、楼板厚度、混凝土保护层厚度等方面存在差别，但对结构整体计算指标影响较大的主要是周期折减系数和楼板厚度。下面举例说明不同的装配式混凝土结构与现浇结构整体计算指标的差别，见表 6.7-6，其中装配式混凝土结构包括内浇外挂装配式混凝土结构体系（简称内浇外挂体系）、全受力外墙装配整体式混凝土剪力墙结构体系（简称全受力外墙体系）和内嵌夹芯外墙装配整体式混凝土剪力墙结构体系（简称内嵌夹芯外墙体系）。

1. 小震计算结果对比

小震整体计算结果对比 表 6.7-6

计算软件		现浇结构体系	内浇外挂体系	内嵌夹芯外墙体系	全受力外墙体系
周期	1	3.141	3.192	2.149	1.651
	2	2.752	2.799	1.610	1.523
	3	2.702	2.745	1.311	0.907
地震下基底剪力(kN)	X	3344	3437	3945	5451
	Y	3568	3665	5091	5602
剪重比(调整前)	X	1.50%	1.49%	1.71%	2.26%
	Y	1.60%	1.59%	2.21%	2.33%
楼层受剪承载力与上层的比值(>80%)最小值	X	0.92	0.93	0.97	0.99
	Y	0.93	0.93	0.97	0.97
反应谱地震作用下最大层间位移角	X	1/1080	1/1044	1/2100	1/3108
	Y	1/1518	1/1473	1/3146	1/3336
考虑偶然偏心最大位移比	X	1.18	1.18	1.19	1.12
	Y	1.23	1.23	1.18	1.10
地震作用下顶点位移(mm)	X	72.1	74.6	37.9	25.5
	Y	52.5	54.1	25.5	24.0
风荷载下最大层间位移角	X	1/1349	1/1350	1/3095	1/5967
	Y	1/1894	1/1896	1/6232	1/7522
风荷载下顶点位移(mm)	X	57.5	57.4	26.1	13.8
	Y	42.3	42.3	13.2	11.0
刚重比 $EJd/GH2$	X	3.30	3.21	7.33	12.36
	Y	4.38	4.25	12.77	14.02

从表 6.7-6 的小震整体计算结果可知，结构刚度从大到小的顺序为全受力外墙体系、内嵌夹芯外墙体系、现浇结构体系和内浇外挂体系；地震力从大到小的顺序为全受力外墙体系、内嵌夹芯外墙体系、内浇外挂体系和现浇结构体系；考虑偶然偏心最大位移比从大到小的顺序为现浇结构体系、内浇外挂体系、内嵌夹芯外墙体系和全受力外墙体系。

2. 正截面承载力对比

由于剪力墙压弯、拉弯承载力主要通过两端的边缘构件区纵向钢筋承担，因此剪力墙墙肢越长，正截面承载力越大，当墙肢长度一定时，构件配筋越大，正截面承载力越大。一般来说，全受力外墙体系的墙肢较长，正截面承载力最大，而现浇结构体系，内浇外挂体系和内嵌夹芯外墙体系的墙肢承载力视控制配筋的内力大小而定。当设防烈度为6度和7度（0.1g）时，剪力墙一般为构造配筋，现浇结构体系、内浇外挂体系和内嵌夹芯外墙体系的墙肢承载力基本相同，当设防烈度为7度（0.15g）和8度（0.2g）时，部分墙肢配筋由计算控制，由计算配筋控制的墙肢正截面承载力从高到低的顺序为内嵌夹芯外墙体系、内浇外挂体系和现浇结构体系。限于篇幅，下面以设防烈度为8度（0.2g）的某33层剪力墙结构（图6.7-1）为例，说明四种体系的墙肢正截面承载力差别，见表6.7-7。

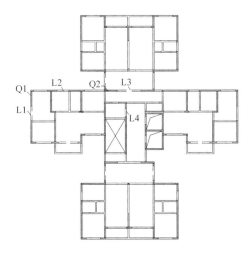

图 6.7-1 平面布置和构件编号图

剪力墙正截面承载力对比（kN·m）　　　　　　　　　　　　　　　　表 6.7-7

编号	现浇结构体系	内浇外挂体系	内嵌夹芯外墙体系	全受力外墙体系
Q1	2469	2510	2539	5603
Q2	279	279	301	762

　　装配式混凝土结构与现浇结构在静力荷载作用下的梁内力差别不大，在地震作用下的内力存在较大差别，梁弯矩从大到小的顺序为内嵌夹芯外墙体系、内浇外挂体系、现浇结构体系和全受力外墙体系，因此对于由风控制配筋的梁构件，装配式混凝土结构与现浇结构的正截面承载力差别不大，对于由地震控制配筋的梁构件，梁构件正截面承载力从大到小的顺序为内嵌夹芯外墙体系、内浇外挂体系、现浇结构体系和全受力外墙体系。部分框架梁正截面承载力的差别，见表6.7-8，构件编号如图6.7-1所示。

梁正截面承载力结果（kN·m）　　　　　　　　　　　　　　　　　表 6.7-8

编号	现浇结构体系	内浇外挂体系	内嵌夹芯外墙体系	全受力外墙体系
L1	82.4	85.4	104.9	—
L2	157.1	157.9	159.3	—
L3	186.6	187.6	195.1	99.4
L4	83.9	81.1	89.6	55.6

6.7.3 抗剪连梁分析对比

在正常的使用荷载和风荷载作用下，结构应该处于弹性工作状态，连梁允许出现裂缝，但不应该产生塑性铰，在大震作用下，连梁允许出现塑性铰，但需要有一定的延性，属于延性破坏。一般情况下，连梁的跨高比越小，则连梁的线刚度越大，连梁的内力和配筋也会越大，容易造成连梁的配筋超过了规范的最大配筋率，或者连梁截面验算不满足要求，从而导致连梁破坏时出现脆性破坏。

本节提出采用预制双连梁设计方法进行高层剪力墙结构抗震性能化设计，可有效地减小连梁内力和配筋，并且由于预制双连梁具有较好的延性，使整体结构具有很好的耗能能力，降低了结构在地震作用下的响应，从而提高结构的抗震性能。

1. 计算模型

以某内嵌夹芯外墙体系装配式混凝土结构为例，地上 33 层，结构高度 99m，抗震设防烈度 7 度，属 A 级高度高层建筑。结构计算模型和标准层平面分布如图 6.7-2 和图 6.7-3 所示。标准层平面尺寸 30.3m×28.4m，层高 3.0m。底部加强区剪力墙采用现浇，非底部加强区剪力墙的墙身采用预制方式，边缘构件采用现浇方式，剪力墙厚度均为 200mm。

框架梁采用叠合梁，截面尺寸为 200mm×500mm 和 200mm×600mm，楼板采用叠合楼板，厚度为 130mm，其中叠合板预制部分的高度为 60mm，现浇部分的高度为 70mm。剪力墙柱混凝土强度等级从底部的 C50 收至顶部的 C30，梁板混凝土强度等级为 C30。图 6.7-4 为预制双连梁构造图。由于连梁受力特点和耗能方式发生了改变，对装配整体式剪力墙结构整体抗震性能有较大的影响。

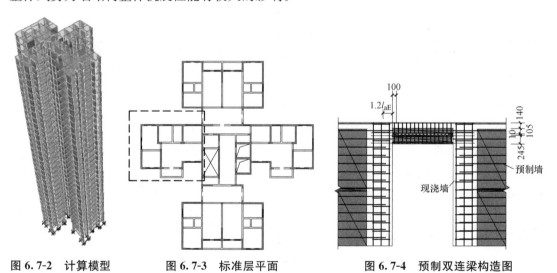

图 6.7-2　计算模型　　　　图 6.7-3　标准层平面　　　　图 6.7-4　预制双连梁构造图

2. 计算结果对比

（1）多遇地震计算结果

结构整体计算结果对比汇总见表 6.7-9，从表可知，双连梁比单连梁的周期增加约 4%，剪力减小约 3%，地震作用下的位移增加约 4%，风荷载下的位移增加约 7%；位移比增加约 1%，楼层承载力比减小约 1%。

整体计算结果对比 表 6.7-9

连梁方案		单连梁	双连梁	(双连梁－单连梁)/单连梁×100%
周期	1	2.661	2.768	4.0%
	2	2.326	2.418	4.0%
	3	2.231	2.348	5.3%
地震下基底剪力(kN)	X	3648	3520	−3.5%
	Y	4110	3990	−2.9%
剪重比	X	1.70%	1.64%	−3.5%
	Y	1.91%	1.86%	−2.9%
楼层受剪承载力与上层的比值	X	0.98	0.97	−1.0%
	Y	0.92	0.92	0.0%
反应谱地震作用下最大层间位移角	X	1/1428	1/1369	4.3%
	Y	1/1701	1/1659	2.5%
考虑偶然偏心给定水平力最大位移比	X	1.18	1.20	1.7%
	Y	1.20	1.21	0.8%
地震作用下顶点位移(mm)	X	50.18	52.23	4.1%
	Y	44.08	45.97	4.3%
风荷载下最大层间位移角	X	1/2904	1/2698	7.6%
	Y	1/4056	1/3794	6.9%
风荷载下顶点位移(mm)	X	25.20	26.98	7.1%
	Y	18.02	19.27	6.9%
刚重比	X	4.685	4.343	−7.3%
	Y	6.061	5.649	−6.8%

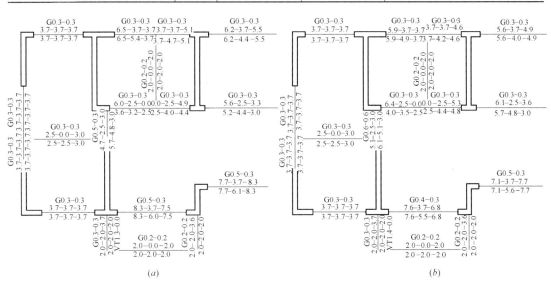

图 6.7-5 标准层梁构件局部计算配筋

(a) 单连梁；(b) 双连梁

由于剪力墙在小震作用下均为构造配筋，因此仅对梁构件配筋进行对比分析，限于篇幅，选取代表性范围的梁构件配筋结果进行对比，图 6.7-5 为梁构件局部（见图 6.7-3 虚线范围）计算配筋，从图可知，双连梁的配筋比单连梁的配筋少约 8%～10%。

（2）设防地震配筋计算结果

图 6.7-6 为梁构件局部计算配筋，从图可知，双连梁的配筋比单连梁的配筋少约 8%～11%。

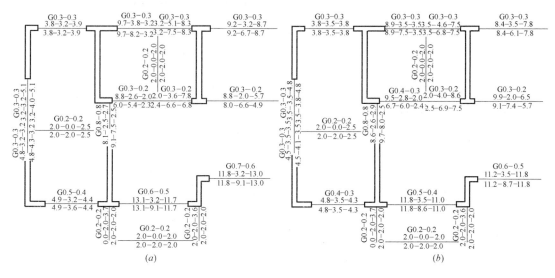

(a)   *(b)*

图 6.7-6　梁构件局部计算配筋

（*a*）单连梁；（*b*）双连梁

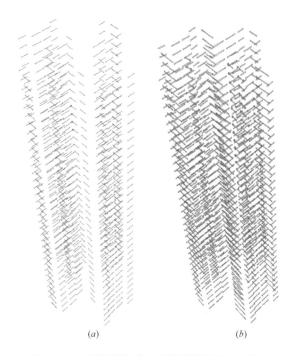

(a)   *(b)*

图 6.7-7　构件损伤情况（连梁均处于 IO 状态）

（*a*）3s 时刻单连梁；（*b*）2s 时刻双连梁

（3）罕遇地震计算结果

采用人工波进行大震动力弹塑性计算分析。最大加速度取 $220cm/s^2$，计算持时为 20s。

从图 6.7-7 可知，单连梁方案在 3s 时刻个别连梁出现了塑性铰，而双连梁方案在 2s 时刻部分连梁已经在中上部楼层出现了塑性铰，出铰时间比单连梁方案的早。

从图 6.7-8 可知，单连梁的塑性铰出铰数量比双连梁的少。单连梁方案在底部楼层的连梁未出现塑性铰，其他楼层均出现塑性铰，其中大部分处于 IO 状态，中间楼层少量处于 LS 状态；而双连梁方案全部楼层都出现连梁塑性铰，其中部分处于 IO 状态，中间楼层部分处于 LS 状态，个别处于 CP 状态，可见双连梁方案的连梁更充分发挥连梁的耗能作用。

从图 6.7-9 可以看出，双连梁屈服后承载力小于单连梁，较早进入强化阶段，但延性优于单连梁。单连梁结构在层间位移达到 10mm 时，连梁损伤已经进入临近破坏阶段，随着继续加载，单连梁迅速破坏，承载力下降明显。双连梁结构在层间位移达到 11mm 时，连梁损伤已经进入临近破坏阶段，随着继续加载，双连梁出现破坏，但承载力下降比较平缓，表现出良好的延性。

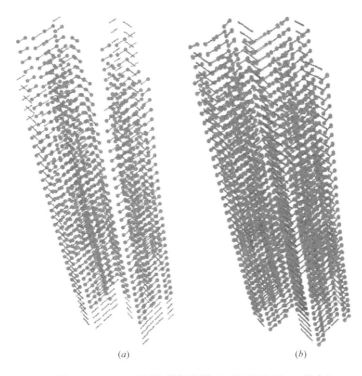

(a)　　　　　　　　　　(b)

图 6.7-8　20s 时刻构件损伤情况（连梁处于 IO 状态）

(a) 单连梁；(b) 双连梁

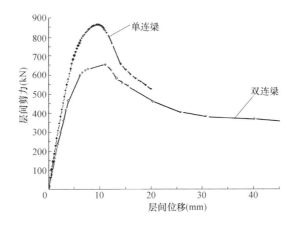

图 6.7-9　双肢墙位移剪力曲线

大震整体指标   表 6.7-10

计算软件		单连梁	双连梁	（双连梁－单连梁）/单连梁×100%
地震下基底剪力(kN)	X	12921.7	11905	−8%
	Y	16604.5	15605	−6%
最大层间位移角	X	1/292	1/392	−25%
	Y	1/340	1/420	−23%

由表 6.7-10 的大震整体计算结果可知，双连梁方案比单连梁方案的剪力减小约 6%～8%，地震作用下的位移减小约 23%～25%，原因是由于双连梁方案的连梁在地震作用下较快出现塑性铰，并且大部分连梁出现塑性铰，充分发挥了连梁的耗能作用，连梁屈服后结构整体刚度减小，地震作用下的响应也减小。

3. 小结

由于装配整体式剪力墙结构的结构刚度偏刚，通过设置装配式耗能双连梁的方法，结构的整体刚度减小了约 7%，从而减小地震剪力约 8%。

在大震作用下，结构的层间位移角达到 1/750 时，中部楼层部分双连梁开始进入屈服，随着地震力的加大，屈服的范围进一步增大，构件损伤范围相比单连梁大 15%，充分发挥了连梁的耗能作用，提高了结构延性。

6.7.4 抗震性能对比

下面以某内嵌夹芯外墙体系装配式混凝土结构为例，通过装配式混凝土结构与现浇结构的对比，分析两者在抗震性能以及构件损伤情况等方面所存在的差异。框架梁截面尺寸为 200mm×500mm 和 200mm×400mm，结构的其他构件尺寸、结构高度、材料强度等信息详见上节内容；现浇结构梁墙尺寸与装配式混凝土结构相同，板厚为 100mm。

1. 荷载取值

多遇地震、设防烈度地震和罕遇地震的水平地震影响系数分别取 0.08、0.23 和 0.5，场地特征周期 0.45s；结构水平位移验算时基本风压取 $0.5kN/m^2$；恒载根据建筑做法取值，活载根据《建筑结构荷载规范》（GB 50009—2012）取值。

2. 抗震性能目标

根据本工程的实际情况，本工程总体按性能目标 D 要求进行抗震性能化设计，计算方法依据《高层建筑混凝土结构技术规程》（JGJ 3—2010）第 3.11 条所列各水准的验算公式计算。在多遇地震（小震）、设防地震（中震）、罕遇地震（大震）下分别满足第 1、4、5 抗震性能水准的要求；塔楼结构不同抗震性能水准的结构承载力设计要求见表 6.7-11。

不同抗震性能水准的构件承载力设计要求   表 6.7-11

抗震烈度	多遇地震	设防地震	罕遇地震
底部加强区剪力墙	弹性	抗弯、抗剪不屈服	允许部分出现塑性,控制塑性变形;受剪截面满足截面限制条件
非底部加强区剪力墙	弹性	允许抗弯大部分屈服,受剪截面满足截面限制条件	允许较多出现塑性,控制塑性变形;受剪截面满足截面限制条件
框架梁和连梁	弹性	允许部分比较严重损坏	允许大部分出现塑性,控制塑性变形

3. 计算结果对比

（1）多遇地震计算结果

表 6.7-12 为小震整体计算结果，从表可知，现浇结构比装配式结构的结构总重量轻 3.2％，周期小 2％，基底剪力小 14％～20％，地震作用下的变形小 6％～18％。

小震整体计算结果列表　　　　　　　　　　　　　　　表 6.7-12

方　案		装配式	现浇
重量(t)		23045	22310
周期	1	3.190	3.140
	2	2.806	2.750
	3	2.752	2.700
地震下基底剪力(kN)	X	3895	3344
	Y	4481	3568
剪重比（调整前）	X	1.68％	1.49％
	Y	1.93％	1.59％
楼层受剪承载力与上层的比值（>80％）最小值（层号）	X	0.92(1)	0.92(1)
	Y	0.93(1)	0.93(1)
反应谱地震作用下最大层间位移角（层号）	X	1/1014(13)	1/1080 (14)
	Y	1/1230(18)	1/1518 (17)
给定水平力并考虑偶然偏心裙楼以上最大位移比（层号）	X	1.15(1)	1.18 (33)
	Y	1.22(2)	1.23 (1)
地震作用下顶点位移(mm)	X	77	72
	Y	64	52
刚重比 EJd/GH2	X	3.264	3.306
	Y	4.255	4.385

限于篇幅，选取代表性楼层第 5 层的部分梁的配筋进行分析，所选的梁位置编号如图 6.7-10 所示。

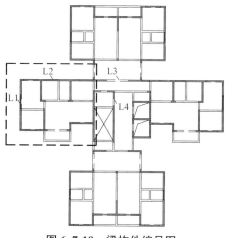

图 6.7-10　梁构件编号图

表 6.7-13 为梁纵筋配筋结果，由表可知，装配式梁构件的配筋均比现浇梁构件的配筋大。

梁纵筋配筋结果（mm²） 表 6.7-13

梁编号	纵筋	装配式	现浇	（装配式一现浇）/装配式×100%
L1	面筋	680	520	23.5%
	底筋	520	380	26.9%
L2	面筋	1120	1100	1.8%
	底筋	620	560	9.7%
L3	面筋	1470	1380	6.1%
	底筋	1360	1260	7.3%
L4	面筋	570	530	7.0%
	底筋	570	530	7.0%

图 6.7-11 为第 5 层局部（见图 6.7-10 虚线范围）配筋结果，从图可知，预制梁抗弯钢筋面积比现浇梁抗弯钢筋面积大，墙身配筋基本一致。剪力墙、框架梁和连梁均满足小震弹性的性能要求。

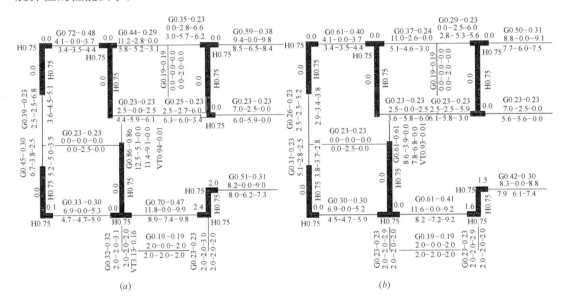

(a) (b)

图 6.7-11 第 5 层局部配筋结果
(a) 装配式；(b) 现浇

（2）中震计算结果

配筋结果如图 6.7-12 所示，预制梁抗弯钢筋面积比现浇梁抗弯钢筋面积最大截面大 14%，预制剪力墙暗柱区配筋比现浇墙暗柱区配筋最大位置大 30%，水平分布钢筋基本一致。剪力墙、框架梁和连梁均未出现屈服，满足底部加强区剪力墙中震不屈服，非底部加强区允许抗弯大部分屈服，框架梁和连梁允许部分比较严重损坏的性能要求。

（3）大震计算结果

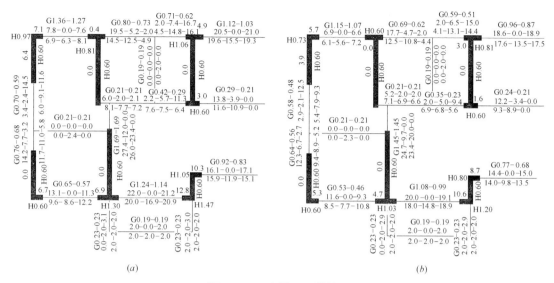

图 6.7-12 中震下配筋结果

(a) 装配式；(b) 现浇

限于篇幅，以下仅列出人工波的计算结果。

大震弹塑性整体指标结果 表 6.7-14

	方向	装配式	现浇	(装配式－现浇)/装配式×100%
最大剪力(kN)	0°	18402	18105	1.6%
	90°	29939	28923	3.4%
最大位移角	0°	1/126	1/148	17.8%
	90°	1/136	1/147	8.2%

从表 6.7-14、图 6.7-13 和图 6.7-14 大震计算结果可知，装配式比现浇的结构基底剪力大 1.6%～3.4%，地震作用下的变形大 8.2%～17.8%。

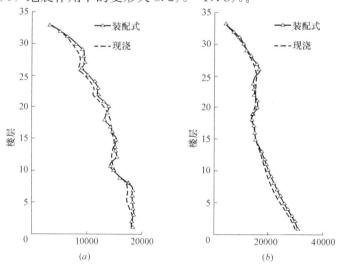

图 6.7-13 楼层剪力曲线

(a) 0°地震楼层剪力（kN）；(b) 90°地震楼层剪力（kN）

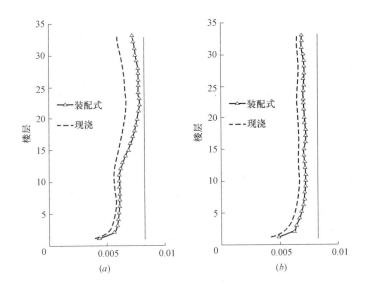

图 6.7-14 层间位移角曲线

（*a*）0°楼层最大位移角；（*b*）90°楼层最大位移角

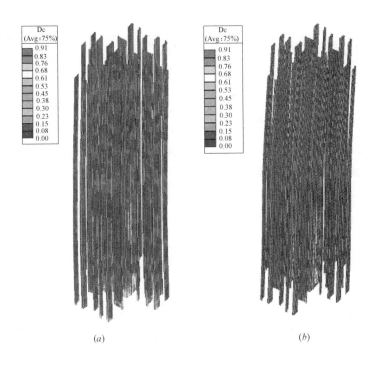

图 6.7-15 剪力墙混凝土受压损伤云图

（*a*）装配式；（*b*）现浇

图 6.7-15 为剪力墙混凝土受压损伤云图，从图可知，剪力墙混凝土受压损伤主要集中在底部，中上部的剪力墙混凝土基本未出现受压损伤，并且装配式混凝土结构比现浇结构的损伤范围和程度大。

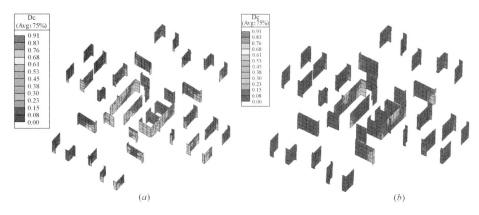

图 6.7-16　首层剪力墙损伤云图

(a) 装配式（最大损伤因子 0.842）；(b) 现浇（最大损伤因子 0.445）

图 6.7-16 为首层剪力墙损伤云图，从图可知，装配式的剪力墙损伤范围和程度比现浇的大。

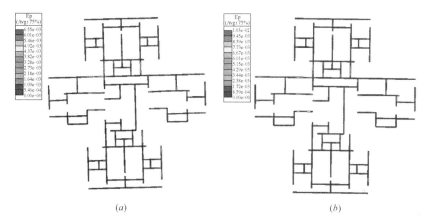

图 6.7-17　15 层梁构件钢筋塑性应变云图

(a) 装配式；(b) 现浇

图 6.7-17 为 15 层梁构件钢筋塑性应变云图，从图可知，装配式混凝土结构与现浇结构出现塑性应变的范围比较接近，但现浇结构的最大塑性应变（1.03e-2）明显比装配式混凝土结构的最大塑性应变（6.55e-3）大。

（4）小结

现浇结构比装配式结构的结构总重量轻 3.2%，周期小 2%。小震作用下现浇结构比装配式结构的基底剪力小 14%～20%，变形小 6%～18%。

中震作用下，装配式结构比现浇梁配筋最大截面配筋面积大 16%，墙身暗柱区配筋大 30%，水平分布钢筋基本一致。

大震作用下，装配式混凝土结构与现浇结构梁出现塑性应变的范围比较接近；剪力墙混凝土受压损伤主要集中在底部，装配式混凝土结构比现浇结构的损伤范围和程度大；当继续对结构进行加载（峰值加速度从 220cm/s² 放大至 600cm/s²）时，首层剪力墙首先出现破坏，并且装配式混凝土结构先于现浇结构出现破坏。

6.8 施工图表达

6.8.1 BIM 出施工图的可行性

采用 BIM 技术出图时，当前仍需要满足现行的制图标准。对于装配式项目，其设计阶段除了传统的方案阶段、初设阶段、施工图设计阶段外，还需要深化设计阶段，深化设计阶段主要是对部品进行深化设计。与传统现浇建筑相比，装配式建筑结构设计深度在不同阶段增加的内容见表 6.8-1。

装配式建筑结构设计深度在不同阶段增加的内容 表 6.8-1

设计阶段	新增内容
方案设计阶段	与现浇建筑相同，无新增内容
初步设计阶段	确定需要进行拆分的构件并进行结构构件的初步拆分
施工图设计阶段	(1)构件布置图区分现浇部分及预制部分构件； (2)装配式混凝土结构的连接详图，包括连接节点连接详图等； (3)绘出预制构件之间和预制与现浇构件间的相互定位关系、构件代号、连接材料、附加钢筋(或埋件)的规格、型号，并注明连接方法以及对施工安装、后浇混凝土的有关要求等； (4)采用夹心保温墙板时，应绘制拉结件布置及连接详图
深化设计阶段	预制构件深化，出深化设计图

装配式高层住宅施工图主要包括目录、结构设计总说明、基础平面图、基础详图、墙柱平面图、结构梁配筋图、结构板配筋图、叠合板配筋图、部品图等。目前，基本上所有图纸都能通过 Revit 直接出图，但其表达方式与采用 AutoCAD 出图无法完全一致，出图效率也较低，详细分析见表 6.8-2。

采用 **Revit** 出结构施工图可行性分析表 表 6.8-2

图纸类型	具体内容	可行性分析	与传统方法的效率对比
目录	图纸目录	全部图纸都在 Revit 中时，可通过明细表生成图纸目录	自动生成，效率高
总说明	结构设计总说明	(1)在详图视图中采用文字、详图线进行绘制，制作方法与在 CAD 中绘制的方法一致。 (2)总说明也可实现参数化，但需要添加大量的共享参数和注释标签，效率低且意义不大，故不建议将总说明参数化	基础性工作的工作量大，但基础工作完成后使用时只需修改个别文字，与 AutoCAD 效率几乎一致
	柱钢筋构造大样		
	梁身钢筋构造大样		
	梁柱节点构造大样		
	板筋及坡屋面钢筋构造大样		
	钢筋混凝土楼梯平法通用图及说明		
基础平面图	独立基础	不同阶数的独立基础采用不同的基础族进行建模，配筋通过文字型共享参数存储，通过大样图辅助表达	效率与 AutoCAD 几乎一致
	条形基础	条形基础建议采用结构框架族进行建模，配筋通过文字型共享参数存储，施工图表达方法与梁配筋图类似	效率比 AutoCAD 低，主要是配筋信息添加的效率较低

图纸类型	具体内容	可行性分析	与传统方法的效率对比
基础平面图	桩基础	桩与承台作为一个嵌套族,桩族嵌套到承台族中,作为承台族的实例参数。平面图中可标注桩型、承台类型、桩配筋、承台配筋通过文字型共享参数存储,通过大样图辅助表达	在基础族完善的情况下效率比AutoCAD高,但遇到异形承台需要重新进行族制作
基础大样图	独立基础大样	在详图视图中通过文字和详图线进行绘制,基础配筋表通过明细表生成	参数化生成,效率比AutoCAD高且与模型关联
基础大样图	桩基础大样		
墙柱平面图	墙柱定位图	消隐无关构件后通过定位尺寸添加定位标注	定位的效率与AutoCAD几乎一致
墙柱平面图	墙柱配筋图	边缘区与墙身之间进行打断,在边缘区中添加实体钢筋	绘制边缘构件区的效率远低于AutoCAD,主要是钢筋布置的效率低
结构梁配筋图	现浇梁配筋图	梁编号、配筋通过文字型共享参数存储,通过标签进行读取并成图	效率比AutoCAD低,主要是添加配筋信息和标签的效率都较低
结构梁配筋图	叠合梁布置图	通过常规构件族建模,族类型名即叠合梁构件名	效率比AutoCAD低,但准确性高,可很方便地出叠合梁明细表
结构板配筋图	现浇板配筋图	通过详图构件族表达配筋	效率比AutoCAD低,主要是因为一般采用AutoCAD绘图时,板筋长度任意绘制,通过文字标签表达板筋长度,在Revit中绘制时,要求板筋长度与实际一致
结构板配筋图	叠合板布置图	通过常规构件族建模,族类型名即叠合板构件名	效率比AutoCAD低,但准确性高,可很方便地出叠合板明细表
部品图	各种类型构件的部品	精细建模后通过剖切和添加注释文字进行出图,钢筋文字信息储存在部品的主体混凝土构件中,但其钢筋明细表无法表达钢筋加工尺寸	建模效率低,但只能通过三维建模完成

6.8.2　现浇梁施工图

装配式建筑中,结构梁可能为现浇梁,也可能为叠合梁。装配式建筑梁施工图中,梁配筋先于选部品,叠合梁配筋与现浇梁配筋在同一张图上进行表达,且配筋的表达方式相同,仅仅是强度等级不同。叠合梁编号在现浇梁编号前加"D",如DKL、DL等(有经验的工程师能直接选部品,只需按所选部品的底筋、箍筋直接输入到梁配筋中即可,其他步骤相同)。

基于Revit的现浇梁施工图表达,为使每个梁图元都有完备的配筋信息,方便后期通过辅助软件自动生成三维钢筋,可在传统标注方法的基础上稍作改变,每跨梁都进行集中标注。其中，梁集中标注主要内容为：梁编号、梁跨号、截面尺寸、对称标记、箍筋、架立筋、底筋、腰筋、标高。

为对梁进行注释，需要事先做好标注族，需要的标注族如下：集中标注（梁编号、梁跨号、截面、架立筋、底筋）、左负筋、右负筋、底筋、箍筋、腰筋、标高，如图 6.8-1 所示。

6.8.3　预制梁施工图

预制梁施工图的实质是部品库的选择，是装配式建筑梁施工图独有的内容。

预制梁施工图的绘制过程其实是部品库的选择过程，工程师根据梁配筋、梁截面选择相应的部品，并标记上部品库名称。

由于预制梁配筋已在梁施工图中表示，预制梁施工图中仅表示预制梁的部品库名，现浇梁部分标记为"现浇"，如图 6.8-2 所示。

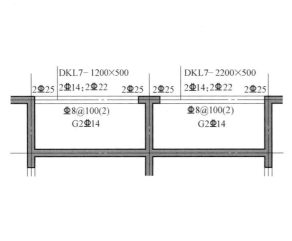

图 6.8-1　现浇梁施工图示例　　　　　图 6.8-2　预制梁施工图示例

6.8.4　现浇板施工图

装配式建筑的楼板施工图分为：现浇板施工图和叠合板施工图。

现浇板施工图与传统楼板施工图基本相同，现浇板施工图仅表示楼板负筋、板面加强筋、楼板板厚、楼板标高，不表示板底筋。绘制板施工图时，需要的标记族有：板厚标记族。需要的详图族有：板负筋族。Revit 中通过板负筋族注释的现浇楼板施工图如图6.8-3 所示。

6.8.5　叠合板施工图

叠合板施工图主要表示：叠合板编号、后浇缝、叠合板定位、板面加强筋标识等。

绘制叠合板施工图时，需要的标记族有：叠合板族、类型标记族。

叠合板施工图的工作量不大，在拆分完成后，主要工作是：（1）对叠合板、后浇缝进行定位；（2）添加叠合板名称标注；（3）添加后浇缝标注；（4）绘制密缝钢筋。

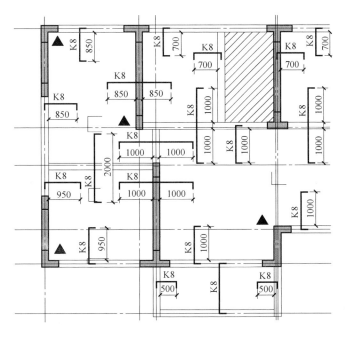

图 6.8-3　注释完成的现浇板施工图

对于叠合板，使用标签标注叠合板的"族类型"参数即可。

对于后浇缝，由于后浇缝是叠合板图元之间的空隙，并非一个实体图元，因而也无法加入参数，后浇缝的编号、注释目前只能通过"文字"进行，与后浇缝无实际的信息关联。

密缝钢筋的绘制使用详图构件族，其制作方法与楼板负筋的详图构件族相同。

注释完成的叠合板施工图如图 6.8-4 所示。

6.8.6　剪力墙施工图

剪力墙施工图中需要注释的内容有：剪力墙定位、边缘构件编号、墙身编号、水平分布筋、垂直分布筋、拉筋、钢筋排数、结构墙（是/否参数）。

需要的标记族有：边缘构件编号标签、墙身编号标签。

装配式建筑的剪力墙施工图，与现浇建筑的剪力墙施工图稍有不同，现浇建筑的剪力墙施工图只需要表达边缘构件和剪力墙墙身即可，但是装配式建筑的剪力墙施工图，需要将剪力墙墙身分为预制剪力墙身和现浇剪力墙身，并在平面图中区分开。在 Revit 中，可通过设置不同填充将

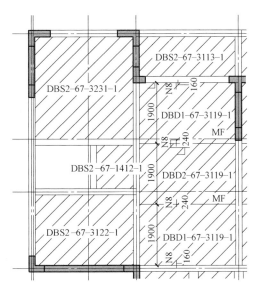

图 6.8-4　注释完成的叠合板施工图

三者区分开。

Revit 中，绘制墙柱定位图时，应使用模板中的"结 _ 墙柱平面"视图样板，标注定位尺寸时，可直接采用 Revit 的"对齐标注"命令进行标注。

剪力墙尺寸标注的难点在于边缘构件区的尺寸标注。通常在施工图阶段进行剪力墙定位时，已经完成了剪力墙的拆分，剪力墙划分为边缘构件区与剪力墙身，但是，边缘构件区域与剪力墙身之间可能会出现一条实线（图 6.8-5），也可能没有明显的边界（图 6.8-6），一般来说，手工建模时剪力墙之间是没有边界的，如果边缘构件区与剪力墙身之间没有边界，由于找不到定位点，边缘构件区的定位会很麻烦。

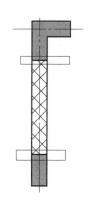

图 6.8-5　剪力墙之间有实线

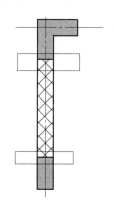

图 6.8-6　剪力墙之间无明显边界

人工调出边缘构件区与剪力墙身之间的边线，需要单击剪力墙身，使其变为被选中的状态（图 6.8-7），之后在剪力墙端点右击鼠标，弹出菜单，选择"不允许连接"（图 6.8-8）。

图 6.8-7　选中剪力墙

图 6.8-8　单击"不允许连接"

为清晰地分别表示剪力墙的边缘构件和墙身，施工图阶段应对剪力墙进行拆分，并使用共享参数在剪力墙中加入"墙类型"参数（作为项目参数输入）。剪力墙拆分和加入墙类型信息可使用第 9 章提供的剪力墙拆分工具，如图 6.8-9 所示。

剪力墙墙身配筋通过共享参数进行注释。墙身配筋需要注释的参数有：墙身编号、水平分布筋、垂直分布筋、拉筋、钢筋排数。

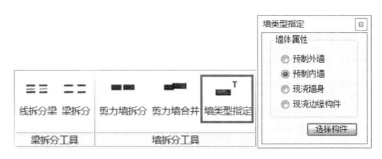

图 6.8-9　剪力墙拆分工具

剪力墙墙身配筋前应先指定剪力墙的"墙类型"参数,区分开墙身和边缘构件。

装配式高层住宅剪力墙墙身配筋可使用第 9 章提供的插件,输入默认配筋和编号后,将墙配筋信息批量添加到剪力墙墙身中。

装配式高层住宅剪力墙边缘构件配筋图与传统剪力墙结构边缘构件配筋图基本一致,但其绘制方法是结构专业的一大难点。本书提出一种方法,在施工图阶段将剪力墙拆分成边缘构件和墙身,边缘构件的配筋使用"钢筋"族,直接在平面视图上配置实体钢筋,此时,为了避免钢筋量太大引起模型卡顿,相同编号的边缘构件可仅取一个进行配筋,如图 6.8-10 所示。完成配筋后,在"视图"树中点击右键复制视图(此时建议选择"复制为相关"),视图名称按"楼层号+边缘构件编号"进行命名,如图 6.8-11 所示,通过裁剪视图使得视图中仅显示边缘构件,再将平面视图的比例改小为 1∶25。

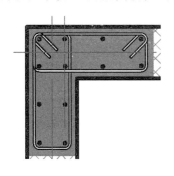

图 6.8-10　边缘构件钢筋视图

图 6.8-11　边缘构件视图

边缘构件的配筋值通过文字共享参数进行表达,箍筋间距可填写于"拉筋"共享参数中,纵筋数量与直径填写在"垂直分布筋"共享参数中,填写完成后通过明细表建立"边缘构件配筋表"。明细表设置如图 6.8-12~图 6.8-15 所示。

新建图纸后,将边缘构件配筋视图和"边缘构件配筋表"添加到对应层的图纸中,如图 6.8-16、图 6.8-17 所示。

完成的剪力墙施工图如图 6.8-18 所示。

6.8.7　预制件统计表

对于装配式高层住宅,结构预制件主要有:叠合梁、叠合板、预制梁墙、预制剪力墙身。一般来说,在初步设计阶段,为提高建模的效率,建模时叠合梁可采用"结构框架"族建模,叠合板可采用"楼板"族建模,预制梁墙、预制剪力墙身可采用"墙"族建模,但在施工图阶段，如果需要通过 Revit 出预制件统计明细表，则叠合梁、叠合板、预制梁墙、预制剪力墙身均需要采用"常规模型"族建模，并添加相应的共享参数。各构件类型需要的主要共享参数见表 6.8-3。

图 6.8-12 字段设置

图 6.8-13 过滤器设置

图 6.8-14 排序设置

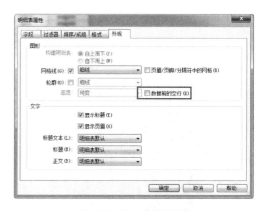

图 6.8-15 外观设置

边缘构件配筋表		
边缘构件编号	纵筋	箍筋
GBZ1	24&14	&8@100
GBZ2	8&12	&8@200
GBZ3	6&16	&8@100
GBZ4	18&16	&8@200
GBZ5	22&16	&8@200
GHJ1	12&12	&8@200
GHJ2	6&12	&8@100
GHJ3	10&12	&8@200
GHJ4	16&12	&8@200
GHJ5	12&12	&8@200

总计: 99

图 6.8-16 边缘构件配筋表

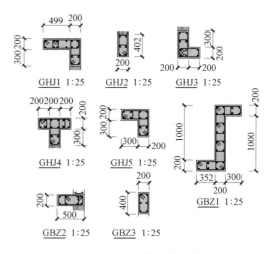

图 6.8-17 边缘构件大样

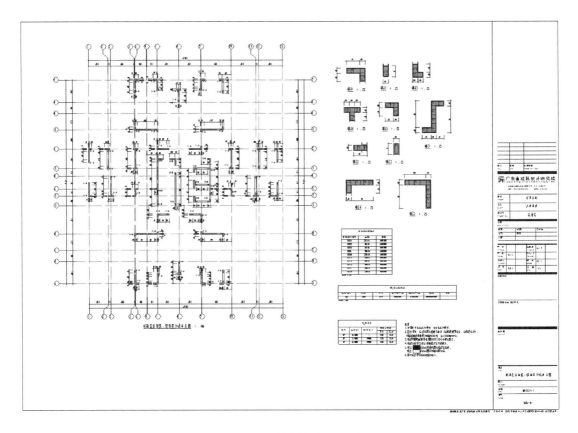

图 6.8-18   剪力墙施工图示例

各构件类型需要的主要共享参数表   表 6.8-3

构件类型	主要需要的共享参数
叠合板	跨度、宽度、厚度、面积
预制剪力墙身	厚度、长度、高度
预制梁	宽度、高度、长度、凹槽深度、凹槽厚度
预制梁墙	墙长、墙厚、顶梁高、洞口信息(洞口 i 宽度、洞口 i 高度、洞口 i 底边距、洞口 i 洞边距,$i=1$、2、3…)

对于不同类型的构件,创建明细表时的设置有所不同,不同类型构件的明细表设置见表 6.8-4～表 6.8-7。

叠合板明细表设置   表 6.8-4

字段名	来源	字段可见性	是否计算总数	是否设置过滤信息
族	Revit 字段	不可见	否	否
类型	Revit 字段	可见	否	否
跨度	用户添加字段	可见	否	是,信息为"参数存在"
宽度	用户添加字段	可见	否	否
厚度	用户添加字段	可见	否	否

字段名	来源	字段可见性	是否计算总数	是否设置过滤信息
面积	用户添加字段	可见	否	否
体积	Revit 字段	可见	是	否
合计	Revit 字段	可见	是	否

预制剪力墙身明细表设置 表 6.8-5

字段名	来源	字段可见性	是否计算总数	是否设置过滤信息
族	Revit 字段	不可见	否	否
类型	Revit 字段	可见	否	否
厚度	用户添加字段	可见	否	是，信息为"参数存在"
长度	用户添加字段	可见	否	否
高度	用户添加字段	可见	否	否
体积	Revit 字段	可见	是	否
合计	Revit 字段	可见	是	否

预制梁明细表设置 表 6.8-6

字段名	来源	字段可见性	是否计算总数	是否设置过滤信息
族	Revit 字段	不可见	否	否
类型	Revit 字段	可见	否	否
宽度	用户添加字段	可见	否	是，信息为"参数存在"
高度	用户添加字段	可见	否	否
长度	用户添加字段	可见	否	否
凹槽深度	用户添加字段	可见	否	否
凹槽厚度	用户添加字段	可见	否	否
体积	Revit 字段	可见	是	否
合计	Revit 字段	可见	是	否

预制梁墙明细表设置 表 6.8-7

字段名	来源	字段可见性	是否计算总数	是否设置过滤信息
族	Revit 字段	不可见	否	否
类型	Revit 字段	可见	否	否
长度	用户添加字段	可见	否	否
厚度	用户添加字段	可见	否	否
顶梁高	用户添加字段	可见	否	是，信息为"参数存在"
洞口 i 宽度	用户添加字段	可见	否	否
洞口 i 高度	用户添加字段	可见	否	否
洞口 i 底边距	用户添加字段	可见	否	否
洞口 i 洞边距	用户添加字段	可见	否	否
体积	Revit 字段	可见	是	否
合计	Revit 字段	可见	是	否

通过上述方法完成的叠合板明细表、预制剪力墙身明细表、预制梁明细表、预制梁墙明细表如图 6.8-19～图 6.8-22 所示。

PC_叠合板明细表						
类型	跨度	宽度	厚度	面积	体积	合计
DBD1-67-3118-1	3100	1800	60	6 ㎡	0.67 ㎥	2
DBD1-67-3119-1	1910	3120	60	6 ㎡	2.84 ㎥	8
DBD2-67-2612-1	1150	2650	60	3 ㎡	0.73 ㎥	4
DBD2-67-2616-1	1600	2650	60	4 ㎡	1.01 ㎥	4
DBD2-67-3118-1	3100	1800	60	6 ㎡	0.67 ㎥	2
DBD2-67-3119-1	1900	3120	60	6 ㎡	1.41 ㎥	4
DBS2-67-1412-1	1350	1150	60	2 ㎡	0.37 ㎥	4
DBS2-67-2623-1	2650	2250	60	6 ㎡	0.71 ㎥	2
DBS2-67-2626-1	2600	2550	60	7 ㎡	0.79 ㎥	2
DBS2-67-3029-1	2850	2950	60	8 ㎡	1.00 ㎥	2
DBS2-67-3113-1	3100	1250	60	4 ㎡	0.92 ㎥	4
DBS2-67-3122-1	2200	3100	60	7 ㎡	1.63 ㎥	4
DBS2-67-3127-1	3050	2650	60	8 ㎡	0.97 ㎥	2
DBS2-67-3231-1	3200	3100	60	10 ㎡	2.37 ㎥	4
DBS2-67-3413-1	1250	3400	60	4 ㎡	0.21 ㎥	1
DBS2-67-3934-1	3850	3400	60	13 ㎡	1.57 ㎥	2
总计: 51					17.87 ㎥	51

图 6.8-19 叠合板明细表示例

PC_预制剪力墙身明细表					
类型	墙身厚度	墙身长度	墙身高度	体积	合计
Q-0729-1	200	650	2770	1.44 ㎥	4
Q-1129-1	200	1100	2770	1.22 ㎥	2
Q-1129-2	200	1050	2770	2.33 ㎥	4
Q-1229-1	200	1200	2770	2.66 ㎥	4
Q-1229-2	200	1200	2770	2.66 ㎥	4
Q-2129-1	200	2050	2770	2.27 ㎥	2
Q-2229-1	200	2150	2770	4.76 ㎥	4
Q-2529-1	200	2500	2770	5.54 ㎥	4
总计: 28				22.88 ㎥	28

图 6.8-20 预制剪力墙身明细表示例

PC_预制梁明细表							
编号	宽度	高度	长度	凹槽深度	凹槽厚度	体积	合计
DL2-3713-0920-1	200	370	980	60	60	0.13 ㎥	2
DL2-3713-1220-1	200	370	1250	60	60	0.17 ㎥	2
DL2-3713-1320-1	200	370	1350	60	60	0.37 ㎥	4
DL2-3713-1720-1	200	370	1750	60	60	0.48 ㎥	4
DL2-3713-2220-1	200	370	2200	60	60	0.60 ㎥	4
DL2-3713-2620-1	200	370	2600	60	60	0.71 ㎥	4
DL2-3713-2720-1	200	370	2700	60	60	0.37 ㎥	2
DL2-3713-2820-1	200	370	2850	60	60	0.39 ㎥	2
DL2-3713-3120-1	200	370	3100	60	60	0.85 ㎥	4
DL2-3713-3920-1	200	370	3900	60	60	0.54 ㎥	2
总计: 30						4.62 ㎥	30

图 6.8-21 预制梁明细表示例

类型	墙长	墙厚	预制高	洞口1宽度	洞口1高度	洞口1底边距	洞口1洞边距	洞口2宽度	洞口2高度	洞口2底边距	洞口2洞边距	体积	合计
颁_预制梁墙明细表													
WQ-2929	2900	200	370									3.16 m³	2
WQC1-2029-1210-1	1950	200	370	1150	1000	900	400					1.68 m³	2
WQC1-2129-0710-1	2050	200	370	650	1000	900	950					1.99 m³	2
WQC1-2129-0710-2	2050	200	370	650	1000	900	450					1.99 m³	2
WQC1-2129-1010-1	2100	200	370	1000	1000	900	400					1.90 m³	2
WQC1-2129-1010-2	2100	200	370	1000	1000	900	700					1.90 m³	2
WQC1-2429-1010-1	2400	200	370	1000	1000	900	700					2.23 m³	2
WQC1-2529-1810-1	2450	200	370	1800	1000	900	450					0.98 m³	1
WQC1-2529-1810-2	2450	200	370	1800	1000	900	200					0.98 m³	1
WQC2-3529-1210-0610-1	3500	200	370	1200	1000	900	400	650	1000	900	850	1.55 m³	1
WQC2-3529-1210-0610-2	3500	200	370	650	1000	900	400	1200	1000	900	850	1.55 m³	1
WQC2-5029-1210-0610-1	4950	200	370	650	1000	900	1700	1300	1000	900	1000	4.65 m³	2
WQC2-5029-1210-0610-2	4950	200	370	1300	1000	900	300	650	1000	900	1000	4.65 m³	2
WQM-2729-1721-1	2700	200	370	1700	2100		600					1.55 m³	2
WQM-2729-1721-2	2700	200	370	1700	2100		400					1.55 m³	2
WQM-2829-2021-1	2750	200	370	1950	2100		400					1.40 m³	2

总计: 28   33.72 m³   28

图 6.8-22　预制梁墙明细表示例

第7章 机电专业设计方法

　　毛坯房中电气设备管线及空调设备管线一般安装到位，给水排水管线只预留总管。一部分简装房，则是在毛坯房基础上将卫生间洁具安装到位。在这种情况下，机电系统设计及管线敷设基本沿用了现行的常规做法：给水管线垫层敷设、排水管线异层敷设、电气及空调管线浇筑于结构体内。

　　装配式住宅机电的关键技术就是做好预制结构体内管线的预留预埋。设计人员需在设计阶段精确定位设备管线并与土建构件一起生成 BIM 模型提供给预制构件厂，预制人员按照图纸，根据统一的标准对各预制板、墙中的线、盒、箱、套管、洞等进行精确定位并预留预埋。

　　机电设计的总体原则是把握好每一段管线在预制构件中预埋的必要性，尽量减少管线在混凝土（特别是预制板）中的预埋；制作预制构件前对机电管线路由进行优化，减少在预制及现浇楼板的交叉，尤其是三层交叉；对预埋预留进行精确定位，并适当考虑施工安装便利及容错措施，以提高施工效率及建筑品质。

　　BIM 技术方面，机电专业在管线综合方面对 BIM 技术的应用越来越广泛。有人将机电系统喻为建筑的神经网络，这张"网络"在各种建筑中还是比较复杂的，含有多种多样的"神经末梢"——机电系统类型繁多，设备类型也是多种多样，设备管网层层叠叠，这使得 BIM 的机电设计难度较大，特别是如何采用 BIM 技术进行出图，目前还处于探索阶段。目前针对于 Revit 平台，市场上有鸿业机电设计插件、柏慕插件以及橄榄山快模插件等多种辅助软件，可在一定程度上简化 BIM 的机电设计。

7.1 机电设计配合内容

7.1.1 电气专业

1. 电气及智能化预埋管线与结构工艺的配合[21]

　　（1）叠合板中暗敷的管线不应影响结构安全，敷设在钢筋混凝土现浇板内的管线最大外径不宜超过板厚的 1/3。管线暗敷在叠合板内时，应与建筑结构专业确认叠合板现浇层、找平层的厚度等信息，以确定管线所能使用的最大管径。管线暗敷时，外护层厚度不应小于 15mm。叠合板预制板的桁架钢筋高出预制板面，当管线与桁架钢筋有交叉点时，还需考虑桁架钢筋的高度（约为 30mm）。叠合板现浇层内预埋管线示意如图 7.1-1 所示。

　　（2）桁架钢筋在叠合板中起非常重要的作用，电气及智能化设计在与结构配合时，既不可以打断桁架钢筋，也不能要求其绕行，应尽量减少管线穿跨桁架钢筋。在叠合板的现浇层内，除了桁架钢筋外，还有一层面筋。所以，预制板内预埋的接线盒距桁架钢筋的距离应大于 100mm 才能保证线管顺利从桁架钢筋上方垂直穿过并引入接线盒。桁架钢筋与

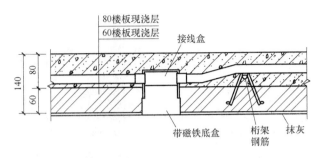

图 7.1-1　叠合板现浇层内预埋电气管线示意图[21]

面筋之间空间有限，在设置管线时应尽量优化，减少管线和交叉；对于一些较大的交叉节点，应与结构确认是否可行，以免造成施工困难。

（3）预制墙内的管线与现浇层内的管线连接一般有上接和下接两种方式。依据管线最短原则，距地面近的电气及智能化末端设备（如信息插座）采用向下与现浇层内的管线连接；距楼面近的电气及智能化末端设备（如智能控制面板）采用向上与现浇层内管线连接的方式。管线从本层板墙内引入到现浇层内进行连接时，垂直管线一定要精确定位以便与叠合楼板现浇层水平管线顺畅对接。如预制墙内管线有误差，可通过调整移动尚未浇筑的现浇层内水平管线来保证管线连接，并在设计时设置合理的容错空间，使管线敷设具备一定纠正偏差能力，具体做法是在预制墙底部预埋有管线的位置预留约 120mm×300mm×100mm 的接线槽。

（4）当电气及智能化管线与电气管线、桁架钢筋、地暖水管等交叉，需采取深层次优化线路走向或加强局部结构等方式进行处理时，可采用包含 BIM 技术在内的多种技术手段进行直观的三维管线综合设计。

2. 预制板内电气及智能化接线盒（预留洞）的精确预埋[21]

预制件都是在工厂一次性加工完成，对现场开孔、开槽限制甚大，故对设计施工的要求较高。对于电气及智能化专业，在设计施工过程中要对预埋管线和预留的孔洞有精确的定位，才能使预制部分和现浇部分完美衔接。预制构件内预留孔洞主要包括叠合板和预制墙体两部分。在叠合板预留电气孔洞主要包括两种类型：

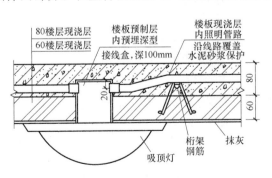

图 7.1-2　预制叠合板内预留接线盒示意图[21]

（1）在叠合板内预留电气及智能化末端设备接线盒，电气安装可参考照明灯具接线盒的安装方式。接线盒的高度应与其所在方位的叠合板厚度尺寸相匹配，规格要比普通接线盒高度大许多（通常采用高度达 100mm 左右的八角接线盒），接线盒敲落孔孔中距盒顶 20mm，敲落孔直径 20mm，盒底部与预制板板底齐平。预制叠合板内预留接线盒电气安装，如图7.1-2所示。

（2）在电梯间、卫生间、厨房等有吊顶的区域，只需在叠合板预制层上预留 φ100 的出线孔洞。为防止预留（埋）孔洞（盒）位置偏移，通常采用强磁铁吸定法和附加筋箍定法两种固位做法。预制叠合板内预留洞口电气安装示意如图 7.1-3 所示（参考照明灯具接线盒的安装）。

7.1.2　给水排水专业

总体原则：竖向管线应相对集中布置，且布置在现浇楼板处。文献[37] 总结的给水排水专业配合内容如下：

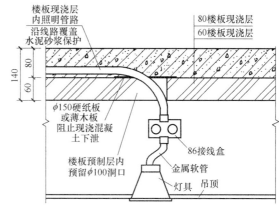

图 7.1-3　预制叠合板内预留洞口电气安装示意图[21]

1. 给水及消防管道施工设计原则

按现行规范，给水管道是不能在结构层中敷设的，但考虑到预制混凝土构件在工厂内加工完毕，加工精度较高，加工工艺、质量都能达到要求，不会影响结构的安全可靠性，故在预制构件的给水排水设计中，预埋给水管是允许的。给水、热水、消防给水管道设计施工原则：（1）给水管道穿越承重墙或基础时，应预留洞口，管顶上部净空高度不得小于建筑物的沉降量，一般不小于 0.1m。（2）穿越地下室外墙处应预埋刚性或柔性防水套管，应按照《防水套管》（02S404）相关规定选型。（3）穿越楼板、屋面时应预留套管，一般孔洞或套管大于管外径 50～100mm。（4）垂直穿越梁、板、墙（内墙）、柱时应加套管，一般孔洞或套管大于管外径 50～100mm。

消防管道预留孔洞和预埋套管做法同上，热水管道除应满足上述要求外，其预留孔洞和预埋套管应考虑保温层厚度。若管材采用 PE-X 管时，还应考虑其管套厚度。

2. 排水管道预埋设计

应尽量采用同层排水，减少排水管道穿楼板，立管应尽量设置在管井、管窿内，以减少预制构件的预留、预埋管件。一般可遵循以下原则：（1）排水管道穿越承重墙或基础时，应预留洞口，管顶上部净空高度不得小于建筑物的沉降量，一般不小于 0.15m。（2）穿越地下室外墙处应预埋刚性或柔性防水套管，应按照《防水套管》（02S404）相关规定选型。（3）管道穿越楼板或墙时，须预留孔洞，孔洞直径一般比管道外径大 50mm。

3. 给水排水管道附件预埋设计

由于需预埋的给水排水构件常设于屋面、空调板、阳台板上，包括地漏、排水栓、雨水斗、局部预埋管道等，预埋有管道附件的预制构件在工厂加工时，应做好保洁工作，避免附件被混凝土等材料堵塞。

4. 给水排水管道支吊架预埋设计

管道支吊架应根据管道材质的不同确定，优先选用生产厂家配套供应的成品管卡，管道支吊架的间距和设置要求可参见厂家样本，或参见相关管道安装图集和室内管道支架及吊架（03S402）。设置的一般原则如下：（1）管道的起端和终端需设置固定支架。（2）横管任何两个接头之间应有支撑。（3）不得支撑在接头上。（4）在给水栓和配水点处必须用金属管卡或吊架固定，管卡或吊架宜设置在距配件 40～80mm 处。（5）冷、热水管共用支吊架时应按照热水管要求确定。（6）立管底部弯管处应设承重支吊架。（7）立管和支管支架应靠近接口处。（8）横管转弯时应增设支架。（9）管道穿梁安装时，穿梁处可视做一个支架。（10）卫生器具排水管穿越楼板时，穿楼板处可视做一个支架。（11）热水管道固定支架的间距应满足管道伸缩补偿的要求。

5. 给水排水管线预埋构件原则

由于预制混凝土构件是在工厂生产后运至施工现场组装的，和主体结构间靠金属件和现浇处理连接，因此，所有预埋件的定位除了要满足距墙面的要求，及穿楼板穿梁的结构要求外，还要给金属件和现浇混凝土留有安装空间，一般取距构件边内侧大于 40mm。

7.1.3 空调专业

装配式住宅通风空调系统一般有分体空调以及新风系统设备和风管、卫生间排气扇、厨房排油烟机、燃气热水器排烟道。暖通空调专业设计时应与建筑专业配合，确定分体空调室内外机安装位置；确定冷媒管穿墙位置及标高尺寸；确定厨房排油烟管道、燃气热水器排烟道的安装位置及标高尺寸；卫生间排气扇需要在外墙排出时，确定位置标高尺寸，需特别注意的是卫生间外窗与梁之间是否有足够的孔洞预留空间。

加压送风道适宜采用成品复合防火板，内层采用岩棉夹芯板（从内到外依次为 1mm 厚镀锌钢板、50mm 厚岩棉、1mm 厚镀锌钢板），外保护层采用 10mm 厚纤维水泥板，该方式只需要在预制楼板上预留相应孔洞，风道现场拼装[36]。

一般住宅项目中暖通专业需预留的孔洞见表 7.1-1。

装配式住宅暖通设备预留孔洞尺寸   表 7.1-1

类型	留洞或预埋套管尺寸	高度	备注
分体空调	ϕ100 U-PVC 管	$H+2.2$m（壁挂式）	内高低坡度不宜小于 1%
		$H+0.15$m（柜式）	
卫生间排气扇	ϕ150	$H+2.4$m	
厨房排油烟管	ϕ100	$H+2.4$m	
正压送风	2000mm×550mm		风口隔一层留洞
	550mm×800mm	$H+0.3$m（风口离地高度）	

在设备安装过程中，请注意设备选型和安装位置和预留孔洞尺寸及位置相匹配。

7.2 施工图表达

对于机电专业而言，施工图纸一般包括设计说明、图例说明、系统图、平面图、大样图和设备材料表等几大部分。其中系统图需清晰明了地表达出所设计系统的拓扑结构、系统的逻辑关系及其工作原理。BIM 设计可对设备和管线进行清晰明了的三维表达，但目前的主流 BIM 设计软件平台，如民用建筑设计中常用的 Revit 等，无法将三维模型中的设备逻辑关系提炼出来，形成系统图。

BIM 在设计过程中，设备和管线具有丰富的数据信息，目前主流设计软件具有设备、管线统计功能，可根据一定的分类原则，如实反映设计模型的设备管线数量。

因此对于 BIM 设计的施工图表达，按照目前的设计条件，机电专业可出图例说明、平面图、大样图以及设备材料表。

7.2.1　电气专业

1. 注释内容

（1）图例说明

一个项目电气专业宜出一份总的图例说明列表，包含设备图标、名称和安装要求，管线槽的类型、平面中的线型及敷设方式等。

（2）平面图与大样图

在平面图与大样图中，需要标记的族主要是电气设备以及线管、线槽。

为使图面表达比较简洁，通用的设备高度、安装方式等参数通过总图例列表进行说明，平面图与大样图不再重复表示，而个别设备若这两种参数有别于其他同类设备，则需单独进行标注说明；线管、线槽则表示管径、装高等参数。在装配式建筑中，设备、管线槽与墙面等参照物的相对位置也需进行标注适当地表达。

2. 标注方法

对于设备、管线槽的标注，可通过设置用于注释的族进行标注。根据注释内容，设定注释族的参数，如族名称（或代号）、尺寸、装高等。

在 Revit 软件中，可通过"注释"界面的"标记"对电气族进行标注，如图 7.2-1 所示。

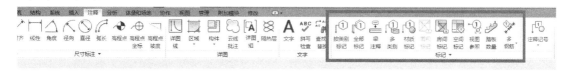

图 7.2-1　Revit 软件电气设计界面

图 7.2-2 为两段线槽的标注示例，ELV 和 PV CT 为两个线槽族的类型代号，300×100 为尺寸，而小括号里的数字为线槽的安装高度。Revit 软件族的设定具有一定的灵活性，需要表达的参数可通过修改注释族的属性或者自定义一个新的族实现，当某一类注释族的属性调整后，图纸中已使用的对应标注将对应全部修改。

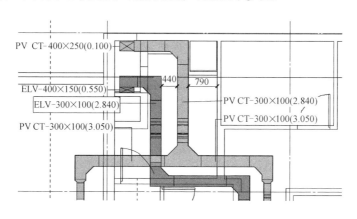

图 7.2-2　电气施工图注释示意图

7.2.2 给水排水专业

装配式建筑需要设备专业提供精准的定位表达，以方便结构、建筑专业创建部品部件时复核尺寸参数。因此，给水排水施工图除完整的表达管线系统连接管线，还应提供管线、点位平面定位图，涉及暗敷的管线都进行尺寸标注及安装示意，如图 7.2-3、图 7.2-4 所示。

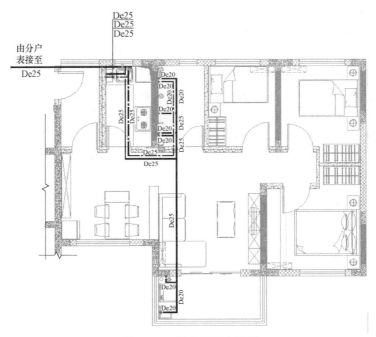

图 7.2-3　给水平面大样图

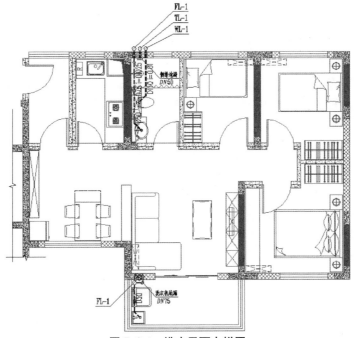

图 7.2-4　排水平面大样图

与传统二维施工图表达相比，装配式住宅在施工图中需增加更多细部节点标注、对象属性等信息的表达。主要内容详见表 7.2-1 装配式建筑给水排水施工图表达要点。

装配式建筑给水排水施工图表达要点　　　　　　　　　　表 7. 2-1

编号	对象		表 达 要 求
1	管道	给水管道	管材类型、管径、敷设部位、平面定位、立面安装高度
2		排水管道	管材类型、管径、坡度、排向、平面定位
3	用水点位	水龙头	材质、型号、角阀安装高度、平面定位
4		淋浴	材质、型号、角阀安装高度、平面定位
5		坐便器	材质、型号、角阀安装高度、平面定位
6	排水点位	地漏	材质、型号、平面定位
7		洗手盆	接点口径、平面定位
8		坐便器	接点口径、平面定位
9	附属配件	套管	材质、套管形式、平面定位、安装高度
10		预留孔洞	尺寸、平面或立面定位、处理要求

另外，当平面不能交代清楚时，还应绘制系统轴测图或安装节点大样图，以完善施工图信息表达。当采用系统原理图时，应标注管道管径、标高，在给水排水管道安装高度变化处用符号表示清楚，并分别标出标高（排水横管应标注管道坡度、起点或终点标高），管道密集处应在该平面中画横断面图将管道布置定位表示清楚。

7.3　装配式与现浇高层住宅机电设计对比

装配式混凝土结构高层住宅与现浇混凝土结构高层住宅在机电设计上有以下不同：

1. 设计阶段不同

现浇高层住宅项目在方案设计阶段一般仅涉及小区规划设计和给水排水设计系统的方案，而装配式住宅项目由于预埋管、构件等在工厂生产、现场装配及内装装配化的要求，必须将设计向全过程延伸。从设计的初始阶段就需要开始考虑构件的拆分及精细化设计的要求，并在设计过程中与结构、电气、内装专业紧密沟通，实现全专业、全过程的一体化设计。

2. 成本造价控制差异

装配式住宅设计比现浇住宅更关注质量、成本、工期、效果与环保的综合评价。对于设计预留好的孔洞以及预埋件若是需要更改，则会带来更大的损失。所以要求设计人员需要尽量减少变更，成本控制更加严格。

3. 注重系统集成度不同

在装配式住宅设计中，集成系统已成为了一种发展趋势。设备与给水排水公共管井的集中化设计与楼道布置相对于传统方式更具优势。在装配式住宅系统中，将寿命较长的结构系统与寿命较短的设备管线系统分离，将设备管井公共空间化、集成化也是未来区别于现浇高层住宅设计的趋势，为在建筑的全生命周期中通过更新管线来延长建筑寿命提供了操作可能。

4. 管线系统设计不同

与现浇高层住宅相比，装配式住宅建筑卫生间宜优先采用同层排水方式（排水横管布置在本层套内）；给水及消防管线不可埋设在找平层或垫层内部。

5. 预埋构件和线管槽位置/尺寸/标高精确度

装配式设计需预先区分预埋和非预埋的部分，设计图纸中应能清晰地区分两部分的设计内容。装配式预制构件在制作中已经成型，成型后预留的空洞大小无法改变，因此对需预埋的构件与线管槽的位置、尺寸和标高的精确度有很高的要求，否则施工过程中要重新开槽、开洞，增加施工难度，甚至影响结构。

第8章 装修专业设计方法

我国住宅传统装修行业存在现场湿作业多、施工精度差，工序复杂、建造周期长，依赖工人水平、质量难以保证，管线穿楼板、户界不清晰，维修破坏主体结构等问题，装配式装修能全面解决行业所面临的这一系列问题。装配式装修集标准化设计、工业化生产、装配化施工、信息化管理于一身，以主体、管线、内装分离理念为核心，以工厂化部品应用为基础，全面实现施工现场的干作业，实现高精度、高效率、高品质。相比传统装修，装配式装修能延长住宅寿命、改善居住品质、降低人工成本、提升建设速度、提高居住适应性。

8.1 一体化装修的必要性

1. 传统住宅装修施工中的主要问题

（1）严重的材料浪费

在进行室内施工过程中，由于不确定的因素较多，施工方会安排多于实际需要的装饰材料，很多时候材料没有用完，普遍会浪费10％～15％的装饰材料。

（2）分散式的手工作坊

实际的装饰装修过程中，业主会进行装修定制，因此很多装饰公司都有小型的手工加工机具，其加工特色是一种劳动密集型的产业方式，从业者的社会地位较低。

（3）工程质量缺乏保障

分散式作坊的定制加工形式不能保障工人的手工生产水平，一些手工生产的产品难免有瑕疵。并且，手工操作式的生产从业者，手工操作水平逐渐降低，很难保障装饰施工质量。

（4）施工现场环境差

在装饰装修的施工现场，满地都是砂石、水泥、木屑，产生大量的施工垃圾，这与文明施工环境相差较远，不利于现场的规范化管理。

（5）行业中的竞争混乱

由于施工的技术含量较低、门槛低，造成较为混乱的竞争局面，装饰装修的施工人员的素质有较大的差距，并且流动性非常大，很难将施工现场进行规范管理。此外，一些刚入门的个人通过挂靠装修公司承揽装饰工程，在招投标环节采取了不正当竞争手段，导致腐败滋生。对于低价竞标者，会采取偷工减料的方式进行工程施工，造成了一些垃圾工程。

2. 住宅工业化装修的优缺点对比

住宅工业化装修的核心内容，不仅仅是将现场的工作移到工厂去做，而是通过现代工业标准化手段，实现住宅部品的通用化和装配化，从而达到提高生产效率、降低施工能耗、控制环境污染和优化住宅品质的目的。

住宅工业化装修的优点：

（1）装饰构件是在工厂里面进行规模化预制生产的，具有稳定的质量。

（2）避免施工过程中不稳定因素造成的产品缺陷问题。

（3）构件运输到施工现场后，只需要施工工人进行组装即可完成装饰装修。这样的施工组装过程基本不会产生污染物体，施工环境能够得到有效的保证，从而带来文明施工。

（4）装饰构件进行标准化的工厂生产，能有效提高构件的精确度，构件尺寸有保障，安装必须要使用专门的器械，对安装人员的要求较高。

住宅工业化装修的缺点：

（1）由于装配式装修的隔墙、天花、地面系统均采用现场安装干式作业，对于房间的实际使用面积有影响。

（2）现阶段对于一些非常规户型适应性较差，需要单独开模生产，如果数量不是很大的情况下暂时享受不了工业化装修的优势。

（3）各个部品与第三方厂商接口标准化的问题需要协调。

8.2 住宅空间和部品的模块化设计方法

8.2.1 标准化与模块化

模块化的本质，就是将系统分解为相对独立的标准模块，通过统一的设计规则，规范各模块通用的边界条件，使各模块在独立演进的同时能够通过统一的边界条件，按照系统规则的要求组成新的系统的过程（图 8.2-1）。因此，模块化是以标准化为基础的设计方法。模块化通过制定系统规则，不但规范了模块与系统间接口条件，而且建立了一个开放式的构架，从而既保证了模块的独立性又保证了与系统的同一性；模块化作为一种设计方法以标准模块选择性组合实现了系统的更新和设计输出。

隔墙系统	强弱电、管线系统	墙地面铺装系统
配色系统	装配式装修	木制品、门窗系统
整体家电系统	整体卫浴系统	整体厨房系统

图 8.2-1 系统的过程

标准化主要内容是：简化、统一化、通用化、系列化、组合化、模块化。

标准化的最高形式是模块化。模块化关键内容有以下几个方面：

（1）分解：分解的目的是建立系统。对住宅设计而言，分解可以从套型开始，将一个套型空间分割出不同性质的功能区域。从建造技术的角度，又可以将结构体和填充体分割开，形成两个不同的技术系统。模块的分割点往往也是它们的结合点。

（2）分级：模块化系统可根据系统的复杂程度进行层级分解，形成多层级的模块化系统。模块化水平分解和纵向层级的划分，往往也是对专业知识和技术分工的划分。层级的建立有利于专业设计的深化和技术研究的深入。

（3）规则：规则确定了模块的基本功能以及模块间界面关系，包括接口的通用位置和尺寸等。各级模块应在满足统一通用规则的条件下获得独立性。系统规则是模块化系统设计优劣与否的决定性因素，也决定了行业发展的方向。

（4）选择：以上层级模块对下层级子模块的选择为基本特征，系统通过制定规则获得选择权，这也是系统建设的目的。系统将其各部分分解为独立单元以实现各单元的分散化技术演进。通过选择，选取最优的模块组织成新系统，达到特定模块的优化实现系统的整体升级。

（5）组合：依据某种设计意图或用户的需求，将选择后的模块进行组合以实现设计成果的输出。模块化综合了通用化、系列化、组合化等标准化形式，使系统在符合标准化条件的同时，具有很强的应变能力。

8.2.2 模块化分解与组合

（1）如图 8.2-2 所示，对单位功能空间模块进行二次分解，就可以获得子模块，这些子模块对应某个特定的居住行为，称为单一功能空间模块。大部分的住宅套型是这些典型模块相似性组合的结果。

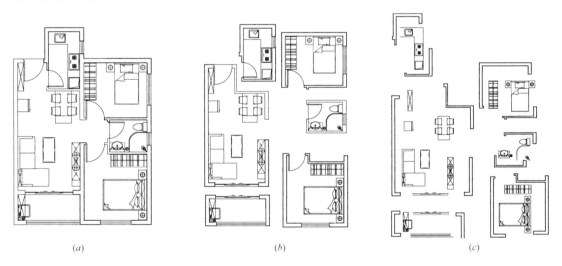

图 8.2-2 装配式户型拆分示意图
(a) 标准户型；(b) 单位空间模块；(c) 单一空间模块

（2）这些功能空间被继续分解时，部品和产品从空间中被剥离出来，形成内装部品模块群（图 8.2-3）。

（3）按其所处部位和承担功能分为不同的类型：墙体、顶面、地面、门窗、厨房、卫生间、设备、管线、家具与收纳九大类（图 8.2-4）。

（4）按上述分类方式，对不同类型的内装部品进行编码，就可以使每一个部品有一组自己的数字，获得一个专属的身份号（图 8.2-5）。

（5）模块化的分解以组合为目的，组合是将各个相对独立的功能模块，按设计意图组合成新系统的过程，也就是设计输出的过程（图 8.2-6）。

8.2.3 二级模数系统和应用原则

参照《住宅卫生间建筑装修一体化技术规程》（CECS 438—2016）规定：

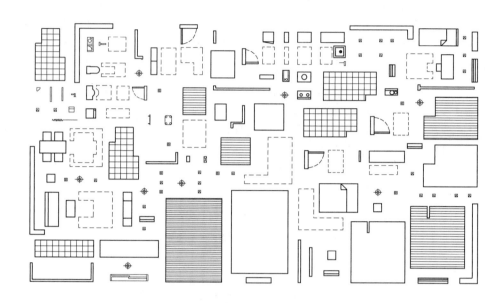

图 8.2-3 内装部品拆分示意图

（1）空间作为"外件"应采用分割模数，计作"M"，内装部品作为"内件"应采用组合模数，计作"m"；组合模数与分割模数应互为条件，并具有良好的适配性。

（2）依据现行国家标准《建筑模数协调标准》（GB/T 50002—2013）的相关规定，结合行业惯例和工程实践，推出 3nM 和 2nM 两组空间尺寸进级数列，并分别提供两组数列应用时，空间尺寸与部品规格尺寸的适配方法。

（3）二级模数的基本模数取值为建筑分模数 1/10M，即 1m＝1/10M＝10mm；导出模数可分为扩大模数和分模数套内各功能模块及通用部品模块的尺寸进级数列，可根据建筑空间尺寸进级基数，选择适配的二级扩大模数作为尺寸进级基数（图 8.2-7）。

（4）套内厨房、卫生间和收纳等集中装配区域，当空间采用 3nM＝300mm（或 1.5nM＝150mm）为净尺寸进级基数时，内装部品可取 3m＝30mm、5m＝50mm、15m＝150mm 为进级尺寸基数进行单件、组件模块的尺寸设计和定位设计，可采用 3m＝30mm 为标准网格格距，进行内装部品的网格化设计，当需要时，可以 3mm 为网格格距，进行产品深化设计。

（5）在上述空间模数网格中，以 30mm 为进级基数的二级模数网格；按设计意图选择最佳的匹配模式，将标准的功能模块和部品模块配置并位于坐标网格内（图 8.2-8、图 8.2-9）。

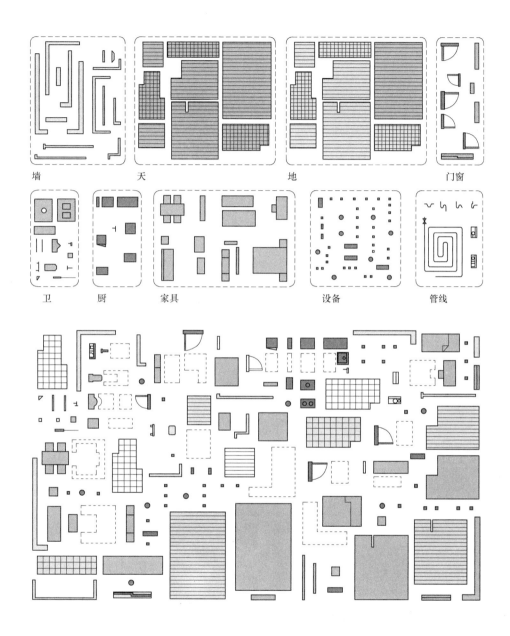

墙　　　　天　　　　　　　　地　　　　　　　　门窗

卫　厨　　　家具　　　　　设备　　　　管线

图 8.2-4　内装部品类型示意图

1.卫生间系统/01000000

2.整体厨房系统/02000000

3.木作收纳系统/03000000

4.夹层管线系统/04000000

5.(轻质)隔墙系统/05000000

6.快装地面系统/06000000

7.集成顶面系统/07000000

8.智能电器系统/08000000

9.门窗系统/09000000

10.软装系统/010000000

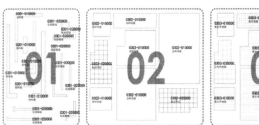

图 8.2-5　内装部品编码示意图

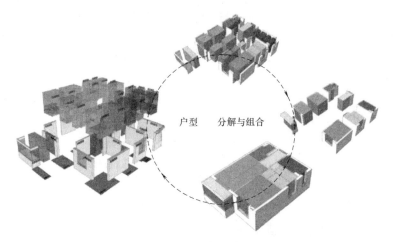

图 8.2-6　拆分重新组合示意图

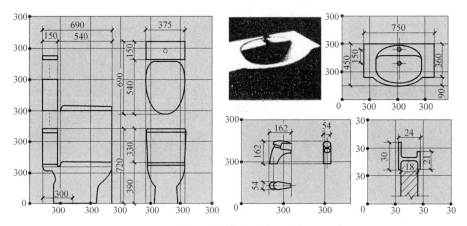

图 8.2-7　应用二级模数网络进行部品设计

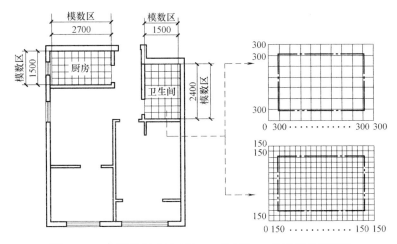

图 8.2-8 空间净尺寸以 300mm 或 150mm 为设计进级基数

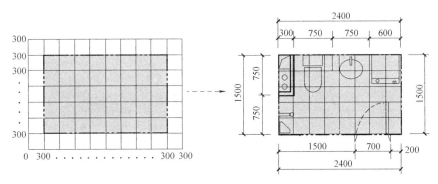

图 8.2-9 在空间内填入以 30mm 为格距的二级模数网格以进行设计和定位

（6）当空间以 2nM＝200mm（或 1nM＝100mm）为净尺寸进级基数时，内装部品可取 2m＝20mm、5m＝50mm、10m＝100m 为进级基数进行单件、组件模块的尺寸设计和定位设计。

（7）二级模数的分模数基数为 1/10m、1/5m、1/2m；相应尺寸分别为 1mm、2mm、5mm；主要用于配合间隙、工艺节点以及零配件截面等技术尺寸。

（8）在同一栋楼、同一套型内，套内厨房、卫生间和收纳系统设计宜选用同一组空间尺寸进级系列，以保证设计尺寸的关联性、装配的方便性和技术的通用性。

（9）建筑空间净尺寸采用 200mm（或 100mm）为进级基数时，可遵循上述原则，选择适配的 2m＝20mm、5m＝50mm、10m＝100mm 网格，进行特定功能模块和部品模块的单体设计及组合体的装配定位（图 8.2-10）。

（10）卫生间空间平面尺寸标准化设计是一体化设计的重要内容，是实现空间与内装部品一体化装配的前提条件。经过对不同类型卫生间空间尺寸可能性的比较研究，制定标准卫生间平面净尺寸采用两组尺寸进级系列，第一组空间净尺寸以 3nM＝300mm 或 1.5nM＝150mm 为尺寸进级基数形成标准卫生间平面尺寸系列；第二组空间净尺寸以 2nM＝200mm 或 1nM＝100mm 为尺寸进级基数形成标准卫生间平面尺寸系列；并以标准卫生间平面尺寸（图 8.2-11）的方式说明两组尺寸进级系列的使用方法。

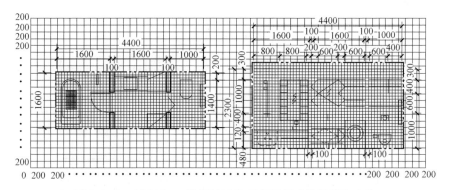

图 8.2-10　以 200mm 进级的卫生间部品尺寸的设计和定位

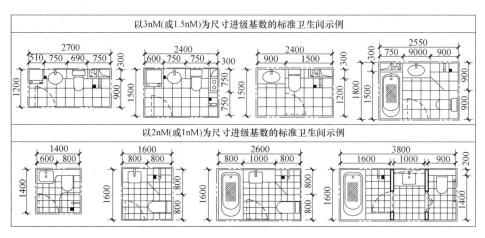

图 8.2-11　标注卫生间平面尺寸示例

8.3　标准化部品库设计

8.3.1　整体卫浴卫生间系统

1. 系统构造

卫生间标准化应选用通用的标准模块，通用标准部品模块应符合下列条件：一是卫生间系统的组成部分，具有确定的功能；二是应为一个相对独立的功能单元，具有可以独立生产和销售的商品特征；三是应为通用模块，具有便于组合的边界条件，能与同功能产品（或不同功能产品）实现互换（图 8.3-1）。

（1）墙面防水：墙板留缝打胶或者密拼嵌入止水条，实现墙面整体防水。

（2）地面防水：地面安装工业化柔性整体防水底盘，通过专用快排地漏排出，整体密封不外流。

（3）防潮：墙面柔性防潮隔膜，引流冷凝水至整体防水地面，防止潮气渗透到墙体空腔。

（4）浴室柜：可根据卫浴尺寸量身定制，防水材质柜体，匹配胶衣台面及台盆。

（5）坐便器：定制开发匹配同层排水的后排坐便，契合度高。

2. 系统优势

工业化柔性整体防水底盘，整体一次性集成制作防水密封可靠度100%，可变模具快速定制各种尺寸；整体卫浴全部干法作业，使现场装配效率提高300%；专用地漏，满足瞬间集中排水，防水与排水相互堵疏协同，构造更科学；地面减重70%；整体卫浴空间及部件，结合薄法同层排水一体化设计，契合度高。

8.3.2 集成化厨房系统

1. 系统构造

系统构造详图如图8.3-2所示。

（1）柜体：橱柜一体化设计，实用性强。

（2）台面：定制胶衣台面，厚度可定制，容错性高，实用性强，耐磨。

图8.3-1 同功能产品互换

（3）排烟：排烟管道暗设吊顶内，采用定制的油烟分离烟机，直排、环保、排烟更彻底。

2. 系统优势

柜体与墙体预留挂件，契合度高；胶衣台面耐磨、抗污、抗裂、抗老化，无放射性；整体厨房全部干法作业，现场装配率200%；无需排烟道，节省厨房空间。

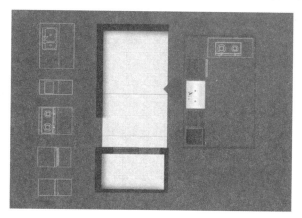

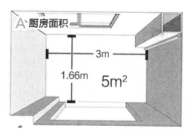
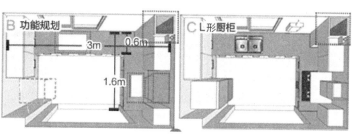

图8.3-2 集成化厨房

8.3.3 集成吊顶系统

1. 系统构造

（1）调平：专用几字形龙骨与墙板顺势搭接，自动调平。

（2）加固：专用上字形龙骨承插加固吊顶板。

（3）饰面：顶板基材表面集成壁纸、油漆、金属效果。

2. 系统优势

龙骨与部品之间契合度高；免吊筋、免打孔、现场无噪声；施工简单，安装效率提高100%。

8.3.4 集成架空地板系统

使用架空地板系统，全部干法装配，预设预留地暖/新风毛细出口/管线（图8.3-3）。

1. 系统构造

（1）架空地脚支撑定制模块，架空层内布置水暖电管。

（2）调平地脚螺栓调平，对0～50mm楼面偏差有强适应性。

（3）保护配置可拆卸的高密度平衡板，耐久性强。

（4）地板超耐磨集成仿木纹免胶地板，快速企口拼装。

2. 系统优势

大幅度减轻楼板荷载；支撑结构牢固耐久且平整度高；保护层的平衡板热效率高；现场装配效率提升300%；作业环境友好，无污染、无垃圾。

图8.3-3 集成架空地板系统

8.3.5 集成墙面系统

使用吸隔声装饰一体化内隔墙板达到户内房间工业化建造装饰一次完成（图8.3-4）。

1. 系统构造

（1）分隔：轻质墙适用于室内任何分室隔墙，灵活性强。

（2）隔声：可填充环保隔声材料，起到降噪功能。

（3）调平：对于隔墙或结构墙面，专用部件快速调平墙面。

（4）饰面：墙板基材表面集成壁纸、木纹、石材等肌理效果。

2. 系统优势

大幅缩短现场施工时间200%；饰面仿真性高，无色差，厨卫饰面耐磨又防水；可适用不同环境，墙板可留缝，可密拼；免裱糊、免铺贴，施工环保，即装即住。

图 8.3-4　集成墙面系统

8.4　与其他专业的设计配合

1. 室内管线系统

室内机电管线均不做结构预埋，而是敷设于架空地板下和吊顶、内隔墙之中，并将强电箱和弱电箱隐藏在玄关柜里，满足功能和美观要求。

2. 综合布线的方式

先确定各种末端位置，特别是强弱电定位，再确定空间隔墙的厚度及吊顶的完成面最高与最低标高值，最后得到管线层的空间高度。其中有几点需要重点注意：

（1）结构预留洞口位置和数量与布管线的关系，洞口底部高度决定了管线的标高值，这也是限制空间标高的固定因素。

（2）管线一定要计算整体尺寸不能以中线计算，必须含有直径宽度、纵向交叉后的厚度（U 弯的厚度不等于两个管线直径之和，中间需要大概 10～15mm 的空间）、横向间隔的距离，保证管件固定。

（3）管线与结构板之间的关系，遇梁时是穿洞还是抱梁，遇到降板结构底边缘高差，不是垂直转弯而是斜向走坡，需要大概 150～200mm 横向距离空间。

（4）管线与龙骨的关系，墙面厚度是否可以隐藏管线和安装固定末端暗盒、给水口；管线是否存在和轻钢龙骨交叉而布管路径受影响或龙骨强度受影响。

综合布线决定了选型定板技术要求，主要是末端面板的尺寸、照明灯具的尺寸、暖风机的安装空间、洁具形式等。

3. 管线交叉的解决方式

首先是关系排序，风需求大于水，水需求大于电，电大于加热和照明。换气风管直径最大占用的空间最多，管线要求建筑预留洞口一次成型不能拆改，所以必须首当其冲予以考虑。给水布管路径要求高，必须尽可能地减少高低起伏和转弯，目的是为了保证使用功能。电管路径虽然要求较低，可通过过线盒的方式走线，但是其回路数量多，管线量很大，是出现交叉打架概率最高的。照明和加热属于末端需求，在综合布线时考虑预留安装位置即可。

4. 强电箱和弱电箱安装

电箱位置在玄关柜后墙上，高度为 1600mm，一字排开，箱体边缘需与墙体完成面留有 50mm 的距离。（图 8.4-1）。

电箱出线端到末端穿管部分在建筑结构表面外布置，通过金属包卡固定在结构墙体、天花、地面、轻钢龙骨中，形成综合布线管网。

项目	内门	玄关柜	橱柜	浴室柜及镜柜
要点	(1) 含门套门完成尺寸：907mm宽×2166mm高； (2) 门表面处理：木纹PET贴面； (3) 五金：铝门锁、可调门铰、埋地弹片、门吸	(1) 柜体材质：刨花板两面三聚氰氨贴面（t=16mm，门板和台面t=16mm）； (2) 铰链、消声器：德国海福乐、Blum、德国海蒂斯	(1) 柜体材质：刨花板两面三聚氰氨贴面（t=16mm，门板t=18mm）； (2) 台面材质：杜邦"虎滩沙"人造大理石	(1) 柜体材质：刨花板两面三聚氰氨贴面（t=16mm，门板t=18mm）； (2) 台面材质：杜邦"虎滩沙"人造大理石； (3) 铰链、消声器：德国海福乐、Blum、德国海蒂斯
实景				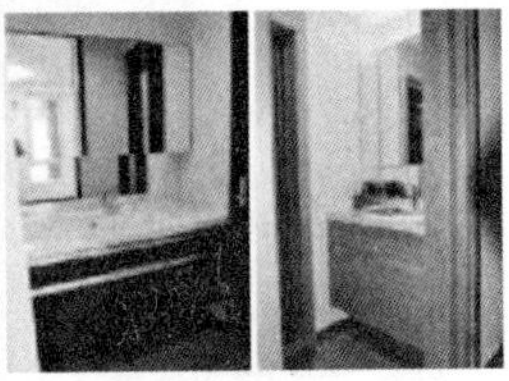

图 8.4-1　强弱电安装现场图片

8.5　装配式住宅装修综合效益

装配式住宅施工与传统装修的区别主要体现在节水、节能、节材、节地、碳排放减小等经济效益。

对于内装施工单位来说，装配式住宅全装修与传统装修的直接成本主要由主材或设备、人工、辅料和机械费用组成；预算等于决算，造价可控，投资可控，达到综合成本最优。对于开发商来说，还要包括一些间接成本，如设计成本的提高、销售周期等因素的影响等。

根据项目和市场销售、供给等实际情况建议初期只做部分部品装配式（如住宅内水电孔较为集中的厨房、卫生间），然后依据市场需求、技术发展可以逐步加入其他部品装配式，以便灵活应对社会发展，减少不必要的成本投入。

区别于传统装修，装配式装修可通过合理设计与精准安装，可提高装修质量。具有装配速度快、质量稳定可靠、自重轻等特点。以 100m^2 户型住房作了个对比，节材节能效果明显，装配式装修与传统装修安装阶段相关数据对比见表 8.5-1。

节材节能效果　　　　　　　　　　　　　　　　　表 8.5-1

内容	传统装修做法	装配式装修做法	对比
现场施工作业工期	约 45 天	约 10 天	减少 80%
总用工量	约 80～100 个工作日	约 30 个工作日	减少 65%
地面用材	混凝土、水泥砂、石材或瓷砖等，综合每平方米重量约 120kg	集成架空地板等，综合每平方米重量约 35kg	减少 70%
隔墙用材	水泥隔墙板、水泥砂、瓷砖、腻子、涂料等，综合每平方方米重量约 100kg	轻钢龙骨、岩棉、内隔墙板等，综合每平方方米重量约 25kg	减少 75%
吊顶	埃特板或金属板	涂装板吊顶，综合每平方米重量约 5kg	基本持平
装修材料重量	约 20t	约 8t	减少 60%

第 9 章　装配式建筑辅助设计软件

辅助设计软件是建筑结构设计中不可或缺的重要工具。

本章介绍装配式建筑设计的常用软件以及各专业常用的 BIM 模型转换接口，希望能为读者选择设计软件提供参考。

同时，本章介绍广东省建筑设计研究院自主研发的装配式建筑辅助设计软件 GDAD-RevitFly，软件包含：装配式建筑预制率及装配率计算模块、结构拆分辅助模块、装配式建筑构件深化设计辅助模块、梁平法快速成图模块、装配式建筑节点验算模块等。软件基于 Revit 二次开发技术，嵌入到 Revit 平台中，可显著提高设计效率。

9.1　装配式建筑设计常用软件

装配式建筑设计计算方面，国内设计软件 PKPM、YJK、GSSAP 等都结合国家大力推广装配式建筑的需求，开发出相应的装配式建筑设计模块，目前，用户可通过 PKPM、YJK、GSSAP 等进行装配式建筑的设计计算。

装配式建筑设计绘图方面，PKPM、YJK、GSSAP 等软件都在尝试构筑相应的 BIM 平台，探索装配式建筑"建模、计算、深化"一体化的设计方法。PKPM 软件结合国家级课题，开发出一个包含建筑、结构、机电、绿建等各专业的 BIM 平台，且贯穿从方案设计到构件深化设计整个流程，通过该平台可进行装配式构件的拆分和深化设计，目前该平台处于试用阶段；YJK 开发出 Revit-YJK 的互导系统，通过该系统在 YJK 软件中进行装配式建筑计算，之后导到 Revit 软件中进行装配式构件深化，同时，YJK 本身也可进行装配式构件深化，只是操作的流畅性上比不上 Revit。同时，YJK 新版本（1.8.3.0）中开放了数据接口，允许用户通过 Python 语言编写脚本，自主添加装配式构件到构件库中；广厦软件将 GSSAP 移植到 Revit 软件中，研发出 GSRevit 软件，使得结构计算、绘图能统一在 Revit 平台下进行，目前正在进行软件用户试用，但 Revit 平台下的装配式构件深化模块尚处于开发阶段。

在欧洲，装配式构件的设计主要采用 Allplan 软件，后升级为 Planbar 软件，语言有英文、中文等，在欧洲的使用率达 70%。使用该软件的一般步骤是在 Revit 建立 RC 模型，然后再导入到 Allplan 中定义 PC 构件，再用拆分功能对模型进行预制构件拆分，统计拆分后的零件，再提交给预制厂。Allplan 里内置了大量的预制构件模型，有比较简易的配筋方式，且有高效的工艺拆分。缺点是目前平台与 Revit 兼容性一般，且软件收费较高，预制构件库与国内常用构件暂未十分统一，企业需要自行开发构件库。

目前设计院使用的插件主要有北京橄榄山软件有限公司研发的"橄榄山"系列插件、广东省建筑设计研究院研发的"向日葵"系列插件、品茗股份研发的"P-BIM"、北京互联立方技术服务有限公司研发的"isBIM"、柏慕联创工程技术服务有限公司研发的"柏慕 1.0"、上海红瓦信息科技有限公司研发的"建模大师"、鸿业科技研发的"蜘蛛侠"、天正集团有限公司研发的"TR 系列软件"等，这些插件均基于 Revit 平台进行开发。

对上述软件汇总归纳见表 9.1-1。

装配式设计常用软件　　　　　　　　表 9.1-1

软件类别	软件名称	软件特点
计算软件	PKPM	结合国家规范,满足装配式建筑结构设计需求
	YJK	结合国家规范,满足装配式建筑结构设计需求
	GSSAP	结合国家规范,满足装配式建筑结构设计需求
深化软件	AutoCAD	目前最常用,采用手绘加人工审核的方法,出图率 100%,效率低
	Revit	自身无装配式建筑设计功能,但平台开发性强,且为 BIM 设计常用软件
	PKPM	自主研发装配式 BIM 平台,包括建筑、结构、机电、绿建等专业,贯穿方案设计到深化的全过程
	YJK	研发与 Revit 互导软件,有装配式构件深化设计模块,允许用户通过 Python 脚本自主完善构件库
	GSSAP	软件移植到 Revit 平台下,在 Revit 平台下统一进行建模、计算、设计的方法
	Allplan	欧洲最常用的装配式构件深化软件,内置大量预制构件模型,但与 Revit 兼容性不是太强,在国内使用构件库需要企业自行完善,软件收费高
	PCMAKER 等	装配式构件制造企业自主研发软件,未投放入市场
设计插件	橄榄山	Revit 插件,用于辅助基于 Revit 的 BIM 设计
	向日葵	Revit 插件,用于辅助基于 Revit 的 BIM 设计
	P-BIM	Revit 插件,用于辅助基于 Revit 的 BIM 设计
	isBIM	Revit 插件,用于辅助基于 Revit 的 BIM 设计
	柏慕 1.0	Revit 插件,用于辅助基于 Revit 的 BIM 设计
	建模大师	Revit 插件,用于辅助基于 Revit 的 BIM 设计
	蜘蛛侠	Revit 插件,用于辅助基于 Revit 的 BIM 设计
	TR 系列软件	Revit 插件,用于辅助基于 Revit 的 BIM 设计

9.2　各专业 BIM 模型常用转换工具

当前装配式建筑 BIM 设计应用最多的建模软件是 Autodesk 公司的 Revit 平台，其包含建筑、结构和机电系列，是完整的、针对特定专业的建筑设计和文档系统，支持所有阶段的设计和施工图纸。在国内民用建筑市场上 AutoCAD 拥有天然优势，已占有较大市场份额，所有 Autodesk 公司旗下的软件都可以比较完美地进行格式转换，数据相对开放。

从其他软件转到 Revit 上基本都不能作调整，只能是一个整体的参照。不同专业数据与 Revit 有不一样的连接，首先我们要了解 Revit 支持哪些数据格式。点击"插入"菜单下的"链接、导入"项，点击对应的命令能查到支持互导的格式（图 9.2-1）。

9.2.1　建筑、装修专业常用软件与 BIM 软件的转换

1. ECOTECT 与 Revit 接口

ECOTECT 是一个全面的物理性能分析辅助设计软件，提供了一种交互式的分析方法，只要输入一个简单的模型，就可以提供数字化的可视分析图，随着设计的深入，分析

图 9.2-1　链接、导入

也越来越详细。ECOTECT 可提供许多即时性分析，比如改变地面材质，就可以比较房间里声音的反射、混响时间、室内照度和内部温度等的变化；其与很多软件，例如：Sketch Up、Archibald、3DMAX、AutoCAD 有很好的兼容性[6]。

将 Revit 模型导入 ECOTECT 的步骤如下：

第一步：在 Revit 软件搭建标准层模型。

第二步：在 Revit 为每个功能房间添加房间标记。点击"建筑"面板"房间"命令，点击闭合房间区域添加房间（不能有遗漏），房间偏移值需本层层高（图 9.2-2）。

图 9.2-2　添加房间

第三步：导出 gbxml 数据（图 9.2-3）。

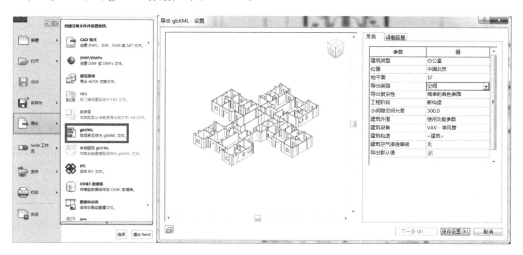

图 9.2-3　导出 gbxml

第四步：选择 xml 文件，用记事本打开，另存一个新的文件，内容不用修改，注意选择编码名称（图 9.2-4）。

图 9.2-4　编码调整

第五步：打开 ECOTECT 软件，点击"打开"面板"导入"模型/分析数据命令。

第六步：选择项目所在建设地点。

第七步：选择分析网格，找到"计算"采光和照明分析，点击执行计算（图 9.2-5）。

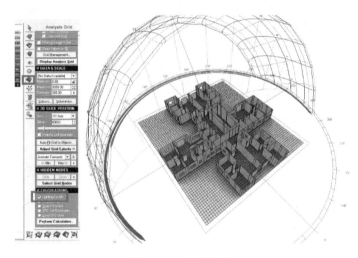

图 9.2-5　分析结果

2. Lumion 与 Revit 接口

Revit 对于后期加工有一定的局限性，一般模型需要通过其他软件进行后期实现，例如：3dmax、Lumion、Fuzor。Revit 虽然能与 3dmax 互导，但是在 3dmax 上材质很难区分，目前后期应用单位虽然有了 Revit 模型，但实际没有减少他们的工作量；Fuzor 相对来说比较简单，可以与 Revit 实时同步，只要安装好软件就能轻松同步，多用在实时查看效果；Lumion 相对上述两款软件效果变化多样，静态、动态都能实现，调整比较方便，适合大多数人使用。

将 Revit 模型导入 Lumion 的步骤如下：

第一步：安装插件"RevitToLumionBridge_Revit2016"（网上能找到）。

第二步：打开 Revit 模型点击插件按钮导出模型（文件路径不能有中文字），弹出链接模型窗口必须全部都打上勾（图 9.2-6、图 9.2-7）。

第三步：打开 Lumion 软件，导入模型。

第四步：调整材质（图 9.2-8）。

第五步：添加周边环境装饰（图 9.2-9、图 9.2-10）。

图 9.2-6　导出 DAE

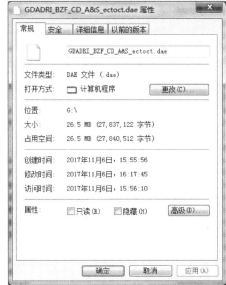

图 9.2-7　英文路径

图 9.2-8　材质修改

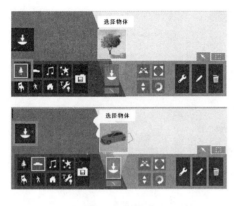

图 9.2-9　装饰添加

图 9.2-10　整体效果

3. 3dmax、Rhino 与 Revit 接口

Revit 对于曲面模型制作有一点的局限性，尤其是双曲面模型更是无法实现。这时就要通过 3dmax、Rhino 进行模型的传递。

将 3dmax、Rhino 模型导入 Revit 的步骤如下：

第一步：打开 3dmax/Rhino 软件点击左上角"打开/文件"菜单找到"导出/导出选取物体"命令，选取导出格式"＊＊＊.DXF 或＊＊＊.DWG"。

第二步：打开 Revit 软件点击"插入"菜单找到"导入 CAD"命令，选取刚才导出的文件。

9.2.2　结构专业常用软件与 BIM 软件的转换

1. 广厦与 Revit 接口

广厦新版本将前处理模块移植到 Revit 软件中，可在 Revit 软件中进行构件建模、添加荷载、设置计算参数、指定特殊构件属性等，在 Revit 软件中完成所有前处理后，导出到广厦计算软件中进行结构计算，在广厦中生成配筋后，再通过"钢筋施工图"模块将配筋结果注释到 Revit 软件中。其操作过程如下：

第一步：在广厦主控菜单中点击按钮"Revit 建模"，在弹出的 Revit 启动界面中选择"结构样板"，启动 GSRevit。

第二步：在 Revit 环境下通过广厦建模菜单建立模型，并添加荷载、设置计算参数、指定特殊构件，完成建模。广厦提供了大量的建模功能按钮，如图 9.2-11 所示。

第三步：完成建模后，通过"模型导出"面板下的"导出广厦录入模型"按钮。弹出如图 9.2-12 所示对话框，输入导出路径。

第四步：点按"转换"完成模型导出，之后可在"广厦录入"中查看到导出的模型。

第五步：在广厦中进行计算，计算完成后通过"平法配筋"功能生成结构钢筋，再回到 Revit 模型，通过"钢筋施工图—生成施工图"模块，将配筋结果导回 Revit 模型。

2. PKPM 与 Revit 接口

PKPM 软件自主研发的 BIM 平台，本身不提供与 Revit 软件的接口，但可通过探索者软件中的数据中心模块将 PKPM 模型转换为 Revit 结构模型。

图 9. 2-11　广厦建模菜单

图 9. 2-12　输入导出路径

通过探索者将 PKPM 模型导入 Revit 的步骤如下：

第一步：通过"探索者 RevitFor2014"打开 Revit 软件，并选择"结构样板"。

第二步：选择"其他工具"→"导入数据"→选择导入软件及文件路径。

第三步：完成"替换设置"选择（图 9.2-13），该处允许用户对构件类型进行控制，主要在二次导入时使用。该功能较为强大，提供了模型前后导入的控制阀门，能提升模型二次导入的效率。对于首次导入模型而言，可以对所有选项保持默认。

第四步：完成"基本设置"（图 9.2-14）。用户在该处主要进行标准层和结构层的复核工作及标高的复核工作。此处与 YJK 导入方法不同之处在于 YJK 允许用户将建筑楼层进行拆分，分多次对楼层进行导入，而该插件必须一次性导入全部楼层。

第五步：完成"截面匹配"（图 9.2-15）。用户在该处的主要工作为复核 PKPM 中截

图 9.2-13　替换设置

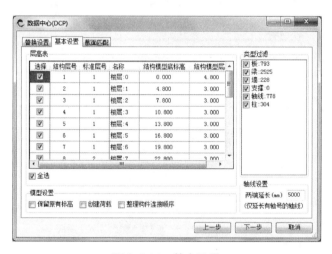

图 9.2-14　基本设置

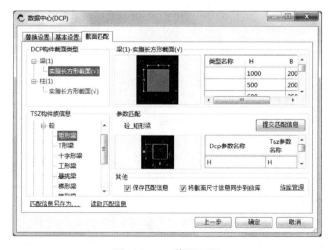

图 9.2-15　截面匹配

面与探索者提供的族截面信息是否一致。由于探索者 BIM 系列软件是主要为 PKPM 服务的，故其族构件的类型和信息与 PKPM 中构件的类型和信息完全一致，一般情况下用户只需复核截面类型是否一致即可。

第六步：点击如图 9.2-15 所示的"确定"，等待导入完成即可。

通过探索者将 Revit 模型导入 PKPM 的步骤如下：

第一步：通过"探索者 RevitFor2014"打开 Revit 软件，并打开需要转换的项目文件。

第二步：选择"其他工具"→"导出数据"→选择导出软件及文件路径并命名，目前提供 PKPM_V2.1 和 V2.2 版本的接口。点击"导出"命令后，插件会对 Revit 的模型进行整理。

第三步：完成"截面匹配"设置。该步骤主要校对构件的截面和类型是否准确，如图 9.2-16 所示。

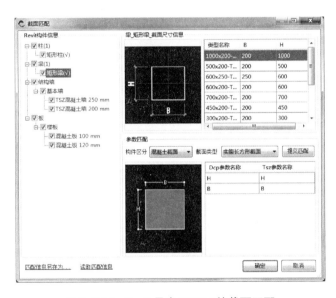

图 9.2-16 Revit 导出 PKPM 的截面匹配

第四步：点击"确定"，进入数据添加进度界面，等待完成即可。数据写入完成后会弹出告示框，并在相应目录生成 jws 文件。

9.2.3 造价专业常用软件与 BIM 软件的转换

广联达目前是市面上最为成熟、各参建方都公认的算量软件。基于信息化的时代，广联达推出了一系列关于 Revit 软件模型转换的接口。

第一步：通过网站下载并安装程序最新版 BIM 算量插件 GFC。

第二步：打开已有的 Revit 工程，在菜单栏点击"广联达 BIM 算量"，然后点击"批量修改族名称"（图 9.2-17）。

第三步：在菜单栏点击"广联达 BIM 算量"，然后点击"模型检查"（图 9.2-18）。

第四步：在菜单栏点击"广联达 BIM 算量"，然后点击"导出 GFC"文件。

第五步：打开广联达土建算量软件导入 GFC 文件（图 9.2-19）。

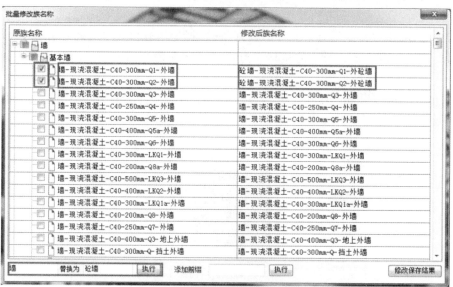

图 9.2-17　批量改族名称

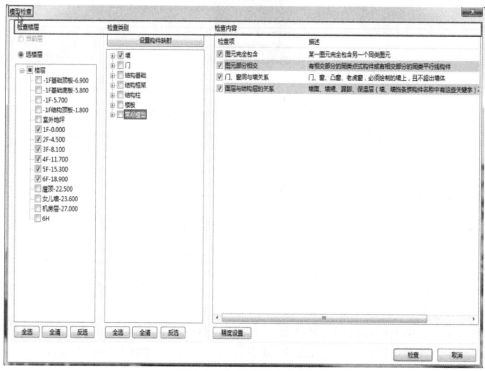

图 9.2-18　模型检查内容

图 9.2-19　广联达导入 GFC

9.3　装配式建筑辅助设计软件 GDAD-RevitFly

Revit 平台是基于 BIM 的建筑设计的重要平台，Revit 提供了强大而全面的基础功能，这些基础功能具有很强的通用性，但对于某些具有特定目的的操作，使用基础功能完成，效率较为低下，不能满足工程实践对工作效率的要求。因此，需要针对不同的目的，采用二次开发的方法定制具有特定功能的插件以提高软件的使用效率。

GDAD-RevitFly 是为解决装配式建筑设计过程中遇到的实际问题而开发的 Revit 插件。本软件分为 5 个模块，分别为：装配式建筑预制率及装配率计算模块、结构拆分辅助模块、装配式建筑构件深化设计辅助模块、梁平法快速成图模块、装配式建筑节点验算模块。

9.3.1　装配式建筑预制率及装配率计算模块

本程序主要分为 4 个基本模块："模型扣减"模块、"楼板分块"模块、"预制率计算"模块和"装配率计算"模块，程序界面简单直观（图 9.3-1），操作方便。

图 9.3-1　装配式建筑预制率及装配率计算模块

模型扣减：根据装配式构件的扣减方式进行扣减。

楼板分块：建模过程中，楼板通常以整块进行绘制，但要计算预制率和装配率时，需要将楼板进行分块处理，该功能能快速将楼板分块处理。

预制率计算：根据《工业化建筑评价标准》（GB/T 51129—2015）的计算规则，自动计算预制率。

装配率计算：根据《装配式建筑评价标准》的计算规则，自动计算装配率。

1. 模型扣减

进行计算前，需要对 BIM 模型进行扣减关系处理，构件间的扣减关系为：柱子/剪力墙高度应算到上一层楼板上表面。梁与柱连接时，梁算到柱内侧面。主次梁连接时，次梁算到主梁内侧面。非承重墙被梁、板、柱剪切。

注意：

（1）先框选所有构件，再执行命令。

（2）在三维视图中执行。

（3）剪力墙的"结构"属性应勾选。

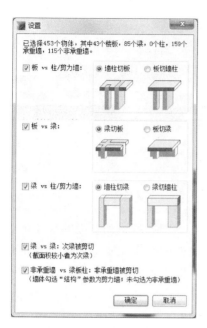

图 9.3-2 扣减设置窗口

操作步骤:

(1) 选择所有构件,执行"模型扣减"命令。

(2) 在弹出的设置窗口中勾选相应的规则 (图 9.3-2)。

(3) 点击确定即可完成扣减 (图 9.3-3)。

2. 构件标记

本工具用于快速对装配式构件进行标记,便于装配式方案的比对。

注意:

(1) 可在三维上执行。

(2) 先选择构件,再执行命令。

操作步骤:

(1) 如选择外墙板,执行"构件标记"命令 (图 9.3-4)。

(2) 在"构件标记"窗口中选择相应的参数,点击确定即可对所选外墙进行标记 (图 9.3-5)。

(3) 完成后的效果如图 9.3-6 所示。

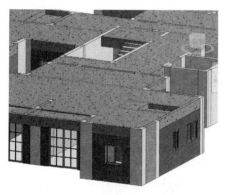

图 9.3-3 模型扣减完成效果

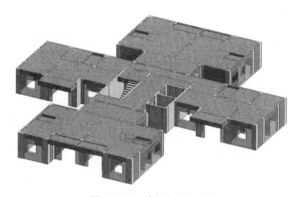

图 9.3-4 选择标记构件

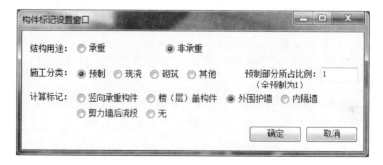

图 9.3-5 标记设置

3. 预制率计算

根据《工业化建筑评价标准》(GB/T 51129—2015) 的定义,预制率是指:工业化建

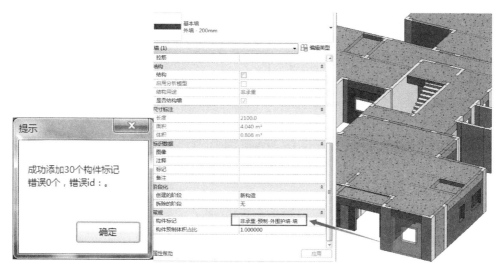

图 9.3-6　标记结果

筑室外地坪以上的主体结构和围护结构中，预制构件部分的混凝土用量占对应构件混凝土总用量的体积比。

注意：

（1）需要先对构件进行标记，便于统计。

（2）先框选模型，再执行命令。

操作步骤：

（1）框选模型，点击"预制率计算"命令。

（2）弹出统计结果（图 9.3-7）。

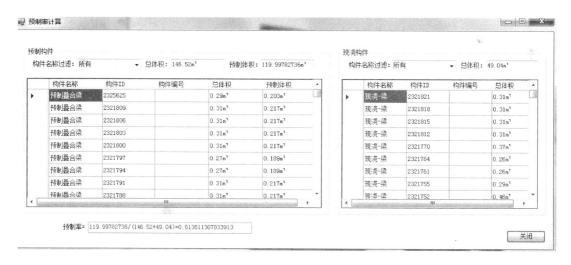

图 9.3-7　预制率计算结果

（3）可筛选统计结果（图 9.3-8）。

4. 装配率计算

装配率是指：单体建筑室外地坪以上的主体结构、围护墙和内隔墙、装修和设备管线

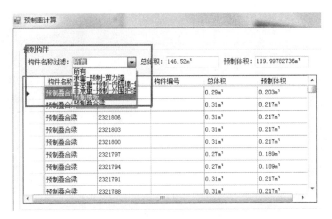

图 9.3-8　按类型查询预制

等采用预制部品部件的综合比例。该程序根据《装配式建筑评价标准》进行装配率计算。

注意：

（1）需要先对构件进行标记，便于统计。

（2）先框选模型，再执行命令。

操作步骤：

（1）框选模型，点击"装配率计算"命令。

（2）弹出统计结果（图 9.3-9）。

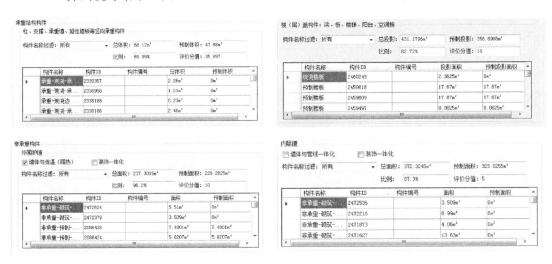

图 9.3-9　装配率统计结果组图

9.3.2　装配式结构拆分辅助模块

本程序主要分为 3 个基本模块："梁拆分工具"模块、"墙拆分工具"模块和"板拆分工具"模块，程序界面简单直观，操作方便。

"结构梁拆分"模块允许用户选择一部分梁，根据规则对梁进行拆分，生成 1 条（或多条）预制梁。生成后的预制梁与原现浇梁底面平齐。"梁拆分"模块允许用户自定义梁拆分规则，并自定义预制梁族类型。

"剪力墙拆分"模块允许用户选择某一片墙，对墙体进行打断处理，或选择某几片墙，对墙体进行合并处理，同时提供了指定墙体属性的功能，可指定墙体属性为：预制外墙、预制内墙、现浇墙身或现浇边缘构件。

"板拆分工具"模块允许用户选择某一区域的楼板，对楼板进行分块打断处理。

1. 线拆分梁

本工具要求用户先在平面视图中使用"详图线"绘制出预制梁的位置线（图9.3-10），运行命令后，用户需同时选择位置线和准备进行拆分的梁，程序根据设置的参数和预制梁的位置线生成预制梁。

操作步骤：

（1）点击命令图标，弹出对话框（图9.3-11）。

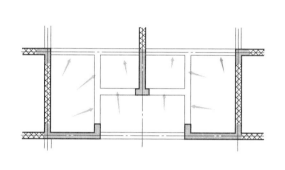

图 9.3-10　绘制详图线

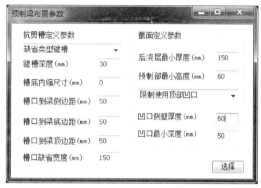

图 9.3-11　预制梁布置对话框

（2）在对话框中设置好相应的参数，点击"选择"按钮。

（3）到 Revit 主视图中框选需要拆分的梁和相应的辅助线（图 9.3-12）。

（4）完成选择后程序生成预制梁（图 9.3-13）。

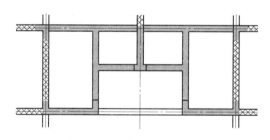

图 9.3-12　选择梁和辅助线

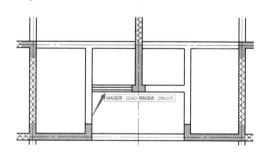

图 9.3-13　生成预制梁

2. 梁拆分

本工具功能与"线拆分梁"功能相同，但不需要用户绘制预制梁的位置线，框选准备进行拆分的梁之后，程序自动识别主次梁交界、梁墙交界，根据交界面自动判断预制梁的位置，根据设置的参数生成预制梁。

注意：本程序只适用于梁墙、梁梁垂直连接的情况，如果有非垂直连接的情况，则交界面无法判断准确，此时，需使用"线拆分梁"命令进行拆分。

操作步骤：

（1）点击命令图标，弹出对话框，在对话框中设置好相应的参数后，点击"选择"按钮。

（2）到 Revit 主视图中框选需要拆分的梁。

（3）完成选择后程序生成预制梁（图 9.3-14）。

3. 剪力墙拆分

本工具用于剪力墙的打断。根据所选的点的位置，将一段剪力墙打断为两段剪力墙。操作步骤：

（1）在要拆分的位置绘制一条详图线（图 9.3-15）。

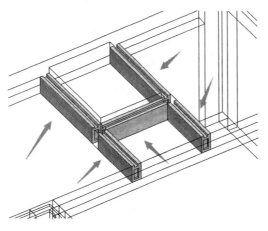

图 9.3-14　生成预制梁

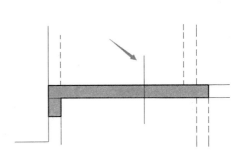

图 9.3-15　绘制辅助线

（2）点击命令图标。

（3）选择要进行拆分的剪力墙；选择详图线和剪力墙之间的交点（图 9.3-16）。

（4）程序根据交点将剪力墙打断为两片，结束命令（图 9.3-17）。

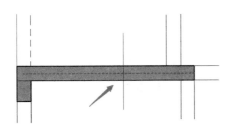

图 9.3-16　选择交点

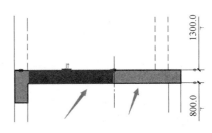

图 9.3-17　剪力墙被打断

4. 剪力墙合并

图 9.3-18　选择剪力墙

本工具用于剪力墙的合并。用户选择相邻的两片剪力墙，程序将两片剪力墙合并为一片。

操作步骤：

（1）点击命令图标。

（2）选择要进行合并的剪力墙（图 9.3-18）。

（3）程序将两片剪力墙合并为一片，结束命令（图 9.3-19）。

5. 墙类型指定

本工具用于指定剪力墙的类型。用户选择相应的剪力墙属性，之后选择需要添加属性信息的剪力墙，程序将指定的属性添加到剪力墙的"墙类型"属性中。

操作步骤：

（1）点击命令图标，弹出对话框（图 9.3-20）。

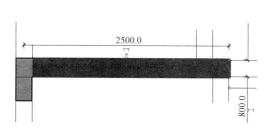

图 9.3-19　剪力墙合并

图 9.3-20　属性对话框

（2）在单选框中选择墙体属性，点击"选择构件"按钮。

（3）在 Revit 主视图中选择要添加属性的墙体。

（4）完成选择后，程序将指定的属性添加到剪力墙的"墙类型"属性中（图 9.3-21）。

图 9.3-21　添加类型名

6. 板拆分

本工具用于楼板与梁、剪力墙连接后，进行楼板分块，便于装配式的楼板分割设计。

注意：

（1）可在三维、平面上执行。

（2）先执行命令，再点击楼板。

操作步骤：

（1）点击"板拆分"命令。

（2）选择楼板，选择需要分块的楼板（图 9.3-22），执行命令。

（3）命令结束后，原来整块的楼板被分割成多块（图 9.3-23）。

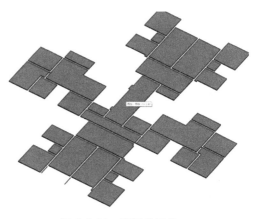

图 9.3-22　楼板分块前

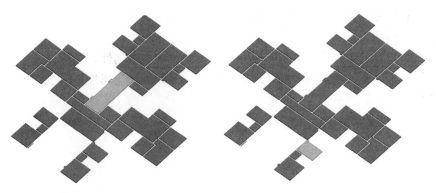

图 9.3-23　楼板分块后

9.3.3　装配式建筑构件深化设计辅助模块

在装配式建模构件深化设计阶段，需要利用 BIM 对装配式建筑构件进行建模及出图，在此过程中，钢筋录入、标识、标注等工作在 Revit 上操作十分繁琐。该模块可简化操作过程，提高效率。

装配式建筑构件深化设计辅助模块是基于 Autodesk Revit 平台的工具集软件集合，适用于 Autodesk Revit 2016 版。该软件分为"梁钢筋建模"、"柱钢筋建模"、"叠合板建模"、"阳台板建模"、"显示钢筋"、"隐藏钢筋"、"钢筋打断"、"钢筋对齐"、"钢筋碰撞"、"设置钢筋外径"十个命令。安装完毕后会在 Revit 的 Ribbon 界面里添加一个"装配式建筑构件深化设计辅助软件"Ribbon，如图 9.3-24 所示。所有命令均可分别设置快捷键或通过右击添加到顶部的快速访问栏，以便快速调用。

图 9.3-24　装配式建筑构件深化设计辅助模块

1. 梁钢筋排布

若使用 Revit 中的钢筋系统来绘制钢筋，操作十分繁琐，且耗费大量的建模时间。此命令通过窗口录入梁钢筋参数，实现自动排布梁钢筋，减少了 60％梁钢筋绘制的工作量，极大提高了工作效率。

注意：

（1）可在平面或 3D 视图执行命令，暂不支持批量选择。

（2）自动记忆上一次参数设置。

操作步骤：

（1）执行"梁钢筋建模"命令，拾取梁，弹出参数设置窗口。

（2）输入梁的配筋参数（图 9.3-25）。

（3）输入参数后，点击"确定"即完成梁钢筋绘制（图 9.3-26）。

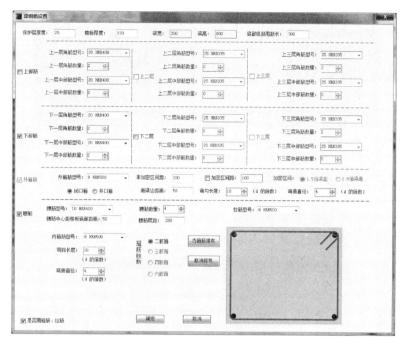

图 9.3-25　梁钢筋设置窗口

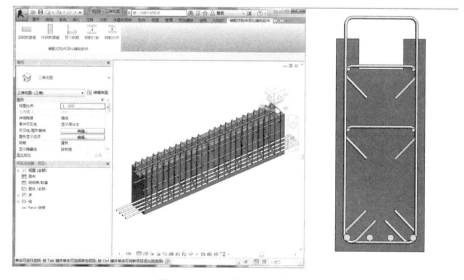

图 9.3-26　生成三维钢筋效果

（4）在此基础上，即可框选钢筋编辑钢筋形状（图 9.3-27）。

2. 柱钢筋排布

若使用 Revit 中的钢筋系统来绘制钢筋，操作十分繁琐，且耗费大量的建模时间。此命令通过窗口录入柱钢筋参数，实现自动排布柱钢筋，减少了 60% 钢筋绘制的工作量，极大提高了工作效率。

注意：

（1）可在平面或 3D 视图执行命令，暂不支持批量选择。

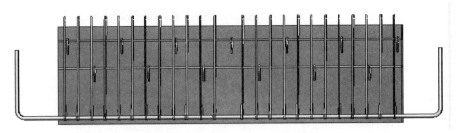

图 9.3-27 叠合梁最终效果

（2）自动记忆上一次参数设置。

操作步骤：

（1）执行"柱钢筋建模"命令，弹出参数设置窗口。

（2）输入柱的配筋参数（图 9.3-28）。

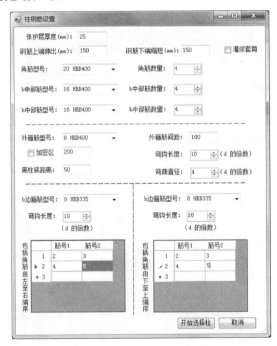

图 9.3-28 柱配筋设置窗口

（3）输入参数后，点击"开始选择柱"进行钢筋绘制，绘制效果如图 9.3-29 所示。

3. 板钢筋排布

若使用 Revit 中的钢筋系统来绘制钢筋，操作十分繁琐，且耗费大量的建模时间。此命令通过窗口录入柱钢筋参数，实现自动排布柱钢筋，减少了 60％钢筋绘制的工作量，极大提高了工作效率。

注意：

（1）可在平面或 3D 视图执行命令，暂不支持批量选择。

（2）自动记忆上一次参数设置。

操作步骤：

（1）执行"叠合板建模"或"阳台板建模"命令，弹出参数设置窗口。

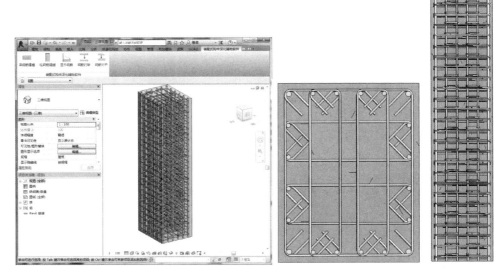

图 9.3-29　柱三维钢筋效果组图

（2）输入梁的配筋参数（图 9.3-30）。

图 9.3-30　叠合板/阳台板配筋设置窗口

（3）输入参数后，点击"开始选择板"进行钢筋绘制（图 9.3-31）。

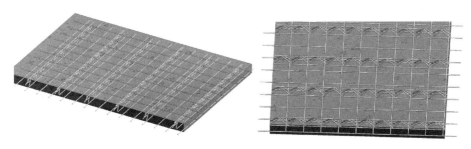

图 9.3-31　叠合板/阳台板三维钢筋效果

4. 显示钢筋

在 Revit 中，钢筋在三维的可见性设置，需要在每一根钢筋里面进行设置。手动的操作方法是先框选出所有构件，然后过滤出钢筋，再对其进行"视图可见性状态"设置，操作非常繁琐。此命令只需点击"显示钢筋"即可完成一系列的设置，有效提高了工作效率。

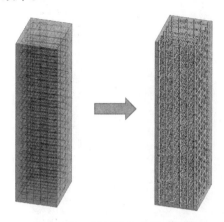

图 9.3-32　显示钢筋前后对比图

操作步骤：

（1）在 rvt 文件中执行"显示钢筋"命令。

（2）即可显示钢筋（图 9.3-33）

注意：命令默认自动设置所有钢筋的可见性。

操作步骤：

（1）在 rvt 文件中执行"显示钢筋"命令。

（2）即可显示钢筋（图 9.3-32）。

5. 隐藏钢筋

在 Revit 中，钢筋在三维的可见性设置，需要在每一根钢筋里面进行设置。手动的操作方法是先框选出所有构件，然后过滤出钢筋，再对其进行"视图可见性状态"设置，操作非常繁琐。此命令只需点击"隐藏钢筋"即可完成一系列的设置，有效提高了工作效率。

注意：命令默认自动设置所有钢筋的可见性。

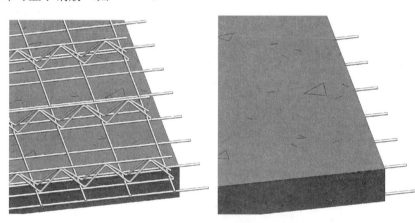

图 9.3-33　隐藏钢筋前后对比图

6. 钢筋打断

在绘制钢筋的过程中，需要对钢筋进行编辑，"钢筋打断"是比较基础的功能，而 Revit 自带的打断命令对钢筋不起作用，只能人手来移动两端控制点，操作非常不便。

注意：

（1）鼠标点击位置即为钢筋打断点，可点击多个点打断，按 ESC 退出命令。

（2）可在平面及三维上操作。

操作步骤：

（1）在 rvt 文件中执行"钢筋打断"命令。

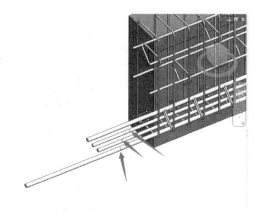

图 9.3-34　钢筋打断后结果图

（2）点击打断点，按 ESC 键退出命令。打断结果如图 9.3-34 所示。

7. 钢筋对齐

在绘制钢筋的过程中，需要对钢筋进行编辑，"钢筋对齐"是比较基础的功能，而 Revit 自带的打断命令对钢筋不起作用，只能人手来移动两端控制点，操作非常不便。

注意：

（1）拾取面对齐，按 ESC 退出命令。

（2）可在平面及三维上操作。

操作步骤：

（1）在 rvt 文件中执行"钢筋对齐"命令。

（2）拾取对齐的基准面（图 9.3-35）。

（3）点选需要对齐到该面的钢筋面（图 9.3-36）。

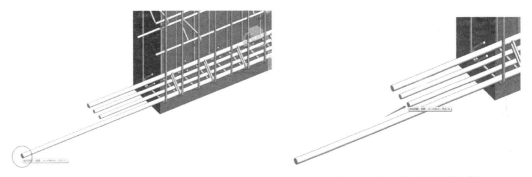

图 9.3-35　基准面位置图　　　　　　　　图 9.3-36　需对齐面的钢筋

（4）可批量点选钢筋，直至按 ESC 退出命令，对齐效果如图 9.3-37 所示。

8. 钢筋碰撞

说明：基于 Revit 的钢筋碰撞检查命令，可以在 Revit 中快速检查可能存在碰撞的区域，有效提高装配式构件在深化设计出图中的工作效率。

注意：

（1）由于 Revit 钢筋直径偏小，绘制钢筋前可用"设置钢筋外径"命令自动设置（图 9.3-38）。

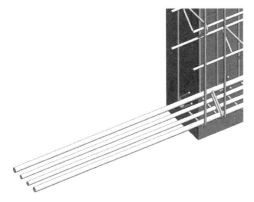

图 9.3-37　钢筋对齐后效果图

图 9.3-38　碰撞规则设置界面

（2）对钢筋碰撞检查时，应设置碰撞公差，建议为 2～5mm，以过滤合理的碰撞。

（3）调整模型后，重新选择即可自动清除上一次检查结果。

操作步骤：

（1）点击钢筋碰撞命令。

（2）设置碰撞参数，完成后点击"选择钢筋"，当要检查构件内部碰撞时，需要勾选。

（3）选择钢筋后点完成（图 9.3-39）。

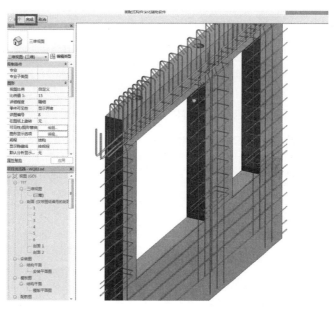

图 9.3-39 选择需检测的钢筋

（4）有碰撞的钢筋以红色显示（图 9.3-40）。

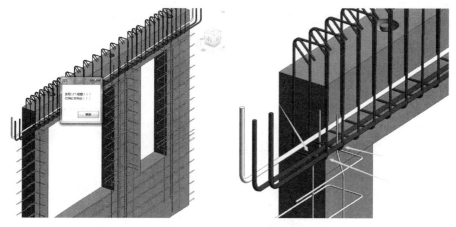

图 9.3-40 碰撞显示结果图

9. 设置钢筋外径

根据钢筋公称直径表设置 Revit 中的钢筋外径。

注意：在钢筋建模前，进行"设置钢筋外径"。

操作步骤：

（1）点击"设置钢筋外径"命令。

（2）设置前后的钢筋参数对比（图 9.3-41）。

材质和装饰		材质和装饰	
材质	钢筋 - HRB400	材质	钢筋 - HRB400
尺寸标注		尺寸标注	
钢筋直径	8.0 mm	钢筋直径	9.3 mm
标准弯曲直径	32.0 mm	标准弯曲直径	32.0 mm
标准弯钩曲直径	32.0 mm	标准弯钩曲直径	32.0 mm
镫筋/箍筋直径	32.0 mm	镫筋/箍筋直径	32.0 mm

图 9.3-41　设置前后的钢筋参数对比图

9.3.4　梁平法快速成图模块

本程序主要分为 3 个基本模块："梁编号"模块、"梁配筋"模块和"辅助工具"模块，程序界面简单直观，操作方便。考虑到不同用户使用的梁族可能不同，软件提供设置界面，允许用户在"设置"功能中自己设置使用的族和对应的配筋参数。

梁编号模块主要实现梁的自动编号、手动编号功能，添加梁的类型信息、序号信息和跨号信息，如添加信息"KL1-4"。

梁配筋模块主要实现辅助输入梁配筋信息功能，主要添加的信息有：梁负筋、梁架立筋或通长筋、梁底筋、梁箍筋、梁腰筋、加腋钢筋等信息。该模块的特点是，对不同类型的钢筋采用不同的输入方法，软件会自动根据所选标签的类型，弹出不同的操作窗口。为提高工作效率，本模块支持使用字母代替数字进行输入，通过该功能，工程师输入配筋值时左手无需离开键盘，对工作效率有很大的提升。并且，用户可根据自己的需要进行改键设置。

辅助工具模块主要针对本文提出的方法中一些常用操作开发出系列插件，用于提高工作效率，提高本文方法的可行性。主要提供的功能包括：梁方向自动调整、批量生成梁标签、标签避让等。

1. 初始设置

初始设置功能用于进行用户使用偏好设置。分为"族参数设置"、"改键设置"、"默认配筋"设置、"钢筋数据库"相关设置这 4 个设置选项。

"族参数设置"选项（图 9.3-42）中可设置内容包括：混凝土梁族名、混凝土梁宽参数名、混凝土梁高参数名、混凝土梁类型、混凝土

图 9.3-42　初始设置对话框

梁序号、混凝土梁跨号、混凝土梁左负筋、混凝土梁右负筋、混凝土梁面筋、混凝土梁底筋、混凝土梁箍筋、混凝土梁腰筋、混凝土梁集中标注等，主要设置每个选项对应的参数名称、配套的小标签名称、配套的大标签名称。

"改键设置"选项中，可为字母键 A～字母键 Z（26 个字母）设置对应的数字键、纵筋直径和箍筋直径，设置之后，在配筋模块中，可用相应的字母键代替数字键，提高工作效率（图 9.3-43）。

图 9.3-43 改键设置对话框

"默认配筋"选项中，可为不同截面尺寸的梁设置默认腰筋以及为不同类型的梁设置默认箍筋。

"钢筋数据库"选项用于进行钢筋数据相关的设置。

2. 加梁类型

在结构梁族的"梁编号"参数中加入描述其梁类型的字符串。

操作步骤：

图 9.3-44 梁编号
对话框

（1）点击命令图标，弹出对话框（图 9.3-44），该对话框为非模态对话框，可与 Revit 主窗口同时运行。

（2）在对话框的选项按钮中选择梁类型，点击"选择梁"按钮。

（3）在视图中选择对应的梁，可多选。

（4）程序在梁的"梁编号"参数中添加选择的梁类型信息，完成命令（图 9.3-45）。

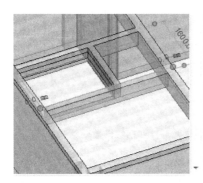
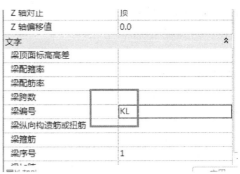

图 9.3-45 加入梁编号信息

3. 编号归并

选择某一条梁作为参照，之后选择拟与参照梁设置为同编号的梁，程序将参照梁的"梁类型"、"梁编号"、"梁跨号"三个参数赋予其他被选择的梁。

操作步骤：

（1）进入梁所在的平面视图。

（2）点击命令图标。

（3）单选某一条梁；或框选多条梁。"梁类型"等参数未赋值时，标签显示为"？"（图 9.3-46）。

（4）程序自动进行编号归并操作后结束命令（图 9.3-47）。

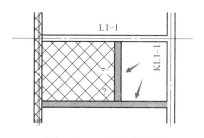

图 9.3-46 框选多条梁

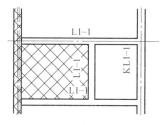

图 9.3-47 添加编号

4. 默认配筋

将初设设置"默认配筋"选项卡设置的默认腰筋、默认箍筋加到结构梁的对应参数中。

操作步骤：

（1）点击命令图标。

（2）框选多条梁（图 9.3-48）。

（3）程序自动将"默认配筋"选项卡设置的配筋值添加到结构梁对应参数中（图 9.3-49）。

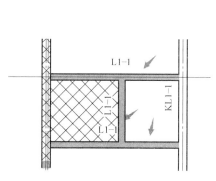

图 9.3-48 框选多条梁

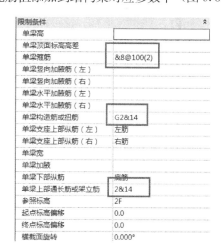

图 9.3-49 输入默认配筋信息

5. 左手配筋

结构梁配筋辅助程序，根据所选择的标签名称判断用户是在配置纵筋、腰筋或者箍筋，根据不同钢筋类型弹出不同的辅助窗口。支持使用字母代替数字的功能（在初始设置中进行设置）。

操作步骤：

（1）点击命令图标。

（2）选择梁配筋标签（图 9.3-50）。

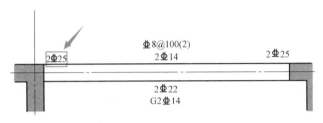

图 9.3-50 选择标签

（3）弹出窗口，在"文字"文本框中输入配筋值，此时，可使用在"初始设置"中定义的字母代替相应的数字，比如已经在初始设置中定义了"c"代表"2"，"a"代表"&"，"d"代表"5"，则可使用"cacd"代表"2&25"，此时"2&25"会显示在"预览"文本框中（图 9.3-51）。

图 9.3-51 根据初设设置修改字符

（4）点击"确定"按钮（或按 Enter 键）完成编辑。

6. 同号统一

识别某一层中梁编号相同的梁，将其配筋设为一致。识别梁编号是否相同的方法为：识别结构梁的"梁类型"、"梁编号"、"梁跨号"三个参数，若三个参数的参数值都相同，则判断为梁编号相同。将其配筋设为一致的方法为：若编号相同的梁中，有某一个梁添加了"集中标注"标签，则将该梁的配筋信息赋予其他与其编号相同的梁；若所有梁都没有"集中标注"标签，则将梁起点水平坐标 X、垂直坐标 Y 都最小的梁的配筋信息赋予其他与其编号相同的梁。

注意：该命令只能在平面视图中运行。

操作步骤：

（1）进入梁所在的平面视图。

（2）点击命令图标。

（3）程序自动进行配筋统一操作后结束命令。

7. 加小标签

将左负筋、右负筋、底筋、面筋、箍筋、腰筋对应的标签添加到结构梁图元上，并移动至相应的位置。

操作步骤：

（1）点击命令图标。

（2）框选需要添加标签的梁。

（3）程序自动添加标签，完成命令（图 9.3-52）。

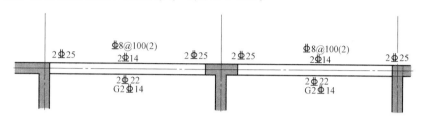

图 9.3-52　自动添加标签

8. 加大标签

将左负筋、右负筋、集中标注、箍筋、腰筋对应的标签添加到结构梁图元上，并移动至相应的位置。

操作步骤：

（1）点击命令图标。

（2）框选需要添加标签的梁。

（3）程序自动添加标签，完成命令（图 9.3-53）。

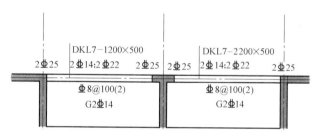

图 9.3-53　完成标签添加

第 10 章   装配式高层保障房设计应用案例

前面章节介绍了装配式建筑的 BIM 设计方法、协同方法和应用软件。本章以广州市某保障性住房小区为案例，介绍装配式高层住宅的设计过程，希望能为读者从事装配式建筑设计提供参考。

10.1   项目概况

本项目是广州市政府兴建的保障性住房小区，项目位于广州市白云区，周边交通便捷。在装配式剪力墙结构住宅的规划设计中，构件运输、存放和吊装是需要特别关注的重要方面，要有适宜构件运输的交通条件，本案距离广州市番禺区装配式构件厂 50km，为构件合理运输范围，该选址适合建造装配式建筑。本项目总平面如图 10.1-1 所示，项目综合技术经济指标见表 10.1-1。

本书以该项目 1 号住宅楼为例，从工程应用的角度，介绍其从建模到形成施工图的过程，为工程师进行装配式高层住宅的 BIM 设计提供参考。

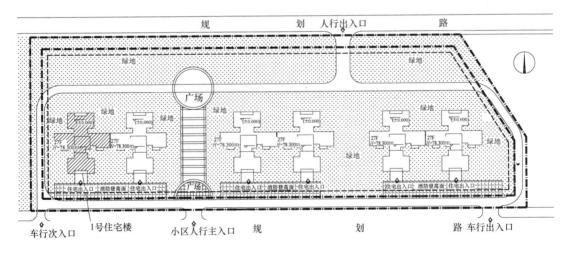

图 10.1-1   总平面图

综合技术经济指标表   表 10.1-1

项目	单位	数值
建设分期用地面积	m²	21115.60
户数	户	966
居住人数	人	2415
总建筑面积	m²	94463

续表

项目	单位	数值
计算容积率面积	m²	72479
住宅	m²	71730
其他	m²	749
规划	m²	17321
容积率	/	3.43
建筑密度	%	12.6
绿地率	%	30
公共绿地面积	m²	1599
其他绿地面积	m²	4735.7

10.1.1　建筑设计要求

1. 总平面设计

在满足功能需要的情况下，总平面布置满足总体方案的构思意图和布局特点，以及竖向设计、交通组织、环境保护等。同时符合城市规划的红线及城市景观要求。

总平面空间布置合理、功能齐备、交通便捷，方便居民生活，有利组织管理。充分利用小区的地形、地貌和环境，合理布置住宅组团和绿化景观，丰富空间，美化环境，体现地方特色，体现实用性。

小区交通组织便捷、经济、合理组织人流、车流，有利安全防卫，道路网络层次适当，架构清晰，衔接合理。管线布置经济合理。

组织与居住人口规模相对应的公共活动中心，方便经营、社会服务。

环境布置应在经济性、祥和性的基础上力求创新，具有特色。

小区游憩空间以人为本，方便邻里交往和社区交流活动，降低干扰。

交通主要出入口方位：设于城市主干道交叉口处 70m 范围外；机动车出入口根据规划合理设置，在地块周边等级最低的道路上安排。

2. 建筑单体设计

单体建筑分布合理，提高空间利用率和使用系数，控制公共分摊面积，降低用户经济负担。合理利用自然条件解决采光、通风等问题，降低用户使用成本。

建筑物结构设计使用年限为 50 年。

立面：每户的客厅、主卧外墙考虑隐蔽空调室外机位，并结合建筑外观造型和美观因素进行设计。

住宅层高：控制在 2.9m。

按照国家现行电梯设计规范规定进行电梯设计。

按照国家现行无障碍设计规范规定进行无障碍设计。

按照《绿色建筑评价标准》（GB/T 50378—2014）二星级进行该项目设计。

装配式要求：本项目综合考虑工业化建造方式，达到建造装配式住宅能提高质量和缩短建设周期的目的。为满足广州市关于装配式建筑的相关要求，本项目工业化预制率不低于30%，具体计算方法，参见《工业化建筑评价标准》(GB/T 51129—2015)，见表 10.1-2。

工业化预制率技术表 　　　　　　　　　　　　　　　　　表 10.1-2

构件类型	总体积(m³)	预制体积(m³)
预制—楼梯	2.96	2.96
预制叠合梁	15.313	10.717
预制楼板	40.728	18.796
非承重—预制—外围护墙	30.527	30.527
非承重—预制—内隔墙—轻质隔墙	35.936	35.936
承重—预制—剪力墙	23.952	23.952
预制合计(m³)	122.888	
现浇合计(m³)	209.438	
预制率	58.6%	

套型平面图如图 10.1-2、图 10.1-3 所示。

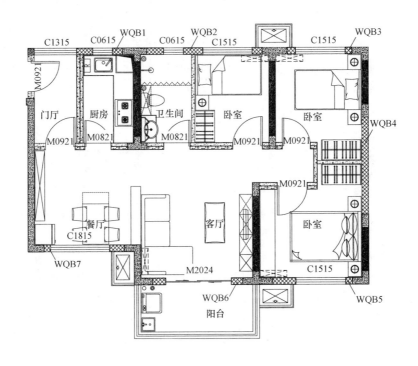

图 10.1-2　套型①平面图

3. 装配式设计要求

项目采用 PC 建筑体系，运用预制墙体、预制楼梯等预制构件，设计时要求采用统一模数协调尺寸，套型、起居室和卧室可采用模数化设计。

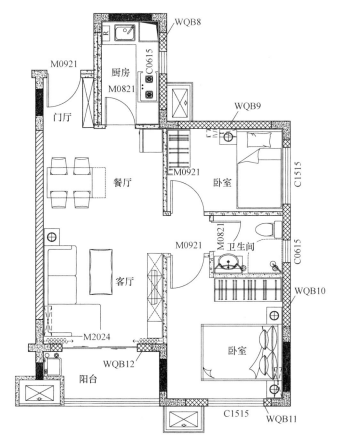

图 10.1-3　套型②平面图

　　建筑平面设计应以方形和矩形"点式"建筑为主，个别也可有"Y"字形。套型宜平面规整，承重墙宜上下贯通，不宜有结构转换，形体上不宜有过大凹凸变化，应符合建筑功能和结构抗震安全要求。建筑立面不宜复杂装饰，需符合现代主义建筑"少即是多"的理念。

　　在装配式模数化设计、制造、施工的各个环节中应与结构、装饰、水电暖各专业互相协调。应对建筑各部位尺寸进行分割，并确定各一体化部件、集成化部件、PC 构件的尺寸和边界条件，尽可能实现部品、构件和配件的标准化，如用量大的叠合楼板、预应力叠合楼板、剪力墙外墙板、剪力墙内墙板、楼梯板等板式构件，优选标准化方式，使得标准化部件的种类最优。

　　因项目采用装配式设计，场地内部道路应考虑满足装配构件内部运输条件，总平面设计中，楼栋间距除考虑日照及防火要求外，同时应预留合理场地，满足预制构件的现场临时存放、吊装等需求。

10.1.2　设计内容

1. 装配式建筑设计内容

（1）确定建筑模数，根据装配式的特点和要求布置平面；考虑立面外形对装配式的影

响，确定建筑风格造型。

（2）考虑装配式建筑特点和要求，确定立面拆分原则；考虑装配式的影响，确定建筑高度。

（3）考虑装配式的影响，确定建筑平面形体；确定接缝防水、保温、防火等构造措施。

（4）确定装配式结构体系选型、预制构件选配方案、预制率等；根据各个专业的要求，确定建筑构造设计和节点设计。

（5）方案满足业主设定的预制率的要求，设计时考虑实际做法，与构件厂家协调配合。

（6）满足报批报建相关要求，提供满足报建要求的图纸和文件；协助与政府相关部门沟通直至方案报批通过等相关事宜。

2. 建筑 BIM 设计工作内容

利用 BIM 对建筑项目所处的场地环境进行分析，如坡度、坡向、高程、纵横断面、填挖量、等高线、流域等，作为方案设计的依据。进一步利用 BIM 建立建筑模型，输入场地环境相应的信息，进而对建筑物的物理环境（如气候、风速、地表热辐射、采光、通风等）、出入口、人车流动、结构、节能排放等方面进行模拟分析，选择最优的工程设计方案。

由方案设计阶段建筑模型内的建筑信息进行统计、计算、分析模拟而生成的其他 BIM 成果文件有：

（1）方案设计阶段建筑专业视图，包括建筑平面视图、立面视图和剖面视图、装配式构件深化图出图等。

（2）基于建筑模型，制作三维可视化成果，如渲染图、三维漫游、装配式构件三维图等。

（3）基于模型的建筑节能分析评估文件，如：日照采光分析、通风模拟、热工和能耗模拟等。

10.2 设计流程

由土建专业先建立初设阶段模型（GDADRI_BZF_PD）作为基础，并配合机电专业依次按照项目阶段进行设计与建模工作，最后形成施工图阶段模型（GDADRI_BZF_CD）。预制装配式建筑的设计流程，应在一般建筑的流程上，考虑预制构件在整个流程中的特殊性，加入预制构件选择（构件库中提取）、预制构件初步设计和预制构件深化设计等环节，最后建立深化阶段模型（GDADRI_BZF_PCD）。具体流程如图 10.2-1～图 10.2-3 所示。

根据设计流程，整个项目建模总体分为三个阶段：

（1）初设阶段模型（GDADRI_BZF_PD）：带预制构件，不带结构钢筋。需要建筑专业、结构专业建模。

（2）施工图阶段模型（GDADRI _ BZF _ CD）：带预制构件，仅剪力墙带钢筋，预制构件采用"常规模型"族，需要结构专业配置钢筋，机电专业设置预埋管线。

（3）深化阶段模型（GDADRI _ BZF _ PCD）：预制构件采用链接的形式，带结构钢筋。需要各专业配合。

对应于上述三个阶段本项目有三个中心文件。

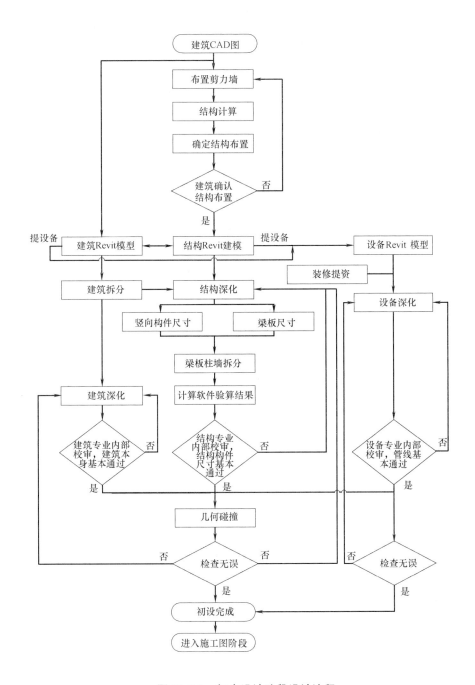

图 10.2-1　初步设计阶段设计流程

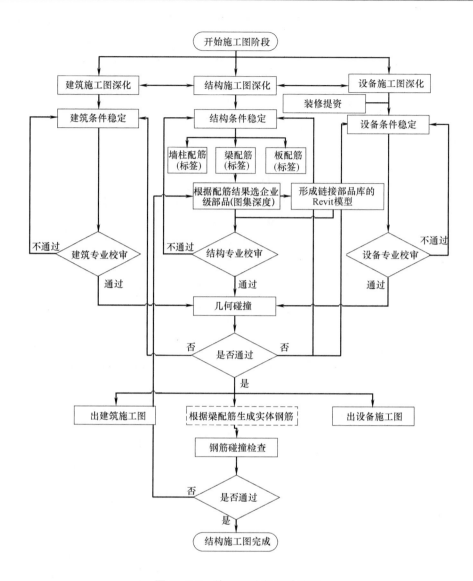

图 10.2-2 施工图阶段设计流程

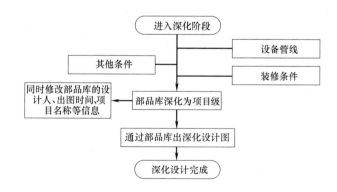

图 10.2-3 深化阶段设计流程

10.3 BIM 建模与拆分

10.3.1 建筑模型

Revit 的墙模型不仅是显示墙形状，还将记录墙的详细做法和参数，本案例的标准层平面中，墙体分为预制外墙、轻质隔墙和预制内墙三种主要类型，厚度分别是 200mm、100mm 和 200mm，如图 10.3-1 所示。在 Revit 中创建模型对象时，需要先定义对象的构造类型，要创建墙图元，必须创建正确的墙类型。Revit 中的墙类型设置包括构造厚度、墙体做法、材质等。

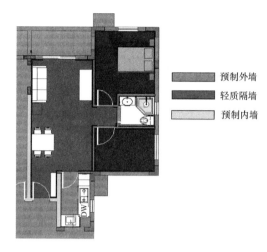

图 10.3-1 建筑预制构件图

本项目各专业采用"中心模型"的方式进行协同，建筑专业先创建"中心模型"。初设阶段模型，建模采用先区分建筑部分和结构部分，其中建筑部分建模包括预制外墙板、预制内墙板、轻质隔墙、预制楼梯，结构部分建模包括预制梁、预制剪力墙、预制楼板、预制柱。

1. 预制外墙板、预制内墙板、轻质隔墙建模

建筑部分建模主要是利用 CAD 图纸建立建筑墙体，再把 CAD 图纸以链接形式导入 Revit 中后，在 Revit 中通过"基本墙"族进行建模。建模完成后，对剪力墙身进行材质设置，使得可以在视图中通过颜色对墙体类型进行区分，实现信息的可视化。材质设置方法为："基本颜色"的 RGB 值分别为 255、0、0，仅用于在着色视图中显示该墙结构层的颜色，"透明度"为 0%，如图 10.3-2 所示。

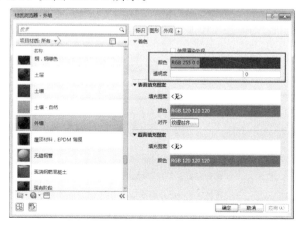

图 10.3-2 外墙材质设置

按照上述方法，在属性栏中，将预制内墙板 200mm 厚、轻质隔墙 100mm 厚等墙体属性，以不同的属性颜色新建到属性栏内，为从视觉上更方便地对预制外墙、预制内墙、轻质隔墙进行识别，使用过滤器为不同类型的墙体设置不同的填充颜色，本案例预制外墙为红色，预制内墙为蓝色，轻质隔墙为深蓝色，再根据 CAD 图纸按图添加。

墙体建模完成后，通过"门窗族"建立门窗模型，完成后的模型如图 10.3-3 所示。

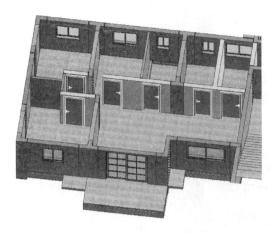

图 10.3-3　完成墙体和门窗建模

2. 预制楼梯建模

本案例的楼梯为剪刀梯，楼梯分为楼梯和扶手两部分构成。楼梯建模通过"常用"选项卡"楼梯坡道"面板中的"楼梯"工具。

楼梯建模时主要设置为：

（1）新建构造分组"预制楼梯"，并确认勾选构造参数分组中的"预制楼梯"的选项，修改"功能"为"外部"，勾选图形参数分组中的"平面中的波折符号"选项，设置文字大小为 3mm ，文字字体为"仿宋"，该选项将在楼梯平面投影中显示上楼或下楼的指示文字（具体文字内容在楼梯属性面板中设置）。

（2）修改踏板材质和踢面材质为"水泥砂浆面层"，修改"整体式材质"为"预制混凝土"。修改踏板参数分组中的"踏板深度最小值"为 300，该参数决定楼梯所需要的最短梯段长度。

（3）设置"最大踢面高度"为 150，该参数决定楼梯所需要的最少踏步数；勾选"开始于踢面"和"结束于踢面"选项，继续设置楼梯类型参数。

完成后的楼梯模型如图 10.3-4 所示。

建筑模型完成后如图 10.3-5 所示。

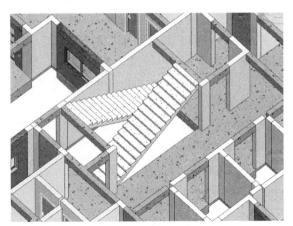

图 10.3-4　完成楼梯建模

10.3.2　结构模型

1. 剪力墙建模与拆分

结构剪力墙根据建筑墙位和结构软件计算结果进行布置。本项目各专业采用"中心模型"的方式进行协同，结构专业与建筑专业在同一个模型中建模。因此，剪力墙建模时，可利用建筑墙体，在需要建立结构墙的地方，使用"拆分图元"命令对建筑墙体进行拆分

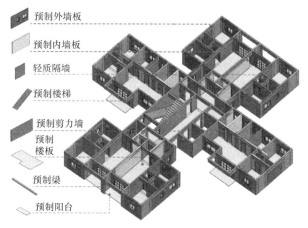

图 10.3-5　建筑模型阶段效果图

（图 10.3-6），并将墙体属性中的"结构"属性设置为"是"（图 10.3-7），为便于进一步区分建筑墙与结构墙，将结构墙的"族类型"修改为"现浇—200mm"。

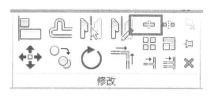

图 10.3-6　"拆分图元"命令

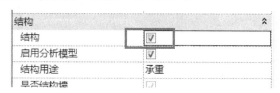

图 10.3-7　修改墙体属性

完成剪力墙建模后，根据相关结构计算和优化，将剪力墙拆分为"现浇边缘构件"和"预制墙身"两部分，并在其"墙类型"共享参数（需用户自行添加该参数）中加入剪力墙图元的构件类型文字信息。对于现浇边缘构件，其"墙类型"参数为"现浇边缘构件"，对于预制墙身构件，其"墙类型"参数为"预制外墙"，对于现浇墙身构件，其"墙类型"参数为"现浇墙身"（注：预制墙身构件，其"墙类型"参数为"预制外墙"而非"预制墙身"，是因为部分装配式体系，其预制墙身有"预制外墙"和"预制内墙"之分，本项目所用的体系无此分别，但考虑到标准的统一性和方便使用二次开发的辅助工具，使用"预制外墙"统一代表"预制墙身"）。

为从视觉上更方便地对现浇边缘构件、预制墙身、现浇墙身进行识别，使用过滤器为不同类型的剪力墙设置不同的填充（图 10.3-8），本项目将现浇边缘构件设置为实体填充，将预制墙身设置为"交叉斜线"填充，现浇墙身不填充。

名称	可见性	投影/表面			截面		半色调
		线	填充图案	透明度	线	填充图案	
墙体-填充墙	☐						☐
墙体-预制	☑					▨	☐
墙体-边缘构件	☑					▨	☐
楼板-建筑面层	☐						☐
楼板-结构楼板	☐		隐藏				☐

图 10.3-8　填充图案设置

现浇边缘构件过滤器设置如图 10.3-9 所示（预制墙身的过滤器设置与现浇边缘构件方法相同），完成建模后的剪力墙如图 10.3-10、图 10.3-11 所示，为使读者更清晰地看到剪力墙建模效果，隐去其他无关图元。

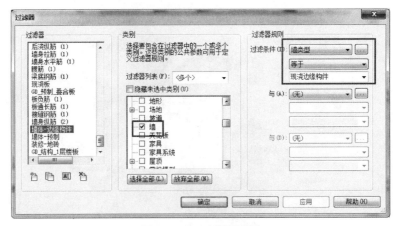

图 10.3-9　过滤器设置

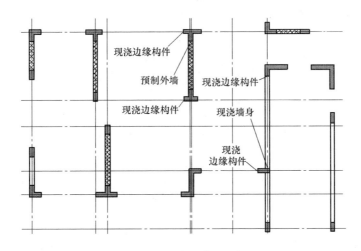

图 10.3-10　剪力墙（局部）

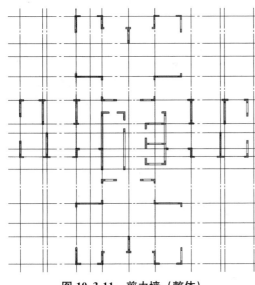

图 10.3-11　剪力墙（整体）

2. 结构梁建模

剪力墙建模完成后，进行结构梁现浇部分建模。装配式建筑的结构梁现浇部分建模方式与普通现浇建筑结构梁的建模方式相同。

使用"结构→梁"命令进行结构梁建模，为方便后期施工图标注，所用的梁族应携带能满足施工图配筋注释要求的共享参数的梁族，本项目采用"GDAD-矩形梁"族。建模的时候要注意梁的方向对于水平梁是从左到右，对于竖直梁是从下到上。若建模时没有考虑梁方向，后期进行施工图配筋标注时，梁的左右负筋标注会反过来，造成错误。建模时由于捕捉等原因不方便按该原则建模的,可以使用向日葵工具箱中的"梁方向调整"工具进行梁方向修正,或使用其他辅助工具进行调整。

特别注意的是,为满足施工图出图的需求,布置结构梁时,同跨梁必须用同一个图元表示,而不是像计算软件一样,在梁相交处将梁断开。

完成建模后的结构梁如图 10.3-12 所示,由于结构梁的拆分需考虑楼板厚度,因此结构梁建模完成后,应先进行现浇楼板建模,再进行结构梁拆分。

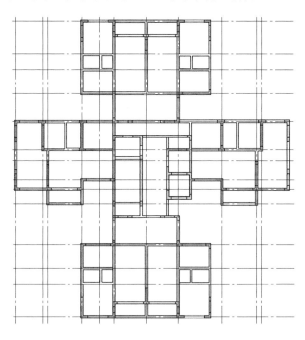

图 10.3-12　建模完成后的结构梁

3. 现浇楼板建模

现浇楼板建模使用 Revit 的"楼板"命令,并根据施工图修改部分板面标高,为方便施工图标注,楼板类型名称按厚度命名,如 130 的楼板命名为"h＝130"。视图规程设置为"结构"之后,被楼板盖住的梁线会自动变为虚线。

结构板的布置与计算软件中结构板的布置不相同,以"尽量使用大板"为原则,先使用一个大板将整个平面包围起来,变标高、变厚度处通过"开洞"的方法切割楼板,再按标高和厚度另外补充楼板,如图 10.3-13 和图 10.3-14所示。

4. 结构梁拆分

完成楼板建模后,对结构梁进行拆

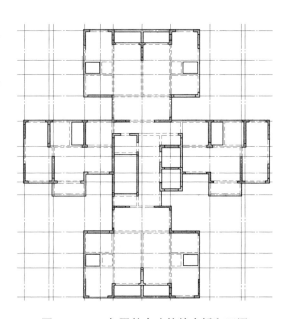

图 10.3-13　包围整个建筑的大板和开洞

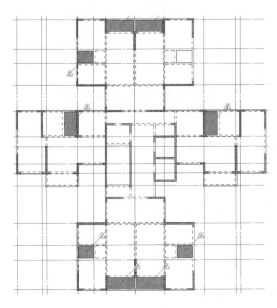

图 10.3-14　另外补充的楼板

分。结构梁拆分建模的实质是预制梁的建模，为方便统计材料用量和修改，本项目预制梁建模后与现浇梁叠合，现浇梁不删除，也不作其他修改，在三维视图中，通过将现浇梁设置为透明来对现浇梁和预制梁进行区分。

本项目预制梁建模采用"GDAD—预制梁"系列族，应先根据现浇梁的位置和拆分计算，确定预制梁的梁高、梁宽、凹槽尺寸和抗剪键尺寸，通过预制梁的尺寸建立不同的族类型。"GDAD—预制梁"系列族为基于"常规结构框架"族模板建立的族，其建模方法与现浇结构梁的建模方法相同，但需注意两点：（1）预制梁的两个端点必须严格与现浇梁被竖向构件切割后的两端对齐（图

10.3-15），这种做法是为了方便预制构件的材料用量统计。（2）应修改梁面标高，使得预制梁梁底与现浇梁梁底平齐。

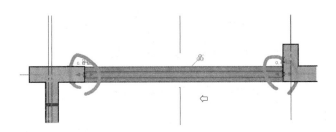

图 10.3-15　预制梁端点对齐示意

为提高建模效率，本项目采用装配式结构拆分辅助软件进行拆分，设置拆分参数后，选择需要进行拆分的现浇梁，软件即可按上述原则批量对现浇梁进行拆分。软件用法的详细介绍见第 9 章。

完成预制梁建模后，在三维视图中通过过滤器将现浇梁改为透明，效果如图 10.3-16 所示。

5. 现浇楼板拆分

与结构梁拆分原理相类似，现浇楼板拆分建模的实质是预制叠合板的建模。叠合板

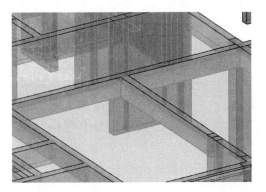

图 10.3-16　设置过滤器后的三维视图

建模完成后，与原有现浇楼板相叠合，原有楼板不删除，也不做其他处理。

叠合板建模采用"常规模型"族。采用"常规模型"族而不采用"楼板"族，是因为常规模型族有确定的长、宽和厚度，不同的叠合板族类型，其长、宽、高不能全部相同，以此来确保不同尺寸的叠合板的命名不相同，减少人工命名的出错概率，也方便二次开发程序识别叠合板。

叠合板建模使用"模型—构件—放置构件"命令，选择需要的族类型后，设置叠合板所在楼层和板面标高，板面标高通过"偏移量"属性进行设置，如图 10.3-17 所示，图中偏移量为"−60"表示板面标高为"H−0.060"，将叠合板暂时先放到合适的地方后，再通过"对齐"命令，将叠合板的板边移动到叠合板的实际位置。

在平面中布置完成后，在三维视图中将现浇楼板设置为透明，效果如图 10.3-18 所示。并检查叠合板的标高是否正确，此时应特别注意楼面标高有变化的地方。

图 10.3-17　叠合板布置时的参数设置

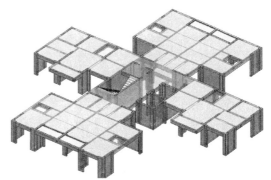

图 10.3-18　设置过滤器后的三维视图

10.3.3　机电模型

1. 电气专业建模

本案例为住宅设计，在住宅标准楼层设计中，线缆采用穿线管的方式进行敷设较多，因此本案例标准层中线缆采用穿线管的方式，以下简单介绍电气设备和线管的 BIM 建模。

（1）电气设备建模

电气设计中电气设备类型非常多样，按大系统划分，变配电系统的各种配电柜、断路器、多功能仪表、无功补偿装置等，照明系统的配电箱、灯具、开关等，动力系统的风机、水泵等，还有消防系统、防雷系统以及各种弱电系统的设备。各种设备在 BIM 建模的方式基本相似，具体详见第 3 章电气建模方法。电气建模中应注意设备的安装方式、装高以及设备的尺寸，以便于在 BIM 建模中较为真实地反映在空间中的实际情况。以下以照明灯具和插座为例简介本案例中的部分模型。

1）照明灯具建模

本案例为保障性住房，套内照明主要采用吸顶灯，本案例采用的灯具如图 10.3-19 所示，

在照明设计中，需先计算房间的功率密度，根据所选灯具的类型计算需布置灯

图 10.3-19　吸顶灯示意图

具的数量，同时根据房间的布局进行合理的布置，在如图 10.3-20 所示的卧室（标准层 ⑥-Ⓝ轴）中，需布置一个吸顶灯。

按照第 3 章建模方法布置灯具后模型如图 10.3-21 所示，图中黄色圆筒形设备为灯具。

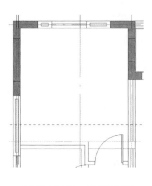

图 10.3-20　住房卧室

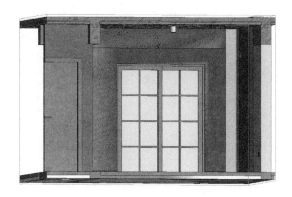

图 10.3-21　卧室灯具布置三维模型图

2）插座建模

在图 10.3-20 所示的卧室中，一般需在床头设置普通二三孔插座，需在床的对面墙上设置有线电视配电插座，同时在安装空调的位置设置配电插座，图 10.3-20 所示的卧室配电插座布置平面和三维模型如图 10.3-22 所示。

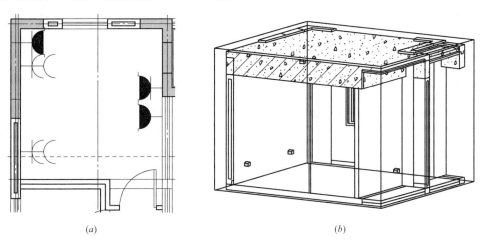

(a)　　　　　　　　　　　　　　　　(b)

图 10.3-22　卧室插座布置示意图

（2）线管建模

电气设备建模完成后，需对设备进行配电，根据回路的划分，从住宅配电箱引线缆连接至相应的设备，本项目照明和普通插座、有线电视插座以及空调插座配电采用 ZR-BV-3×2.5 的线缆，穿 PC21 的线管，本案例中电气管线大部分采用在上一层楼板下敷设的方式，在设备对应位置引下与设备连接。图 10.3-20 所示的卧室线管建模示意如图 10.3-23 所示。

2. 给水排水专业建模

本案例为住宅设计，在住宅标准楼层设计中，排水管线沉箱内或地面上敷设，不需要预埋预留位置。由于装配式住宅项目的建筑面层较浅，给水管线又采用暗埋形式，因此需要提前在预制楼板、墙体构件上预留沟槽，对部品设计影响较大。所以，建模阶段就应着重进行该部分设计。以下简单介绍给水排水线管的 BIM 建模。

按照第 3 章操作方法，对住宅内管线进行模型建立。平面效果如图 10.3-24 所示，三维透视图如图 10.3-25 所示。模型中，排水管线安装在结构沉箱内，给水管线敷设在楼板构件面层。

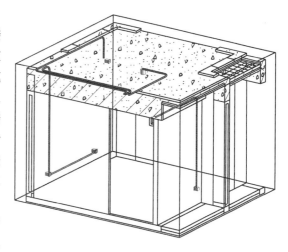

图 10.3-23　卧室线管建模示意图

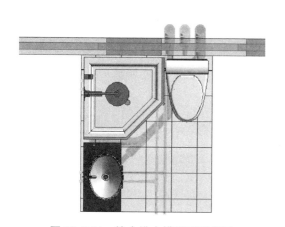

图 10.3-24　给水排水模型平面视图

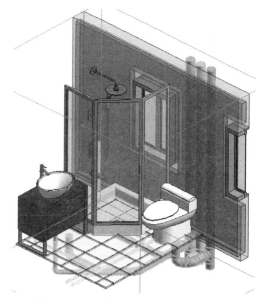

图 10.3-25　给水排水模型三维透视图

10.3.4　装修模型

利用 BIM 技术通过装配式装修的即时效果，实现装修数字化、装修工业化。BIM 模型中所有构件都是由单一构件组成，其中有些构件可以在工厂进行数字化加工，准确地完成装修中构件的预制。例如在铺设地板之前可以通过 BIM 技术模拟出最优的铺设样式，提前预订各种规格大小的材料，这样能够避免在施工现场进行切割材料，减少施工现场的噪声污染、环境污染，提供工作效率。

进行装修 BIM 模型建模时有以下注意事项：

（1）建模前需预设项目样板，包括视图样板、已载入的族、已定义的设置（如单位、填充样式、线样式、线宽、视图比例等）。

（2）注意门洞处的地面装饰处理。

（3）楼地面根据房间各装修做法，进行面层处理。

1. 墙面建模

客厅房间墙面：使用"墙：建筑"工具创建水泥砂浆层和白色乳胶漆抹灰层墙面，在原建筑模型上创建装修面层，完成墙面抹灰（图 10.3-26）。墙的具体厚度和做法需参照装修大样图。

卫生间、厨房墙面：使用"墙：建筑"工具创建水泥砂浆层和瓷砖墙面，瓷砖分隔用墙饰条命令分隔好，在原建筑模型上创建装修面层，完成墙面贴砖（图 10.3-27）。墙的具体厚度和做法需参照装修大样图。

图 10.3-26　墙面装修层

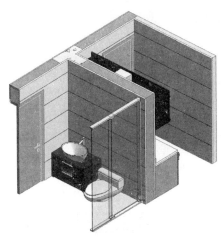

图 10.3-27　创建水泥砂浆层和瓷砖墙面

2. 地面建模

创建地砖"族"文件（图 10.3-28）并载入到项目，使用"楼板：建筑"工具，创建水泥砂浆层，完成地面铺水泥砂浆面（图 10.3-29）。完成地面铺砖后的整体效果如图 10.3-30 所示。

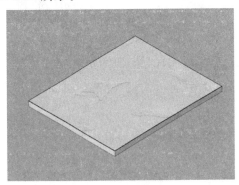

图 10.3-28　地砖族

图 10.3-29　水泥砂浆层和地砖

3. 卫生间、厨房天花建模

使用"天花板"工具创建结构轻钢龙骨和铝扣板面层天花类型，完成天花板创建。利用"修改"命令的"创建零件"对铝扣板天花进行分割。完成建模后的整体效果如图10.3-31 所示。

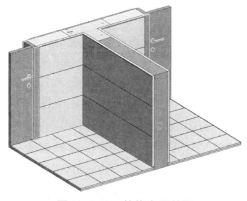

图 10.3-30　整体布置效果

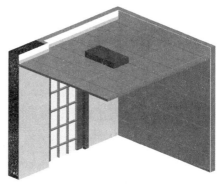

图 10.3-31　天花模型

4. 家具建模

在系统族库找到适合的族文件，放置到房间内，包括卫生间、厨房等。族文件需按照房间尺寸大小去进行尺寸的修改，具体尺寸需参考装修详图。常用的家具族如图10.3-32～图 10.3-35 所示。

5. 插座建模

载入基于墙体的插座"族"文件，按照装修施工图放置室内插座、电制，建模完成后的效果如图 10.3-36 所示。

图 10.3-32　洗手盆

图 10.3-33　坐便器

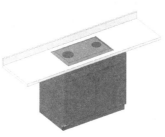

图 10.3-34　灶台

图 10.3-35　油烟机

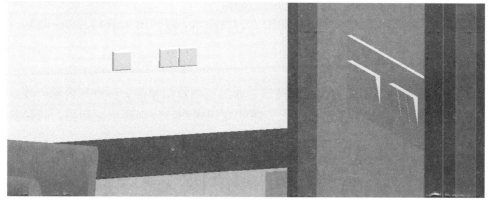

图 10.3-36　插座

10.4 施工图设计

10.4.1 建筑施工图

1. 平面图

（1）在 BIM 模型施工图阶段建模完成，通过复制视图，建立建筑平面施工图的专用视图，分别导出首层平面图、标准层平面图、屋面平面图、机房层屋顶平面图，直接打印为 dwg 格式文件，因此在 Revit 模型中应该隐藏建模的辅助线的图元，保证界面清晰简洁。利用导出的建筑平面图，在 CAD 软件中先归类图。

（2）平面图图纸的编排次序如下：总平面图、各层平面图（首层平面图、标准层平面图、屋面层平面图）。本案为住宅楼，总平面编号为 1 号楼、2 号楼等。并分别在 BIM 模型中导出各套型平面图，以 1∶50 的比例进行修改及标注。

（3）凡是结构承重并有基础的墙、柱均应编轴线、轴号，剖切到的建筑实体断面均应以细实线表示和图例表示，并标注相关尺寸，本案例有轻质隔墙，故在平面图中增加了轻质隔墙的表示方法，并增加填充。

（4）平面图中标注的尺寸，分为总尺寸、定位尺寸和细部尺寸三种，在 CAD 软件中标注具体尺寸，以及构件的填充，并保证建筑平面图内字体大小的统一，需要标注好各个构件的名字。

（5）在平面图中注明房间的名称和编号、门窗的编号等。对于本案例的对称平面图，对称轴两侧的门窗号与洞口尺寸完全相同，可以省略一侧的洞口尺寸，注明同另一侧。门窗号仍保留。

（6）屋面层应从 BIM 模型中导出，然后在两端绘制出主要的轴线，绘制出分水线、汇水线并标明定位尺寸，绘制出坡向符号，并注明坡度，落水口的位置应该注明尺寸，出屋面的爬梯及挑檐或女儿墙、防护栏杆、楼梯间、机房、排烟道等。

（7）局部平面放大图常用比例是 1∶50，放大平面应在第一次出现的平面图中索引，在放大平面图中标注门窗号、尺寸、标高等信息。

尺寸标注、构件标注如图 10.4-1 和图 10.4-2 所示，平面图如图 10.4-3～图 10.4-5 所示。

2. 立面图

（1）在 BIM 模型施工图阶段建模完成，通过复制首层模型、标准层模型，建立整体模型，调整建筑视图，建立建筑立面施工图的专用视图，分别导出立面图，直接打印为 dwg 格式文件。

（2）细化立面外轮廓及主要结构和建筑构造部件的位置，如女儿墙顶、檐口、柱、变形缝、室外楼梯、空调机位、阳台、栏杆、台阶、坡道、花池、雨篷等，并表示线脚、材料分缝等。

（3）标明建筑的总高度、楼层位置的辅助线、楼层数和标高以及关键控制标高的标注，例如女儿墙或檐口标高等，外墙留洞的标高尺寸。使用 1∶100、1∶150 或者 1∶200 的比例绘图。

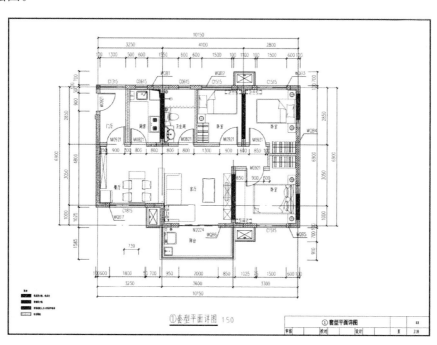

图 10.4-1　套型①尺寸标注、构件标注

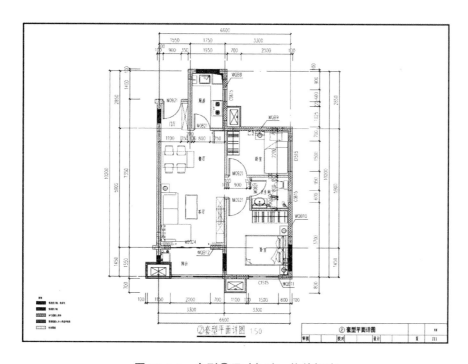

图 10.4-2　套型②尺寸标注、构件标注

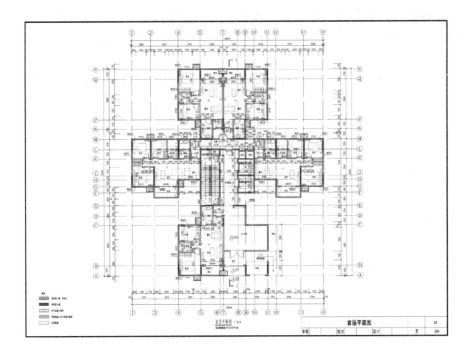

图 10.4-3　首层平面图

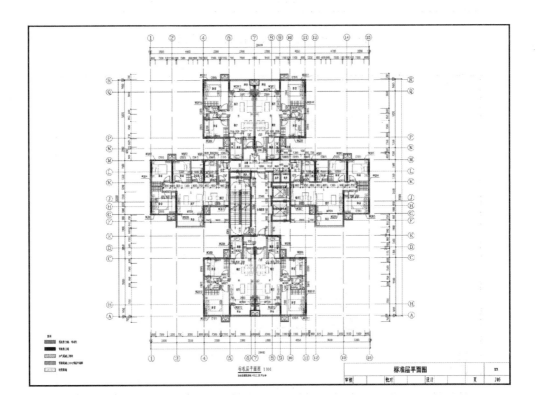

图 10.4-4　标准层平面图

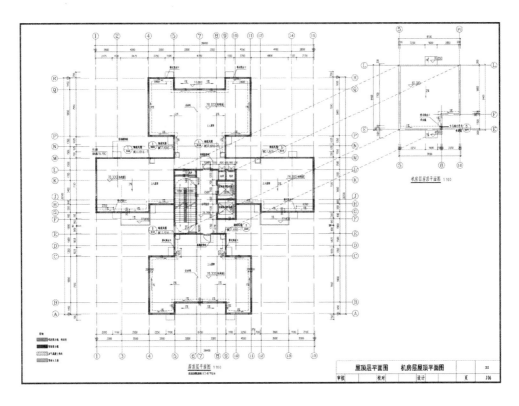

图 10.4-5　屋顶层平面图、机房层屋顶平面图

（4）立面详图标明预制外墙的分缝位置，包括横缝及竖缝。表示外装修使用的材料、颜色等，并用剖线索引号引出外墙墙身详图。

项目立面图如图 10.4-6 所示。

3. 剖面图

（1）完成立面图后，建立建筑剖面的专用视图，选择有代表性的部位，导出剖面图，直接打印为 dwg 格式文件，同立面图统一各尺寸以及字体大小，导出来的模型用 CAD 进行修改。

（2）绘制到剖切的可见的主要结构和建筑构件部件，如室外地面、底层地面、各层楼板、夹层、平台、吊顶、屋顶、檐口、女儿墙、台阶、屋面等可见内容。

（3）标注建筑的外部尺寸，如门窗、洞口高度、层间高度、室内外高差、女儿墙高度、栏杆高度等，同时要标注室外地坪、地面、楼面、女儿墙顶面、层顶最高处的相对标高，内部有些门窗洞口的尺寸都需要表示。

项目剖面图如图 10.4-7 所示。

4. 构造节点

（1）装配式高层住宅需要表示的构造节点比传统施工图的要多，除了内外墙、屋面等节点外，还需要楼梯构造大样图、外墙水平缝节点、推拉窗口节点等。

（2）墙身详图，以 1∶20 绘制完整的墙身详图，表达墙身的基础、装配式构件连接方式，以及门洞口构造、楼板、阳台、女儿墙、屋面等构造。

315

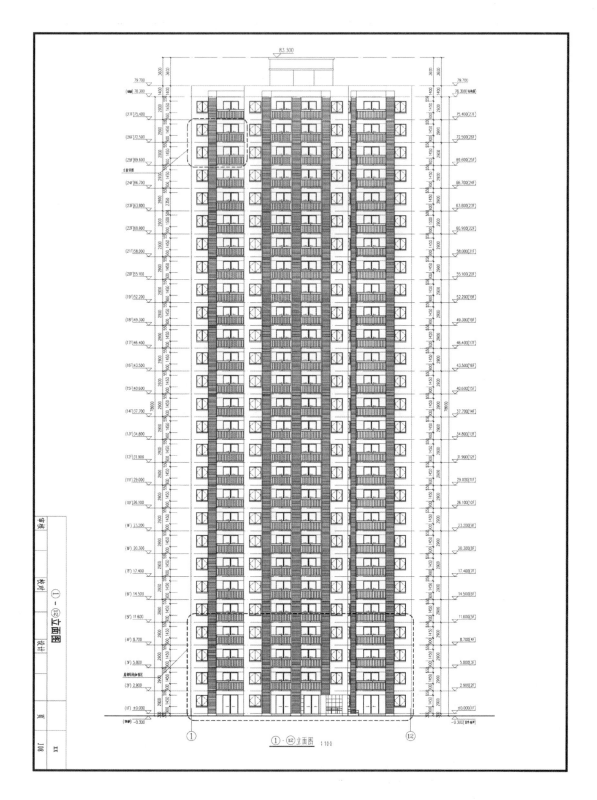

图 10.4-6　立面图

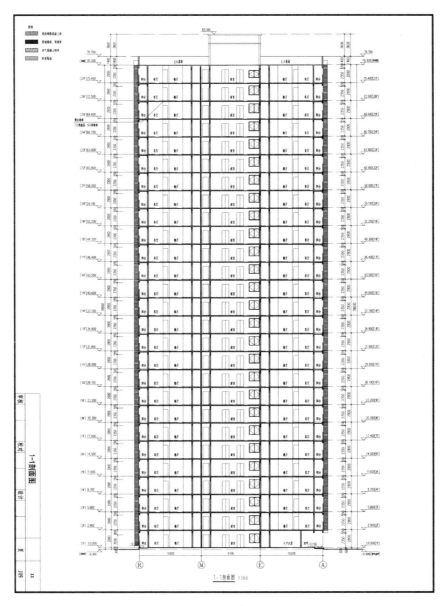

图 10.4-7　剖面图

（3）楼梯平、剖面详图以 1∶50 绘制，所标注的尺寸均为建筑完成面尺寸，标注尺寸、墙厚与轴线关系尺寸。楼梯详图绘制并标注梯段、休息平台、尺寸和标高，各梯段步数和尺寸，表示上下方向、扶手、栏杆、踏步。

（4）表示装配式各预制构件的防水形式、所选用的防水材料、具体施工尺寸等。

项目节点大样图示例如图 10.4-8 所示。

10.4.2　结构施工图

1. 梁施工图

结构梁建模完成，通过复制视图的方法建立梁施工图的专用视图，后面直接将该视图

317

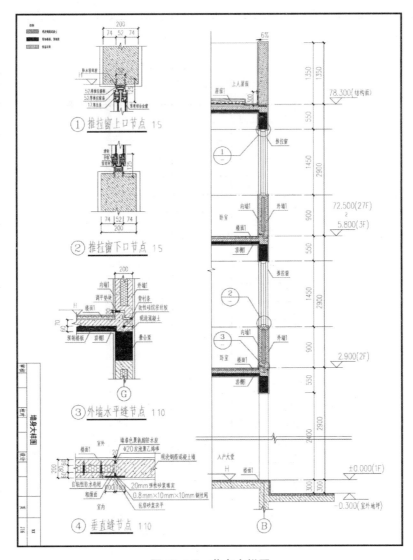

图 10.4-8　节点大样图

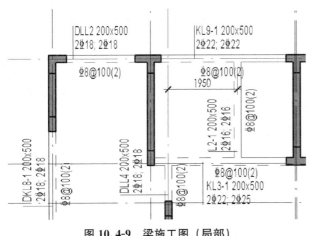

图 10.4-9　梁施工图（局部）

打印为施工图，因此，施工图中不出现的辅助线之类的图元，不可以出现在该视图中。

梁施工图的创建方法，是使用标签族对梁的几何信息、配筋信息进行注释，并按照传统平法的习惯调整标签位置，形成符合习惯的施工图。需要注释的信息分为：几何信息和配筋信息两种类型。其中，标签注释出的几何信息，与结构梁图元实际的几何信息相一致；标签注释出的配筋信息，与结构梁图元中以文字方式添加的配筋信息相一致。

同时，施工图中还需对个别梁进行定位，梁定位使用"测量—对齐尺寸标注"命令。

完成平面注释后，通过"图例"视图添加梁施工图的说明文字。之后创建相应图纸，将"梁配筋平面图"、"梁配筋说明"和层高表加入到图纸中。

完成的梁施工图如图 10.4-9～图 10.4-11 所示。

说明：

1.本层梁混凝土强度等级、未注明梁顶标高详《结构层楼面标高、结构层高表》,表中粗线所示为当前层。

2.图中无明显特征者,所标定位尺寸均指梁中或梁边。

3.除标明外,梁边（或梁中）平轴线或柱边。

4.除注明外,凡集中重处（包括井字梁相交处）均在次梁两侧的主梁上每侧附加3Φd@50箍筋,d为箍筋直径,规格与该梁段箍筋相同。未注明具体数值的示意吊筋处、主次梁梁底平齐处吊筋均为2Φ12。附加吊筋构造按国标图集16G101-1第87页。梁上立柱不在梁相交处时,立柱根部在梁上两侧需设置附加箍筋,箍筋直接同本条所述。

5.图中Ht=X.XXX,其中Ht代表梁面标高。

6.除注明外,梁面标高同板面标高,相邻板面标高不同时,梁面标高同较高的板面标高；两侧无楼板者,梁面标高除注明外均为当前层高。

7.本图须配合国标图集16G101-1使用。

8.除特殊注明外,D-KL、D-L均表示为叠合梁。

图 10.4-10 说明文字

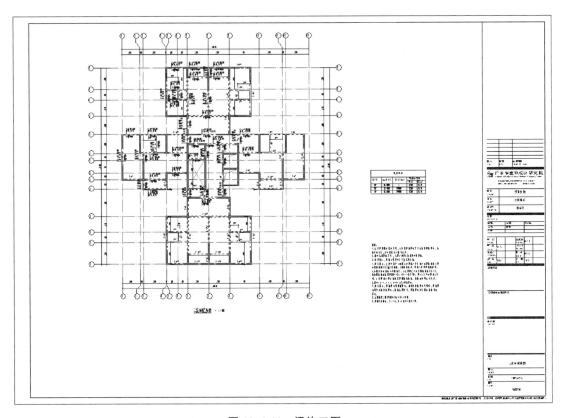

图 10.4-11 梁施工图

2. 现浇板施工图

现浇板施工图的绘制，主要有以下几点：

（1）绘制楼板钢筋。主要通过详图构件族进行，对于装配式建筑，只需要绘制楼板负筋，不需要绘制楼板底筋。

（2）钢筋加强区标记。主要通过详图构件族进行。

（3）楼板填充，用以表示钢筋或板厚不相同。主要通过过滤器或填充区域绘制。

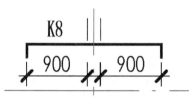

图 10.4-12　绘制楼板负筋

（4）楼板说明。主要通过"图例"视图添加。

本项目楼板钢筋绘制采用"GDAD—板负筋"，运行"创建实例"命令后，在平面视图中选择两个点，即可完成建模，该过程与在 AutoCAD 中绘制直线相类似。之后通过尺寸标注命令标注楼板长度，如图 10.4-12 所示。重复该过程完成所有板负筋绘制。

进行钢筋加强区标记。本项目通过预制的"板筋加强标记"族进行标记，改族设置如图 10.4-13 所示。

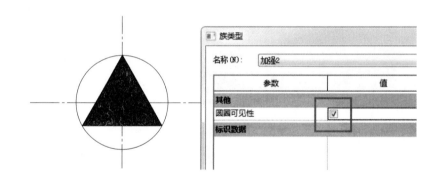

图 10.4-13　"板筋加强标记"族

通过创建实例的方法将该族实例化并放置到平面图中需要加强板钢筋的地方，由于案例中标注的楼层不在天面，不需要加外面的圆圈，因此取消勾选"圆圈可见性"属性。

通过设置过滤器，修改卫生间降板和阳台降板处的填充方式。通过绘制填充区域，修改核心筒区域的填充，如图 10.4-14、图 10.4-15 所示。

GD_预制_叠合板	☐	
GD_结构_楼板_卫生间 (1)	☑	
GD_结构_楼板_阳台 (1)	☑	
预制梁	☐	

图 10.4-14　阳台、卫生间过滤设置

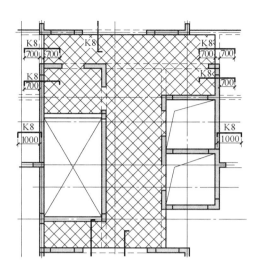

图 10.4-15　核心筒区域填充

通过"图例"视图添加楼板说明，完成后的现浇板施工图如图 10.4-16、图 10.4-17 所示。

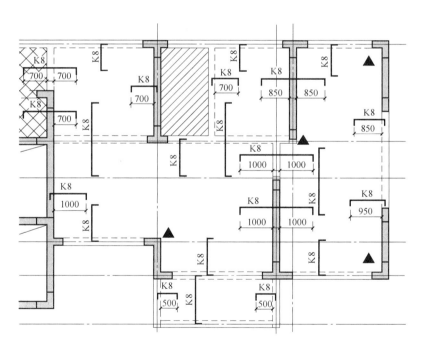

图 10.4-16　现浇板施工图局部

3. 叠合板施工图

叠合板施工图主要表示楼板的预制部分，叠合楼板建模前文已介绍。施工图中，叠合板施工图需要注释的内容主要有：叠合板编号、叠合板间现浇缝定位、现浇缝编号、现浇缝附加短钢筋、叠合板明细表。在 Revit 中，由于叠合板是在楼板之下，为了使得叠合板

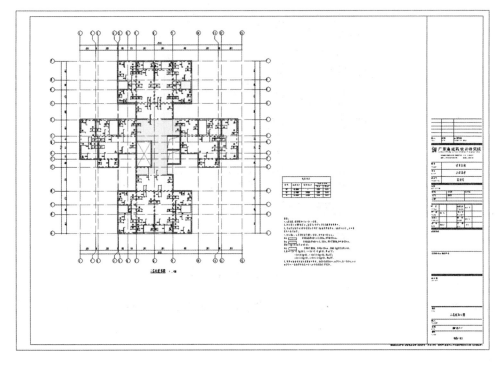

图 10.4-17　现浇板施工图

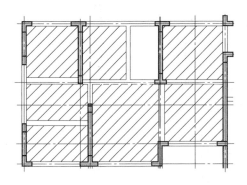

图 10.4-18　只显示叠合板的视图

不被楼板盖住，在叠合板施工图视图中，需要将普通楼板的可见性设置为"不可见"。

普通楼板的可见性设置为"不可见"之后视图中只剩下叠合板、结构梁和剪力墙，因为本项目核心筒处以及个别卫生间不采用叠合板，为了清楚地识别叠合板区域，使用过滤器将叠合板的填充设置为"斜线"填充，如图 10.4-18 所示。

完成视图设置后，使用能注释族类型名称的标签族，对叠合板进行注释。需要注意的是：由于叠合楼板采用的是"常规模型族"，没有特定的构件方向，所以，如果注释族的族参数中勾选了"随构件旋转"，那么标注后的标签实际上无法旋转。为了使得标签可以任意旋转，本项目所用的标签族不勾选"随构件旋转"，如图 10.4-19 所示。完成注释后的视图如图 10.4-20 所示。

完成叠合板注释后进行后浇缝钢筋的注释，后浇缝钢筋的注释采用详图构件族，注释方法与楼板钢筋的注释方法一致，绘制采用"GDAD—预制板附加筋"族，运行"创建实例"命令后，在平面视图中选择两个点完成建模。"GDAD—预制板附加筋"族有个地方与板负筋族不同，板负筋族通过尺寸标注来注释板筋长度，"GDAD—预制板附加筋"族通过内置的一个文字参数来注释板筋长度，该参数为类型参数。注释后的钢筋和参数设置如图 10.4-21、图 10.4-22 所示。

图 10.4-19　不勾选"随构件旋转"

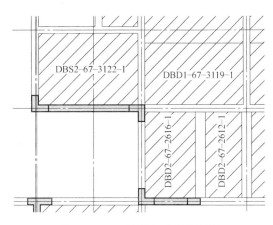

图 10.4-20　注释完成后的视图

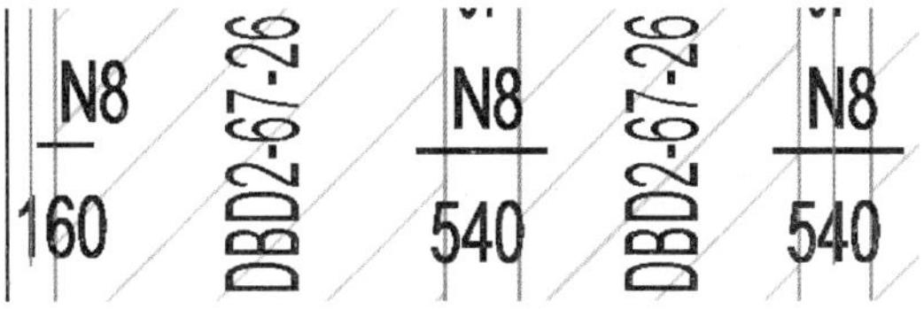

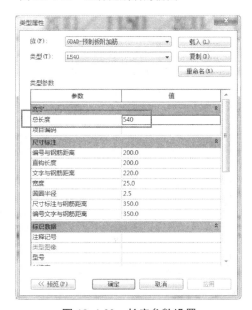

图 10.4-21　现浇缝钢筋注释

图 10.4-22　长度参数设置

完成现浇缝钢筋注释后对现浇缝进行定位标注和添加说明文字。文字说明采用图例视图,本项目添加的文字说明如图 10.4-23 所示。

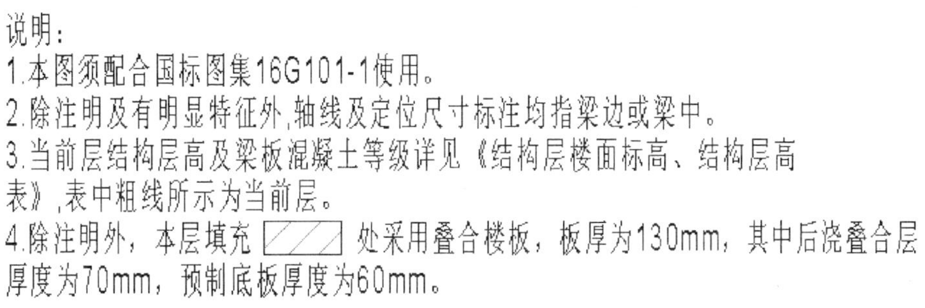

说明:
1.本图须配合国标图集16G101-1使用。
2.除注明及有明显特征外,轴线及定位尺寸标注均指梁边或梁中。
3.当前层结构层高及梁板混凝土等级详见《结构层楼面标高、结构层高表》,表中粗线所示为当前层。
4.除注明外,本层填充 ▨ 处采用叠合楼板,板厚为130mm,其中后浇叠合层厚度为70mm,预制底板厚度为60mm。

图 10.4-23　叠合板施工图说明

叠合板施工图中还可以利用 Revit 软件的明细表功能生成预制叠合板的明细表，并进行混凝土体积的统计。叠合板明细表中需注释的参数有："族"、"类型"、"跨度"、"宽度"、"厚度"、"面积"、"体积"、"合计"，如图 10.4-24 所示，其中，"族" 参数可设置为"隐藏"，如图 10.4-25 所示。

完成后的叠合板施工图如图 10.4-26 所示。

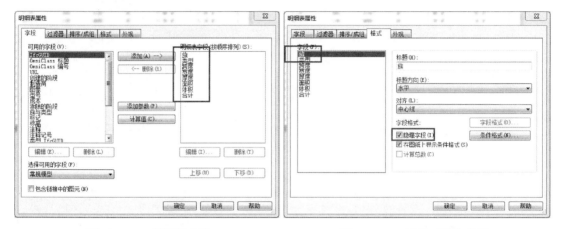

图 10.4-24　明细表参数　　　　　图 10.4-25　隐藏"族"参数

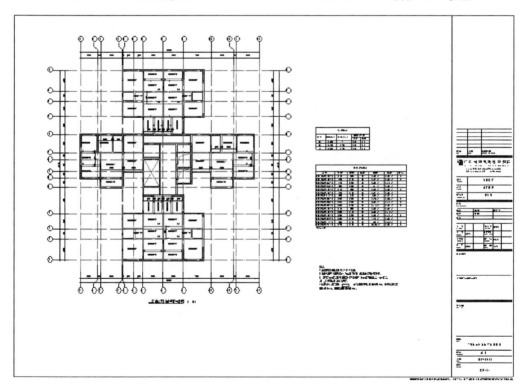

图 10.4-26　叠合板施工图

4. 墙柱施工图

本项目的竖向构件只有剪力墙，没有结构柱，墙柱施工图主要进行剪力墙的注释。

通过复制视图的方法复制出一个新的视图，通过过滤器隐藏平面视图中除结构墙之外的其他图元，保留剪力墙边缘构件区、预制剪力墙墙身、现浇剪力墙墙身。由于前面几何建模时已经对剪力墙的边缘构件区进行拆分，通过将剪力墙端设置为"不允许连接"的方法调出剪力墙边线，通过"标注—对齐标注"命令对剪力墙进行标注（图 10.4-27）。

在边缘构件区，通过软件计算结果，采用实体钢筋建模的方式在边缘构件中添加实体钢筋。在配筋的同时，根据边缘构件的几何形状和配筋值，在边缘构件的"边缘构件编号"项目参数中添加文字信息（图 10.4-28），对边缘构件进行编号，并采用"GDAD—边缘构件编号标注"标签族注释该信息（图 10.4-29）。该过程是剪力墙施工图中花费时间最长的部分，考虑到本项目为对称户型，通过"相同类型的边缘构件只选择一个进行实体钢筋配筋"的方法提高工作效率。

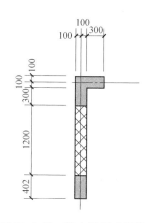

图 10.4-27　剪力墙尺寸标注

图 10.4-28　边缘构件编号文字信息

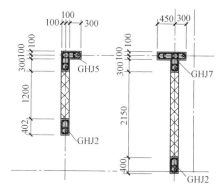

图 10.4-29　添加实体钢筋

对墙身进行编号，在剪力墙的"墙身编号"参数中添加墙身编号信息，在剪力墙的"垂直分布筋"、"水平分布筋"、"拉筋"和"排数"参数中添加墙身配筋信息。本项目统一将墙身编号为"Q1"，竖向钢筋为 ￠10@200，水平钢筋为 ￠8@200，拉结筋为 ￠6@600×600，排数为双排。

创建明细表，对剪力墙墙身配筋进行注释。由于本项目只有一种类型的墙身，明细表较为简单，并且不需要在原位进行剪力墙编号的注释，如图 10.4-30 所示。

<PC_剪力墙身表>						
A	B	C	D	E	F	G
墙身编号	厚度	排数	水平分布筋	垂直分布筋	拉筋	备注
Q1	200	双排	￠8@200	￠10@200	￠6@600x600	
总计: 38						

图 10.4-30　剪力墙墙身明细表

绘制边缘构件大样。由于本项目中已经通过实体钢筋进行边缘构件区钢筋建模，可通过裁剪视图并将视图比例设置为"1:25"的方法绘制边缘构件大样，实现实体钢筋与钢筋详图之间的联动。本项目共创建 17 个边缘构件大样视图，如图 10.4-31 所示，其视图设置如图 10.4-32 所示。

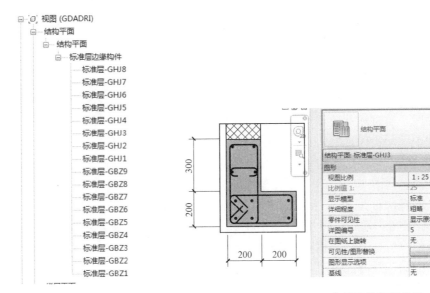

图 10.4-31 边缘构件大样视图

图 10.4-32 大样及其视图设置

创建边缘构件配筋明细表，需要注释的参数有：墙类型、边缘构件编号、垂直分布筋、拉筋、合计。其中，"墙类型"参数设置为"隐藏的字段"。为减少信息冗余，使用"垂直分布筋"参数注释边缘构件纵筋，使用"拉筋"参数注释边缘构件箍筋。明细表字段和边缘构件明细表如图 10.4-33、图 10.4-34 所示。

〈边缘构件配筋明细表〉

A	B	C	D
边缘构件编号	垂直分布筋	拉筋	合计
GBZ1	24Φ14	Φ8@200	6
GBZ2	8Φ12	Φ8@200	4
GBZ3	6Φ12	Φ8@200	3
GBZ4	18Φ16	Φ8@200	2
GBZ5	22Φ16	Φ8@200	2
GBZ6	16Φ12	Φ8@200	2
GBZ7	20Φ12	Φ8@200	2
GBZ8	14Φ12	Φ8@200	2
GBZ9	12Φ12	Φ8@200	4
GHJ1	16Φ12	Φ8@200	16
GHJ2	6Φ12	Φ8@200	18
GHJ3	10Φ12	Φ8@200	8
GHJ4	16Φ12	Φ8@200	2
GHJ5	12Φ12	Φ8@200	28
GHJ6	18Φ12	Φ8@200	4
GHJ7	14Φ12	Φ8@200	8
GHJ8	12Φ12	Φ8@200	4

总计：121

图 10.4-33 明细表字段

图 10.4-34 边缘构件明细表

创建图例视图，添加说明文字。本项目添加的说明文字如图 10.4-35 所示。

说明：
1. 本图尺寸以毫米为单位，标高以米为单位。
2. 除注明外，墙柱混凝土强度等级详《结构层楼面标高、结构层高表》。
   钢筋强度设计值：HRB400(Φ)，f_y=360N/mm²。
3. 墙柱钢筋构造按国标图集16G101-1进行施工。
4. 墙柱未注明定位者居轴线中或与柱边齐。
5. 填充■处表示钢筋混凝土墙体后浇段。
   填充▨处表示预制钢筋混凝土墙。
6. 图中未注明处墙身配筋为Q1。

图 10.4-35 明细表字段

创建图纸，命名为"标准层后浇段、现浇剪力墙布置图"，将墙柱定位平面图、各个边缘构件详图、剪力墙墙身明细表、边缘构件明细表、说明文字加入到图纸视图中。完成后的墙柱施工图如图 10.4-36 所示。

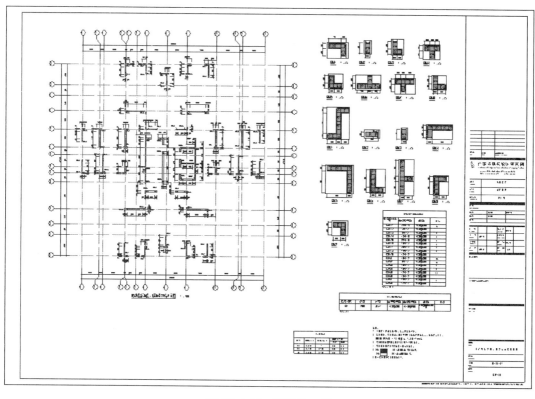

图 10.4-36 墙柱施工图

10.4.3 机电施工图

1. 电气施工图

电气设备以及线管、桥架建模完成后，通过复制视图的方法建立不同系统的专用视图，如照明系统、动力系统等，在不同的专用视图中，通过设置视图中各种族的可见性，使各系统图纸中仅表达对应的内容，其他系统内容以及辅助的图元不在图纸中出现。

以照明插座图纸为例，在照明插座施工图中，需对设备名称和敷设线管进行注释。完成注释后，建立相应的图纸，将照明插座施工图加入到图纸中，图 10.4-37 为照明插座施工图纸局部示意。

本案例中，照明插座平面的平面布置和三维模型如图 10.4-38 和

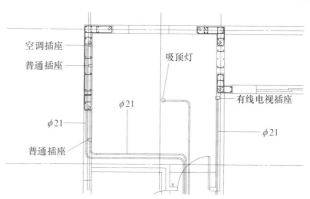

图 10.4-37 照明插座局部施工图

图 10.4-39 所示。

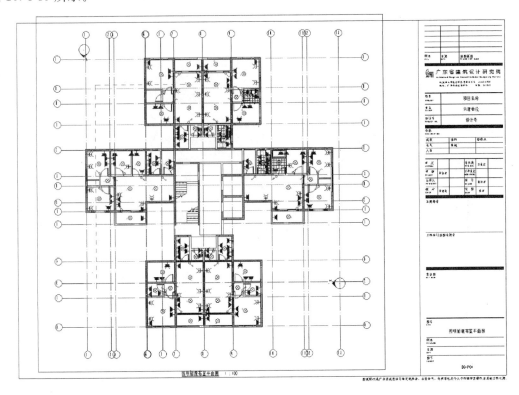

图 10.4-38 照明插座平面布置示意图

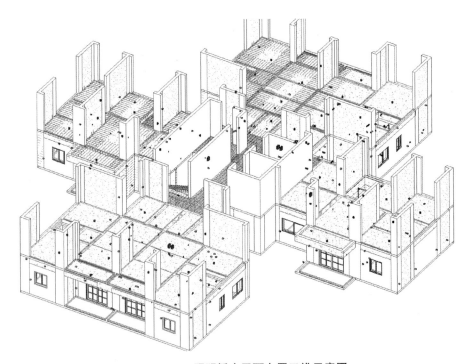

图 10.4-39 照明插座平面布置三维示意图

在局部示意中，将电气设备、管线和桥架的 BIM 模型都表达出来可以清晰地表现出在三维空间中的位置关系，可以直观地了解到电气各种材料设备的实际布置情况。然而目前民用建筑 BIM 主流设计软件，如 Revit，对于电气施工图设计的环境仍不够便捷，电气族的构建、线管的绘制排布等，往往需花费大量的时间进行，才能达到传统二维平面表达中规范要求的深度，因此在 BIM 设计中，电气专业适宜用于表达设备的三维位置关系以及进行管线综合调整。

2. 给水排水施工图

给水排水线管建模完成后，通过调整视图可见区域、详细程度、规程等设置，布置合适的视图窗口，生成平面、三维视图，尽可能完整直观地表达施工图信息。如图10.4-40、图 10.4-41 所示，其设置为：采用规程为"协调"，模型详细程度"精细"，图形显示采用"线框模式后的效果"。另可借助 Revit 三维视图功能，附三维局部透视图，增强施工细节表达，方便施工管理。

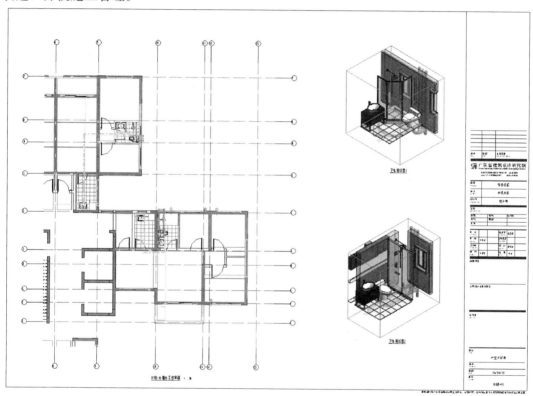

图 10.4-40　给水排水户型大样图（出图版）

10.4.4　装修图

在 BIM 模型施工图阶段建模完成，通过复制视图，建立装修平面施工图的专用视图，分别导出 01、02 户型平面图，01、02 户型地饰图，01、02 户型天花图，01、02 户型家具尺寸定位图，直接打印为 dwg 格式文件，在 Revit 模型中应隐藏建模的辅助线的图元，保证界面清晰简洁。

利用"视图"命令的"图纸"新建图纸（选择 A2 图框），从项目浏览器找到建立的

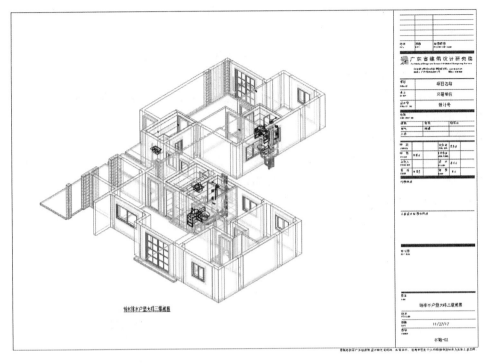

图 10.4-41　给水排水户型大样三维视图

装修平面施工图，长按鼠标左键把视图拖到图纸中。

生成的装修施工图分别如图 10.4-42～图 10.4-45 所示。

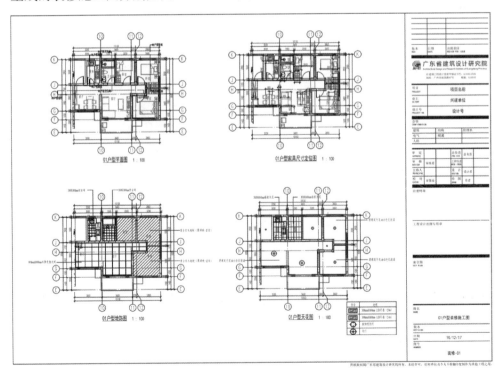

图 10.4-42　装修平面图 01 出图

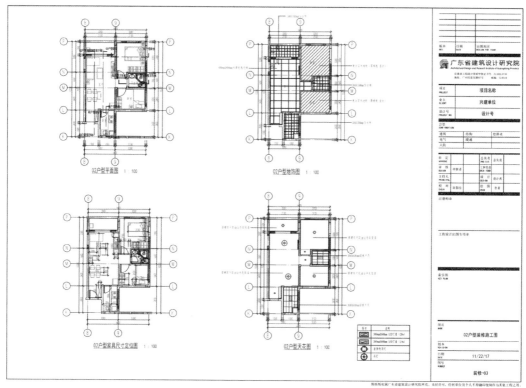

图 10.4-43　装修平面图 02 出图

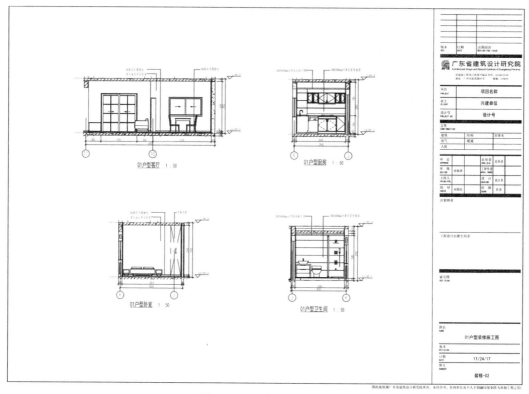

图 10.4-44　剖面 01 出图

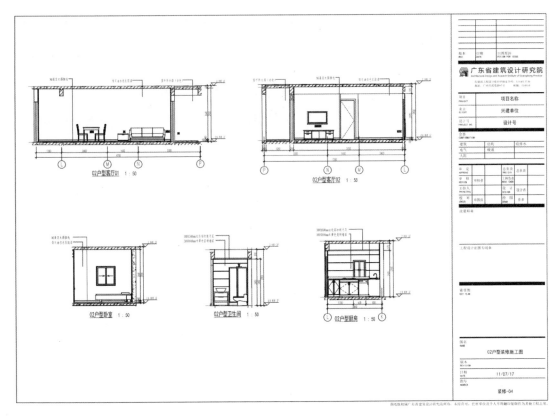

图 10.4-45　剖面 02 出图

10.5　部品库设计

10.5.1　叠合板部品库

本设计案例中，叠合板的种类根据施工图设计时的计算原则，分为两类：一是单向叠合板；二是双向叠合板。本案例标准层叠合板类别共计 16 个，其中单向板叠合板 2 个，双向板叠合板 14 个（表 10.5-1）。

叠合板部品库　　　　　　　　　　　　　　　　　　表 10.5-1

构件编号	构件三维图	构件整体位置示意图
DBD67-3119-2		

构件编号	构件三维图	构件整体位置示意图
DBD67-3119-4		
DBS1-67-3126-22		
DBS2-67-3124-22		
DBS1-67-3116-22		
DBS1-67-3113-22		

构件编号	构件三维图	构件整体位置示意图
DBS1-67-2616-22		
DBS2-67-2612-22		
DBS2-67-3118-22		
DBS1-67-2926-22		
DBS1-67-2623-22		

构件编号	构件三维图	构件整体位置示意图
DBS1-67-3127-22		
DBS1-67-3118-22		
DBS1-67-3029-22		
DBS1-67-3413-22		
DBS2-67-3934-22		

10.5.2　叠合梁部品库

本设计案例中，叠合梁的种类根据施工图设计时的计算原则，按叠合梁的性质及跨度进行划分。本案例中核心筒区域及部分卫生间区域为现浇，在扣除该区域后，标准层叠合梁类别共计 13 个，其中框架梁 10 个，次梁 1 个，连梁 1 个，悬挑梁 1 个（表 10.5-2）。

叠合梁部品库　　　　　　　　　　表 10.5-2

构件编号	构件三维图	构件整体位置示意图
D-KL1(2)-1-32		
D-KL1(2)-2-32		
D-KL2(2)-1-32		
D-KL2(2)-2-32		

构件编号	构件三维图	构件整体位置示意图
D-KL3(1)-1-32		
D-KL6(1)-1-32		
D-KL7(1)-1-32		
D-KL9(1)-1-32		
D-KL10(1)-1-32		

构件编号	构件三维图	构件整体位置示意图
D-KL11(1)-1-32		
D-L1(1)-1-32		
D-LL4(1)-1-32		
D-XL2(1)-1-32		

10.5.3　预制外墙部品库

本节中的预制外墙是内嵌式的非承重混凝土外墙。本设计案例标准层中，预制外墙的种类根据施工图设计时的拆分原则，按其门窗洞口的尺寸及跨度进行划分，预制外墙板部件共计 11 个（不计镜像对称的构件）（表 10.5-3）。

预制外墙部品库　　　　　　　　　　　　　　　　表 10.5-3

构件编号	构件三维图	构件整体位置示意图
WQC2 -2628 -1315 -0615		
WQC2 -3528 -0615 -1515		
WQC1 -2128 -1515		

构件编号	构件三维图	构件整体位置示意图
WQ -3028		
WQC1 -2428 -1515		
WQM -2828 -2424		

构件编号	构件三维图	构件整体位置示意图
WQC1 -2528 -1815		
WQC1 -2128 -0615		
WQC2 -5028 -0615 -1515		

构件编号	构件三维图	构件整体位置示意图
WQC1 -2328 -1515		
WQM -2728 -2024		

10.5.4 剪力墙部品库

本设计案例中，剪力墙边缘构件均为现浇，预制的剪力墙均为墙身。预制剪力墙构件根据长度的不同，共拆分为 7 个构件（标准层）（表 10.5-4）。

剪力墙部品库   表 10.5-4

构件编号	构件三维图	构件整体位置示意图
Q1-0629		

构件编号	构件三维图	构件整体位置示意图
Q2-1029		
Q3-1129		
Q4-1229		
Q5-2029		

构件编号	构件三维图	构件整体位置示意图
Q6-2129	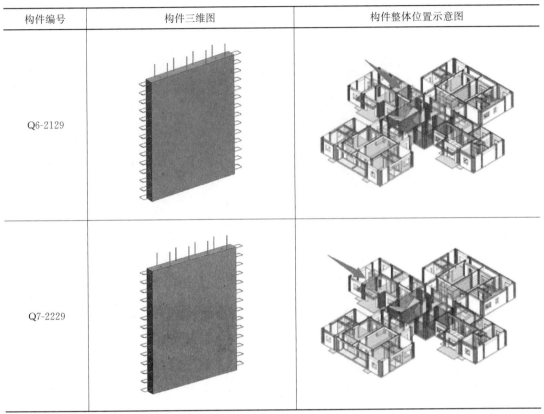	
Q7-2229		

10.6 实体钢筋建模

10.6.1 楼板钢筋

该项目用到的板构件的后浇钢筋类型主要有板面/底的通长钢筋、板支座负筋、后接缝附加钢筋。创建方法详见第 3 章，创建后的钢筋展示如图 10.6-1～图 10.6-4 所示。

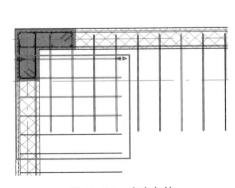

图 10.6-1 支座负筋

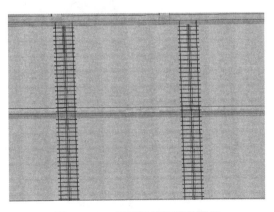

图 10.6-2 后浇接缝钢筋效果图

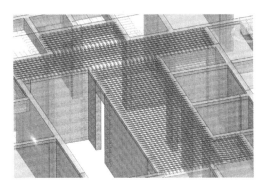

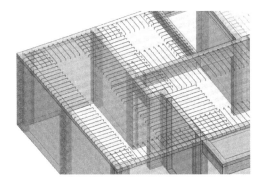

图 10.6-3　板面/底通长钢筋效果图　　　　　图 10.6-4　板支座负筋效果图

10.6.2　现浇剪力墙边缘构件钢筋

剪力墙约束边缘构件钢筋主要有箍筋、拉结筋、纵筋，创建后的钢筋展示如图10.6-5所示。

图 10.6-5　现浇剪力墙边缘构件效果图

10.6.3　现浇剪力墙身钢筋

现浇剪力墙身钢筋主要钢筋类型有水平筋、竖向筋、拉结筋，创建后的钢筋展示如图10.6-6 所示。

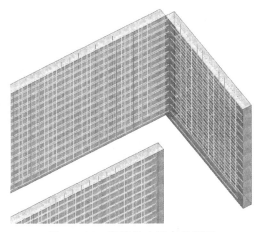

图 10.6-6　现浇剪力墙身效果图

10.6.4　现浇梁钢筋

现浇梁的钢筋构件主要为通长面筋和箍筋、通长面筋和梁墙节点区的钢筋处理等，创建后的钢筋展示如图 10.6-7 所示。

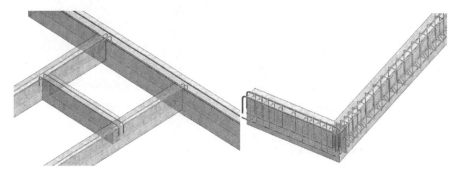

图 10.6-7　现浇梁钢筋效果图

10.7　碰撞检查

NavisworksManage 可以实现实时的可视化，支持漫游并探索复杂的三维模型以及其中包含的所有项目信息，而无需预编程动画。通过对三维项目模型中潜在冲突进行有效的辨别、检查与报告，NavisworksManage 能够帮助减少错误频出的手动检查、及早预测和发现错误，避免因误算造成的昂贵代价。

NavisworksManage 将精确的错误查找功能与基于硬冲突、软冲突、净空冲突与时间冲突的管理相结合。快速审阅和反复检查由多种三维设计软件创建的几何图元。对项目中发现的所有冲突进行完整记录。

本案例从 Revit 导入到 Navisworks 进行碰撞检查。导入到 Navisworks 后的效果如图 10.7-1 及图 10.7-2 所示。

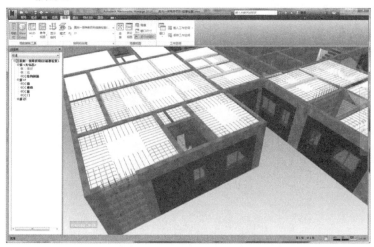

图 10.7-1　模型导入效果

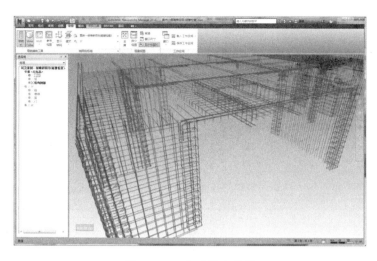

图 10.7-2　钢筋导入效果

导入后使用"常用"选项卡下"ClashDetective"工具进行碰撞检查。弹出"Clash-Detective"对话框后，勾选左右两个"自相交"，设置公差"0.001"，并按住"ctrl"键选中左右框中的".nwc"文件。之后点击"运行测试"按钮进行碰撞检查（图 10.7-3）。

图 10.7-3　碰撞检查设置

单击切换到"结果"工具卡，查看碰撞结果，如图 10.7-4 所示。

图 10.7-4 碰撞检查结果

从"报告"标签中选择报告格式，报告格式有以下几种：XML、HTML、正文、作为视点。单击"书写报告"在自动弹出的"另存为"对话框中，选择存放文件的位置及名称，单击"保存"，生成碰撞检查报告，如图 10.7-5 所示。

图 10.7-5 碰撞检查报告设置

点击保存后，生成碰撞报告（包括图片和 HMTL 格式报告），如图 10.7-6 及图 10.7-7 所示。

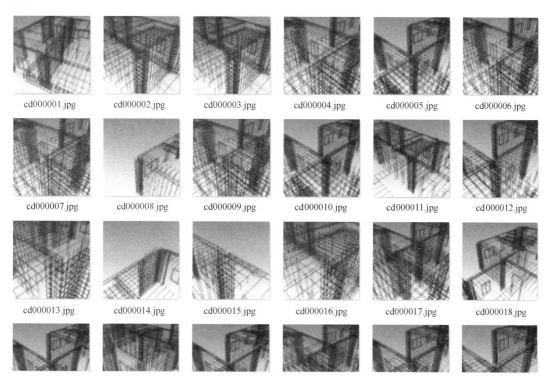

cd000001.jpg　　cd000002.jpg　　cd000003.jpg　　cd000004.jpg　　cd000005.jpg　　cd000006.jpg

cd000007.jpg　　cd000008.jpg　　cd000009.jpg　　cd000010.jpg　　cd000011.jpg　　cd000012.jpg

cd000013.jpg　　cd000014.jpg　　cd000015.jpg　　cd000016.jpg　　cd000017.jpg　　cd000018.jpg

图 10.7-6　碰撞检查位置图片

图像	碰撞名称	状态	距离	网格位置	说明	找到日期	碰撞点	项目 ID	图层	项目 名称	项目 类型	项目 ID	图层	项目 名称	项目 类型
	碰撞1	新建	-0.007	F-3 : 1F		硬碰撞	2017/9/14 07:04.31	x:3.672、 y:13.066、 z:2.845	元素 ID: 2113376	<无标高>	钢筋 - HRB400	实体	元素 ID: 2125233	<无标高>	钢筋 - HRB400	实体
	碰撞2	新建	-0.007	J-5 : 1F		硬碰撞	2017/9/14 07:04.31	x:7.058、 y:16.981、 z:2.819	元素 ID: 2114797	<无标高>	钢筋 - HRB400	实体	元素 ID: 2125010	<无标高>	钢筋 - HRB400	实体
	碰撞3	新建	-0.006	J-5 : 1F		硬碰撞	2017/9/14 07:04.31	x:6.970、 y:16.989、 z:2.798	元素 ID: 2114797	<无标高>	钢筋 - HRB400	实体	元素 ID: 2125012	<无标高>	钢筋 - HRB400	实体
	碰撞4	新建	-0.006	K-7 : 1F		硬碰撞	2017/9/14 07:04.31	x:10.083、 y:18.451、 z:2.829	元素 ID: 2138061	<无标高>	钢筋 - HRB400	实体	元素 ID: 2113355	<无标高>	钢筋 - HRB400	实体
	碰撞5	新建	-0.006	K-7 : 1F		硬碰撞	2017/9/14 07:04.31	x:10.073、 y:19.957、 z:2.869	元素 ID: 2113347	<无标高>	钢筋 - HRB400	实体	元素 ID: 2113352	<无标高>	钢筋 - HRB400	实体
	碰撞6	新建	-0.006	K-7 : 1F		硬碰撞	2017/9/14 07:04.31	x:10.083、 y:18.469、 z:2.874	元素 ID: 2138061	<无标高>	钢筋 - HRB400	实体	元素 ID: 2113352	<无标高>	钢筋 - HRB400	实体

图 10.7-7　碰撞检查报告单

附录　平面模块库

1. 卫生间模块库（5个）

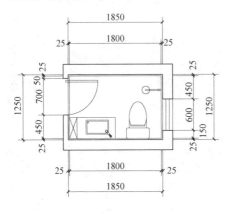

卫生间模块1

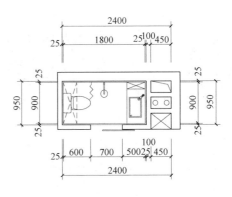

卫生间模块2

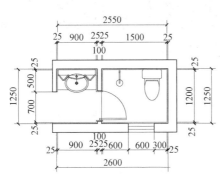

卫生间模块3

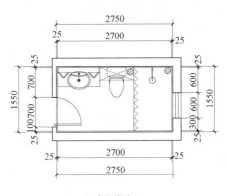

卫生间模块4

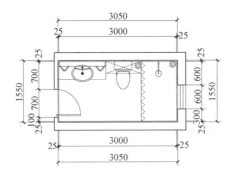

卫生间模块5

2. 厨房模块库（2个）

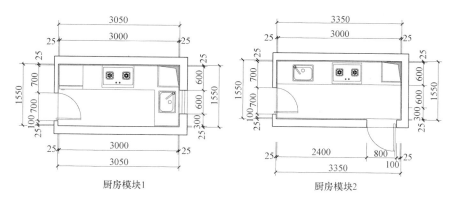

厨房模块1　　　　　　　　　　厨房模块2

3. 阳台模块库（5个）

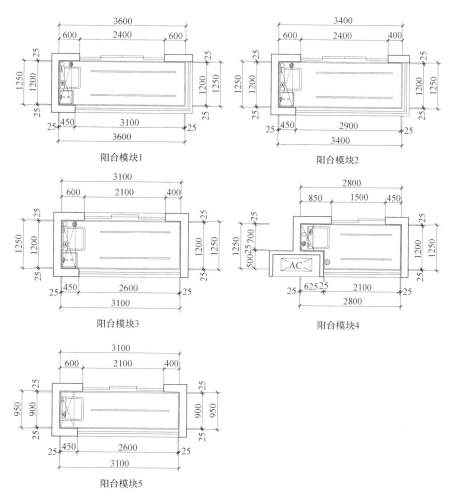

阳台模块1　　　　　　　　　　阳台模块2

阳台模块3　　　　　　　　　　阳台模块4

阳台模块5

4. A套型：一房一厅一卫户型库

通过组合各种空间功能模块，形成7个一房一厅一卫的户型，其中卫生间、厨房、阳台从模块库中选取。

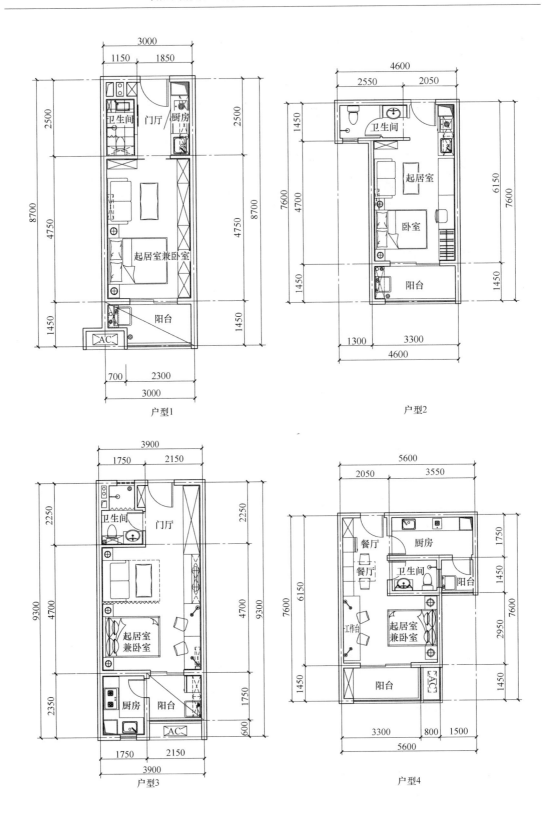

户型1

户型2

户型3

户型4

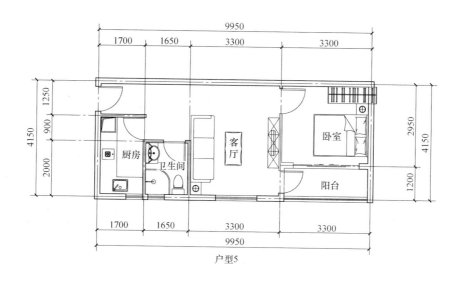

户型5

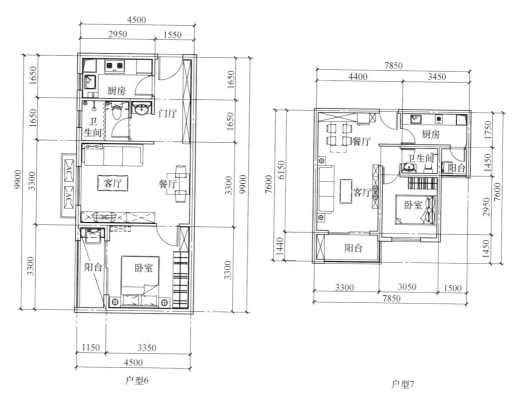

户型6

户型7

5. B套型：两房两厅一卫户型库

通过组合各种空间功能模块，形成5个两房两厅一卫的户型，其中卫生间、厨房、阳台从模块库中选取。

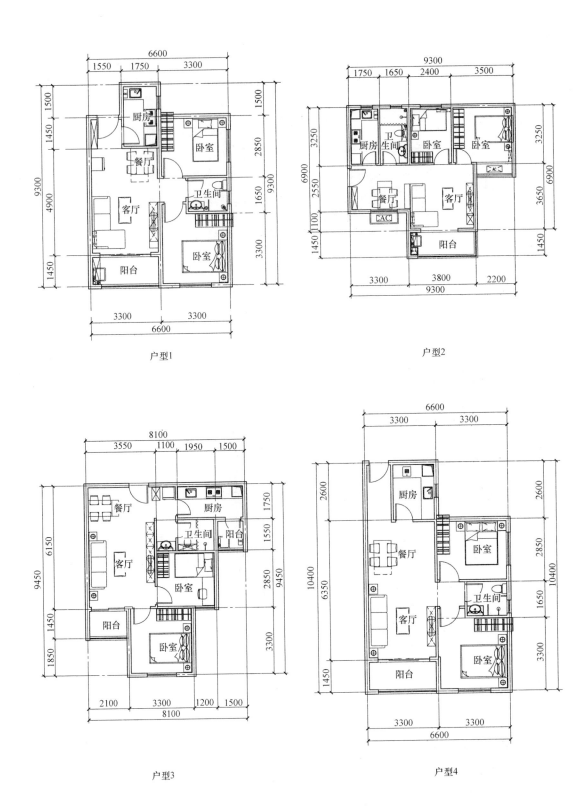

户型1

户型2

户型3

户型4

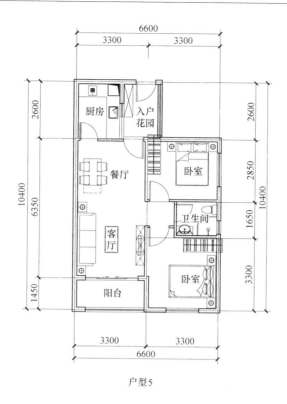

户型5

6. C套型：三房两厅一卫户型库

通过组合各种空间功能模块，形成 6 个三房两厅一卫的户型，其中卫生间、厨房、阳台从模块库中选取。

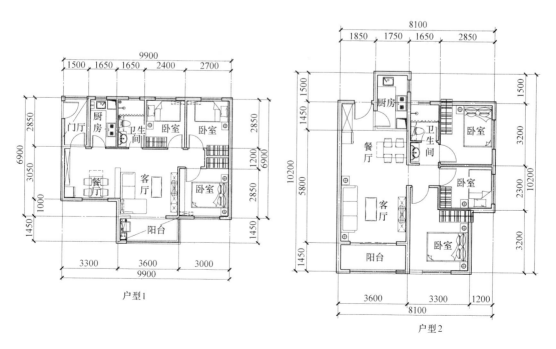

户型1

户型2

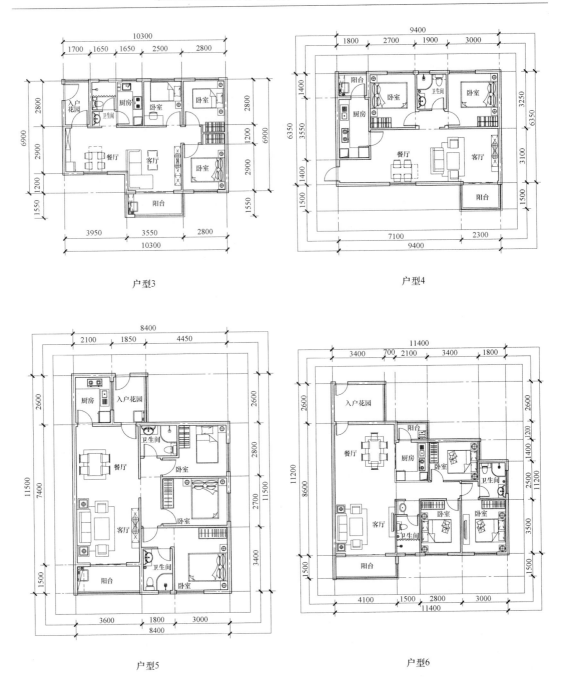

户型3

户型4

户型5

户型6

7. 组合平面库

户型模块作为弹性模块，公共空间作为固定模块，固定模块不变，变换弹性模块，形成 15 个组合平面库。

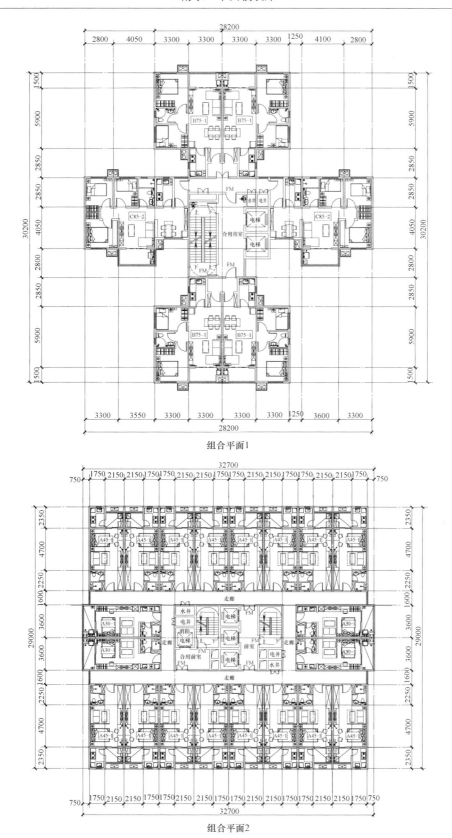

组合平面1

组合平面2

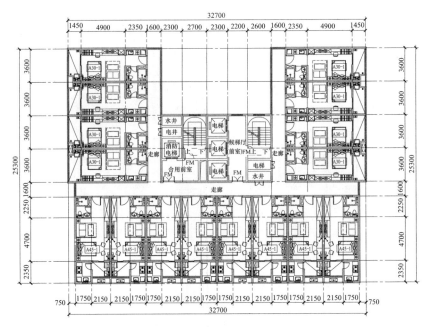

组合平面3

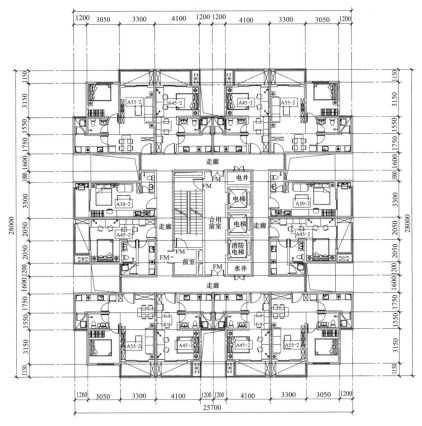

组合平面4

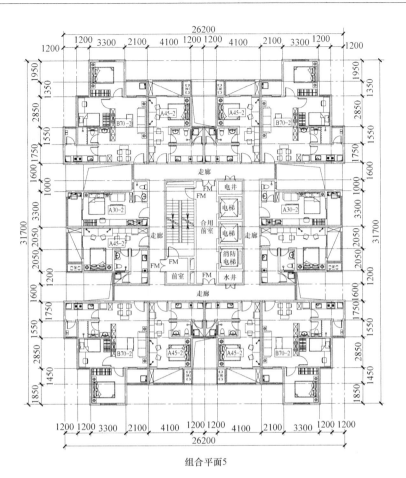

组合平面5

组合平面6

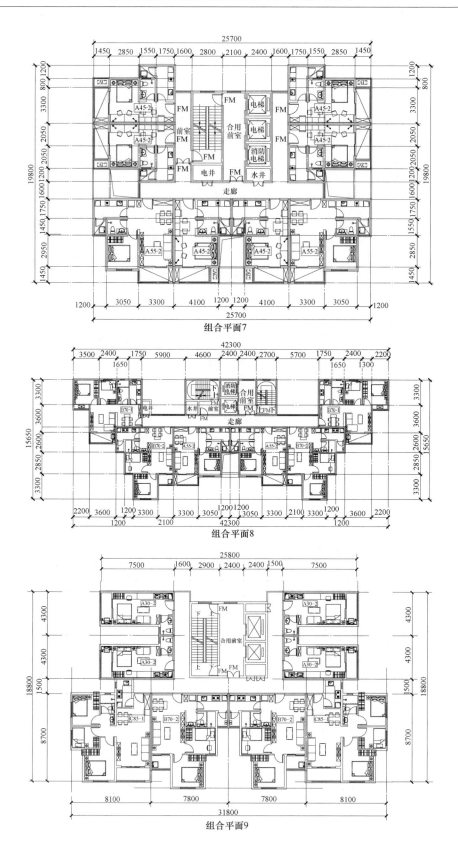

组合平面7

组合平面8

组合平面9

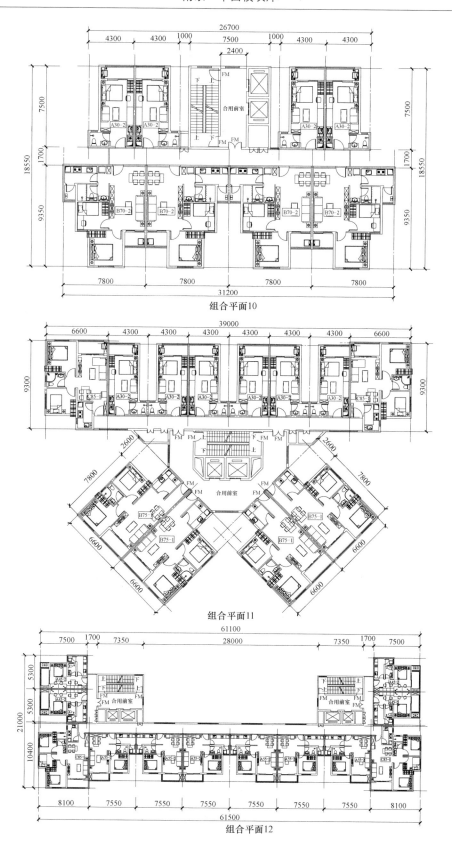

组合平面10

组合平面11

组合平面12

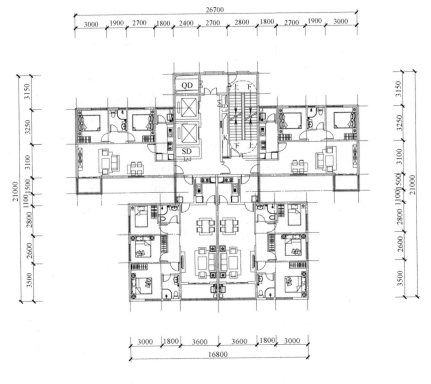

组合平面 13

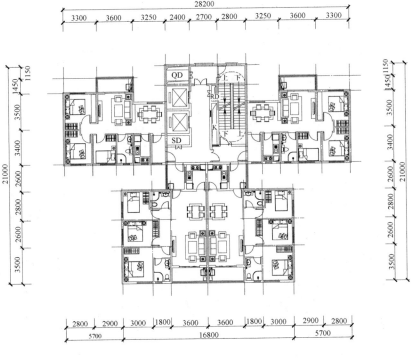

组合平面 14

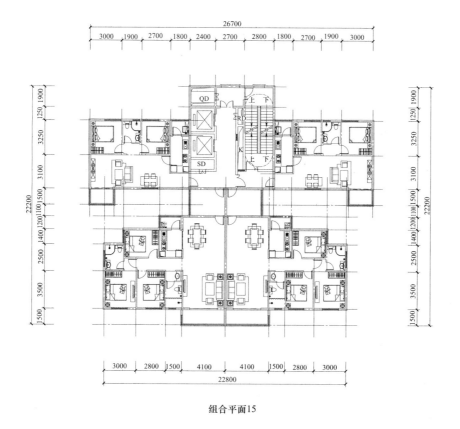

组合平面15

参 考 文 献

[1] 顾泰昌. 国内外装配式建筑发展现状 [J]. 工程建设标准化，2014，(08)：48-51.

[2] 郭学明. 装配式混凝土结构建筑的设计、制作与施工 [M]. 北京：机械工业出版社，2017.

[3] 焦柯，杨远丰. BIM 结构设计方法与应用 [M]. 北京：中国建筑工业出版社，2016.

[4] 廖小烽，王君峰. Revit 2013/2014 建筑设计火星课堂 [M]. 北京：北京大学出版社，2013.

[5] 中建《建筑工程施工 BIM 应用指南》编委会. 建筑工程施工 BIM 应用指南 [M]. 北京：中国建筑工业出版社，2014.

[6] 中建《建筑工程设计 BIM 应用指南》编委会. 建筑工程设计 BIM 应用指南 [M]. 北京：中国建筑工业出版社，2014.

[7] 焦柯，杨远丰，周凯旋等. 基于 BIM 的全过程结构设计方法研究 [J]. 土木建筑工程信息技术，2015，7 (5)：1-7.

[8] 周海浪，王铮，吴天华等. 基于 BIM 技术的工程项目数据管理信息化研究与应用 [J]. 建设监理，2016，(2)：8-12.

[9] 张洋. 基于 BIM 的建筑工程信息集成与管理研究 [D]. 北京：清华大学，2009.

[10] 刘星. 基于 BIM 的工程项目信息协同管理研究 [D]. 重庆：重庆大学，2016.

[11] 周凯旋，焦柯，杨远丰. 基于 Revit 平台的结构专业快速建模关键技术 [J]. 土木建筑工程信息技术，2015，7 (04)：24-30.

[12] 李呈蔚. 基于装配式技术的工程建造项目管理研究 [D]. 天津：天津大学，2015.

[13] 苏杨月，赵锦锴等. 装配式建筑生产施工质量问题与改进研究 [J]. 建筑经济，2016，(11)：43-48.

[14] 05SG105 民用建筑工程设计互提资料深度及图样 [S]. 北京：中国建筑工业出版社，2005.

[15] 清华大学 BIM 课题组. 中国建筑信息模型标准框架研究 [M]. 北京：中国建筑工业出版社，2011.

[16] 方婉蓉. 基于 BIM 技术的建筑结构协同设计研究 [D]. 武汉：武汉科技大学，2013.

[17] 王磊，余深海. 基于 Revit 的 BIM 协同设计模式探讨 [J]. 全国现代结构工程学术研讨会，2014.

[18] 中国建筑标准设计研究院. 装配式建筑系列标准应用实施指南（装配式混凝土结构建筑）[M]. 北京：中国计划出版社，2016.

[19] SJG27—2015 深圳市保障性住房标准化设计图集（二～六）——安居型商品房工业化工法施工图（示例）[S]. 北京：中国建筑工业出版社，2015.

[20] 王晓峰，陈海忠，陆志超. NPC 预制装配式住宅机电线管预埋技术 [J]. 安装，2012，(10)：59-61.

[21] 黄俊权，谢西林. 预制装配式建筑电气设计 [J]. 现代建筑电气，2017，(3)：1-5.

[22] 王纪松，李瑞，王晓龙. 预制装配式建筑中电气设计与配套技术 [J]. 建材世界，2014，(6)：82-85.

[23] 窦春叶，王海松. 装配式住宅电气设计要点 [J]. 智能建筑电气技术，2017，11 (2)：35-39.

[24] 广东省住房和城乡建设厅. 广东省建筑与装饰工程综合定额 [M]. 北京：中国计划出版社，2010.

[25] 广东省住房和城乡建设厅. 广东省装配式建筑工程综合定额（试行）[M]. 北京：中国建筑工业出版社，2017.

[26] TY01-89—2016 建筑安装工程工期定额 [S]. 北京：中国计划出版社，1985.

［27］ 陈剑佳，焦柯. 基于 Revit 的梁平法快速成图方法及辅助软件［J］. 土木建筑工程信息技术，2017，9（3）：74-78.

［28］ 杨新，焦柯. 基于 BIM 的装配式建筑协同管理系统研发及应用［J］. 土木建筑工程信息技术，2017，9（3）：18-24.

［29］ 袁辉，陈剑佳，焦柯. 灌浆套筒连接预制剪力墙有限元分析［J］. 广东土木与建筑，2017，5：9-13.

［30］ 罗远峰，焦柯. 基于 Revit 的装配式建筑构件参数化钢筋建模方法研究与应用［J］. 土木建筑工程信息技术，2017，9（4）：41-45.

［31］ 冯文成，李俊杰. 装配式住宅全装修部品体系研究［J］. 装饰装修天地，2017：114-116.

［32］ 黄高松. 装配式高层住宅立面设计研究［J］. 建材与装饰，2017.

［33］ 15J939-1 装配式混凝土结构住宅建筑设计示例（剪力墙结构）［S］. 北京：中国建筑标准设计研究院，2015.

［34］ 中国建筑标准设计研究院. 15J939-1 装配式混凝土结构住宅建筑设计示例（剪力墙结构）［S］. 北京：中国计划出版社，2015.

［35］ 赵中宇. 建筑工业化的设计要点与技术创新［C］. 北京：建筑工业化和节能一体化设计学术交流会，2015，5.

［36］ 王颖. 装配式混凝土结构住宅机电系统设计整体解决方案研究［J］. 建筑科学，2017，（2）：148-157.

［37］ 路文丽，庞志泉，孙兵. 预制装配式住宅给排水系统的设计与应用［J］. 建筑，2009，（4）：48-50.